机电产品创新设计及成果转化研究与实践

李　锐　　汪小芳　著

辽宁大学出版社
Liaoning University Press

图书在版编目（CIP）数据

机电产品创新设计及成果转化研究与实践/李锐，汪小芳著. 一沈阳：辽宁大学出版社，2022.8

ISBN 978-7-5698-0876-6

Ⅰ.①机… Ⅱ.①李…②汪… Ⅲ.①机电设备一产品设计一成果转化一研究一中国 Ⅳ.①TB472

中国版本图书馆CIP数据核字（2022）第139046号

机电产品创新设计及成果转化研究与实践

JIDIAN CHANPIN CHUANGXIN SHEJI JI CHENGGUO ZHUANHUA YANJIU YU SHIJIAN

出 版 者：辽宁大学出版社有限责任公司
（地址：沈阳市皇姑区崇山中路66号　邮政编码：110036）
印 刷 者：沈阳海世达印务有限公司
发 行 者：辽宁大学出版社有限责任公司
幅面尺寸：170mm×240mm
印　　张：17.5
字　　数：300千字
出版时间：2022年8月第1版
印刷时间：2022年8月第1次印刷
责任编辑：张　茜
封面设计：韩　实　孙红涛
责任校对：吕　娜

书　　号：ISBN 978-7-5698-0876-6
定　　价：98.00元

联系电话：024-86864613
邮购热线：024-86830665
网　　址：http://press.lnu.edu.cn
电子邮件：lnupress@vip.163.com

前　言

创新是一个民族进步的灵魂，是一个国家兴旺发达的动力，也是一个人在工作乃至事业上永葆生机和活力的源泉。回顾历史，从钻木取火到蒸汽机的发明，从烽火台的狼烟到现代互联网技术，人类文明史就是人类不断超越、不断创新的历史。创新精神的培养和创新能力的提高已经上升为未来教育发展的战略目标。在党的十九大报告中，习近平总书记明确提出要坚定地实施创新驱动发展战略，并指出“创新是引领发展的第一动力，是建设现代化经济体系的战略支撑”，要“激发和保护企业家精神，鼓励更多社会主体投身创新创业”。在这样的背景下，创新与创业思维的培养成为亟待解决的问题。意识是行动的先导，只有在认识上到位，在学习、工作和生活中养成善于运用创新思维解决问题的习惯，才能将创新真正付诸行动，在实战中发挥真正的效用。加强创新创业教育，培养具有人文精神、科学思维、实践能力和创新创业素质的人才，是新时代赋予当代青年的历史使命。

本书属于机电产品方面的书籍，由机电一体化系统设计概述，机电产品创新设计概述，基于 TRIZ 创新方法的机电产品创新设计典型案例，基于其他创新方法的机电产品创新设计典型案例，机电产品创新设计产生、固化、转化的思考几部分组成。全书以机电产品为研究对象，剖析了 TRIZ 创新方法以及其他创新方法，并对基于这些创新方法进行创新设计的典型案例进行了详细分析，对机电产品、产品创新等方面的研究者及工作者具有学习和参考价值。本专著为江苏省高等教育教学改革研究重点课题《“双高”建设背景下高职院校创新型人才培养模式构建研究》（课题编号：2021JSJG647）的部分成果。

本专著由常州工程职业技术学院李锐、汪小芳共同编写完成。具体编写分工如下：李锐编写第一章至第三章（共计 21 万字），汪小芳编写第四至第五章（共计 9 万字），全书由李锐负责统稿工作。

2022 年 3 月

目　录

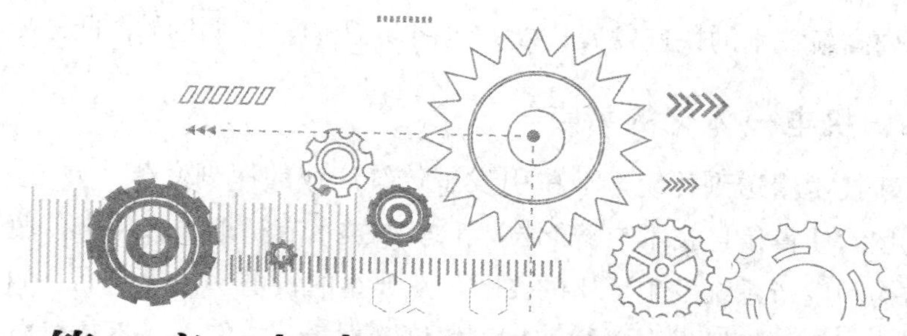

第一章　机电一体化系统设计概述

第一节　机电一体化设计的基本概念

一、机电一体化的定义

机电一体化技术又叫作机械电子技术，是机械技术、电子技术、信息技术、自动控制技术等相关技术的综合。“机电一体化”在国外被称为“Mechatronics”，是日本人在20世纪70年代提出来的，它由机械学（Mechanics）的前半部分和电子学（Electronics）的后半部分构成，意思是机械技术和电子技术的有机结合。

机械技术是一门古老的学科，它为人类社会的进步与发展做出了卓越贡献。机械至今依旧是现代工业发展的基础，无论哪个国民经济部门都需要依靠它来进行正常运作。机械的种类众多，功能也各不相同，所有机械诞生之后便一直经历着从使用到改进再到使用的循环。这种循环让机械不断地革新并渐渐走向完善，可以说机械本身的发展是无止境的。随着社会的发展和科学技术的进步，人们逐渐认识到与其他新兴学科相比，机械学科的发展速度越来越缓慢，有些问题仅从机械角度进行解决越来越不容易了。

21世纪以来，微电子技术、信息技术、自动化技术、生物技术、新材料、新能源、空间技术、海洋开发、激光与红外技术、光纤通信、纳米技术等一系列高新技术的快速发展，极大地推动了机电一体化技术的发展。

二、机电一体化的特点

高新技术渗透到传统产业中引发了传统产业的深刻变革。微电子技术、计算机技术使得信息技术与智能技术和机械技术有机地结合起来，使得机电产品结构和生产系统发生了质的飞跃。从典型的机电一体化产品，如数控机床、加工中心、机器人、空调、数码相机等来看，它们无一不是机电一体化技术的集成与融合。与传统机电产品相比，机电一体化技术具有如下特点。

（一）综合性与系统性

机电一体化是电子技术、计算机技术、信息技术、自动控制技术与机械技术结合而成的综合性技术，各种技术的综合及多个部分的组合，使得机电一体化技术及产品更具有系统性、完整性和科学性。

（二）小型化、轻型化、微型化

微电子学和微纳制造技术的发展，使得机电一体化产品的检测、传感及控制等装置的体积和质量可以变成原来的几分之一、几十分之一，甚至几百分之一，产品结构向着小型化、轻型化方向发展。近些年发展起来的微机电技术，推动着产品向微型化方向发展。

（三）高精度、多功能

机电一体化技术减少了机械传动部件，大大降低了机械磨损、受力变形以及配合间隙等原因造成的动作误差，而且其自动控制系统可自行对各类干扰因素导致的误差进行诊断、校正和补偿，保证最终成品满足工作精度的要求。如果想要改变产品功能，也无须再对硬件设备进行改动，只需要改变程序、更换指令等软件内容就可以完成，如激光加工中心可以利用软件程序自动完成切割、焊接、弯曲加工等操作。

（四）高可靠性

随着电子技术的快速发展，大部分驱动控制器与传感器等装置都开始用非接触式取代接触式，这让装置的磨损部件与可动部件进一步减少。同时，机电一体化产品都拥有自动监测和诊断功能，如果系统发生了失速、过载的故障，可以及时开启自我保护，防止事故的发生，这使产品拥有了更高的可靠性。

（五）柔性化、智能化

机电一体化产品的系统控制器都是高性能的微处理器，产品在设计时更注重通过软件让硬件的功能得以实现。因此，当产品的工作对象出现变化时，一般不用进行硬件的增添，只需要修改一下相应的软件就可以实现功能的更换与拓展。

（六）知识密集

机电一体化产品在设计过程中经常会涉及多个学科的专业性知识，因而设计团队必须具有丰富的经验以及合理的知识结构。机电一体化产品，如彩色打印机、静电复印机等，是将机、电、磁、化学等多种技术和学科结合在一起创新出来的产品，是知识密集型产品。

三、机电一体化系统的基本构成

一个较完善的机电一体化系统应包含以下几个基本要素：机械本体、动力与驱动部分、执行机构、传感与检测部分、信息处理与控制部分，如图 1-1（a）所示。这些组成部分内部及相互之间通过接口耦合、运动传递、物质流动、信息控制、能量转换等有机结合，集成一个完整的机电一体化系统，与人体是由头脑、感官（眼、耳、鼻、舌、皮肤）、手足、内脏及骨骼五大部分构成相类似，如图 1-1（b）所示。机械本体相当于人的骨骼，动力与驱动部分相当于人的内脏，执行机构相当于人的手足，传感与检测部分相当于人的感官，信息处理与控制部分相当于人的头脑。由此可见，机电一体化系统内部五大功能与人体的功能几乎是一样的，因而人体是机电一体化产品发展的最好蓝本。机电一体化系统实现各功能的相应构成要素，如图 1-1（c）所示。

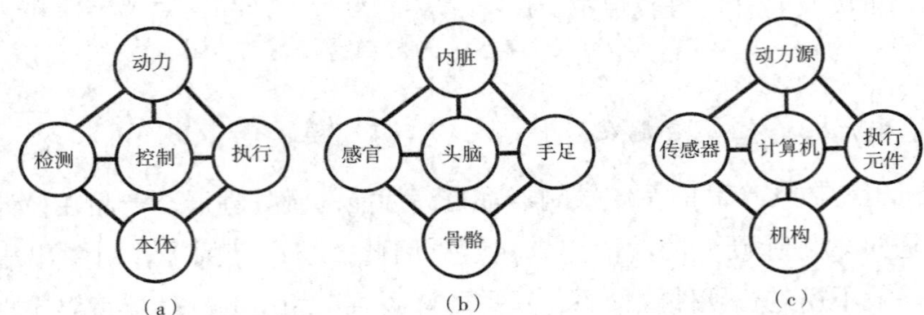

图 1-1　机电一体化系统与人体对应部分的构成及相应的功能关系

（一）机械本体

机械本体是机电一体化系统的基本支持体，主要包括机身、框架、连接等；机电一体化产品技术性能、功能和水平的提高，要求机械本体在机械结构、材料、加工工艺以及几何尺寸等方面能适应机电一体化产品多功能、高可靠性、节能、小型、轻量、美观等要求。

（二）动力与驱动部分

使用尽可能小的动力输入，并得到尽可能大的功能输出是机电一体化系统的显著特征之一。机电一体化系统既要求超快的反应速度和效率极高的驱动，也需要有较高的可靠性以及很强的环境适应能力。

（三）执行机构

执行机构受到控制指令与信息的指挥完成相应的动作。执行机构通常由动作或者传动部件来担任，一般使用液压、电气、气动、机械或机电相结合结构，其性能根据与机电一体化系统之间的匹配性要求来进行改善，如减轻重量、提升刚性、提升可靠性以及实现系列化、模块化和标准化等。

（四）传感与检测部分

传感与检测技术是机电一体化技术中的关键技术。传感器将物理量、化学量、生物量等（如力、速度、加速度、距离、温度、流量、pH、离子活度、酶、微生物、细胞等）运动量转换成电信号，引起电阻、电流、电压、电场及频率的变化，并通过相应的信号检测装置将其反馈给控制与信息处理装置。因此，传感与检测部分是实现自动控制的关键环节。

（五）信息处理与控制部分

信息处理与控制部分对来自各传感器的信息以及从外部输入的命令进行集中、储存、加工和分析等一系列处理，使之符合控制要求。信息处理的主要工具是计算机，计算机和信息处理装置对整个机电一体化产品的正常运行进行指挥。是否能够及时、正确地处理信息，会对系统工作效率与质量产生直接影响，所以信息处理技术与计算机的应用成为当今推动机电一体化产品与技术快速发展的重要因素。信息处理部分的组成部件一般包括计算机、数控装置、可编程控制器（PLC）、I/O（输入 / 输出）接口、A/D 与 D/A 转换装置、逻辑电路和外部设备等。

机电一体化系统的基本特征是给“机械”增添头脑（用计算机进行信息处理与控制）。信息处理只是把传感器检测到的信号转化成可以控制的信号，系统的运动还需要通过控制系统来实现，其运动控制有线性控制、非线性控制、最优控制、智能控制等控制技术。

典型的机电一体化系统构成实例——数控机床功能的构成，如图 1-2 所示。

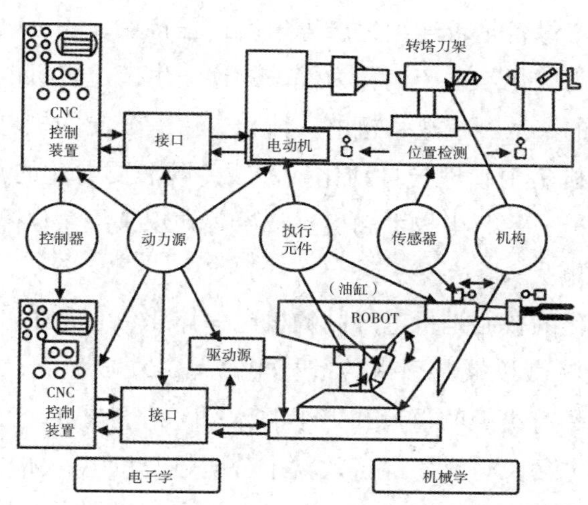

图 1-2 机电一体化系统构成实例——数控机床功能的构成

第二节　机电一体化技术分类与应用

一、机电一体化技术分类概述

从广义的角度来看，机电一体化技术包括的内容非常广泛，从数控技术、CAM 技术、CAD 技术、CAPP 技术、设备的故障诊断与监测监控技术、集成化的 CAD/CAPP/CAM 技术，到自动化的生产工艺、自动化的机械产品，再到企业计算机管理、专家系统、机器人工程和计算机仿真等，都属于其范畴。

世界上普遍认定的机电一体化主要有两个分支，分别为生产过程和机电产品的机电一体化。

生产过程的机电一体化指的是整个工业体系的机电一体化，如冶金生产的机电一体化、排版与印刷的机电一体化、化工生产的机电一体化等。根据生产工艺与生产设备是否连续生产等生产过程特点，还可以将生产过程的机电一体化划分为以化工生产流程为代表的连续生产过程机电一体化和以机械制造业为代表的离散制造过程机电一体化。后一分支的机电一体化包含计算机控制、计算机集中管理与自动化生产线，既需要专业的知识来奠定基础，也需要控制理论、计算机技术和机械技术等知识来提供保障，是内容更加广泛的机电一体化。

机电一体化的核心是机电产品的机电一体化，它是生产过程机电一体化的物质基础。将微机控制引入传统机电产品，便成了新一代产品，且与旧产品相比，其具有更轻的重量和更小的体积，精度更高，性能更好，产品的功能也更强，方便又可靠，经济效益十分明显。机电一体化产品覆盖范围广阔，小到家用电器、儿童玩具和办公设备，大到机器人、数控机床和自动化生产线等，都属于其范畴。

根据结构以及计算机技术和电子技术在系统中的作用，机电一体化产品主要分为三类：

一是通过计算机控制技术与电子技术，让原机械产品转变成功能更强、性能更高的新一代机电一体化产品，如机器人、微电脑洗衣机等。

二是用集成电路或计算机及其软件代替原机械的部分结构，从而形成机电一体化产品，如电子缝纫机、电子照相机，或用交流或直流调速电机代替变速箱等。

三是利用机电一体化原理设计的全新的机电一体化产品，如传真机、复印机、录像机等。

二、机械制造过程的机电一体化

机械制造过程的机电一体化包括产品设计、加工、装配、检验的自动化，生产过程自动化，经营管理自动化等，其高级形式是计算机集成制造系统，下面分别予以介绍。

（一）计算机辅助设计

通过计算机系统设计出当前社会需求产品的整个过程就是计算机辅助设计（CAD），其过程包括编制文件、资料检索、计算分析、方案构思和工程绘图等。其中，计算分析指的是通过计算机极强的存储能力与数据处理能力针对产品展开静动态有限元分析、优化设计以及计算机仿真。计算机辅助工艺设计也属于广义的CAD。

CAD的主要目的就是实现整个设计过程的自动化。一般情况下，产品设计过程有三个阶段，分别为总体设计、功能设计以及详细设计。在过去的设计里，超过90%的设计活动都是非创造性的，只有不到10%的设计活动具有创造性。而CAD系统可以让设计人员不再受到复杂繁重的制图工作的束缚，保证其可以花费更多的时间和精力来进行创造性的设计活动。CAD也让新产品的设计周期大幅缩短，企业对市场变化的应变能力也因此得以提升。

（二）计算机辅助工艺过程设计

计算机辅助工艺过程设计（CAPP）是指在计算机系统的支持下，根据产品设计要求，选择加工方法、确定加工顺序、分配加工设备、安排加工刀具的整个过程。CAPP 的目的是实现生产准备工作的自动化。由于工艺过程的设计非常复杂，又与企业和技术人员的经验有关，开发难度较大。在多数情况下，把 CAPP 看作计算机辅助制造的一个组成部分。

（三）计算机辅助制造

计算机辅助制造（CAM）具有十分广泛的含义。从广义角度来看，CAM 是指在整个机械制造过程中，通过计算机来使用加工中心、传送装置、数控机器人、数控机床等各种设备，让机械产品的装配、加工、包装、检测等一系列制造过程得以自动完成，计算机辅助 NC 编程和 CAPP 也被包括在内。使用计算机辅助生产机械零部件，可以更好地适应产品多变的情况，提升生产自动化水平以及加工效率，减少加工的准备时间，这样既可以减少生产成本，又提升了产品的质量。如今，CAM 在机械产品的部件组装、零件加工、质量检测和整机装配等多个方面都已经得到了广泛应用。从狭义角度来看，CAM 则仅指 NC 编程。

（四）CAD/CAM 集成系统

在如今的机械制造过程机电一体化中，极少出现 CAD、CAM、CAPP 独立存在的现象，三者往往在数据库环境与计算机网络环境中结合在一起，并形成 CAD/CAM 集成系统，或者 CAD/CAPP/CAM 集成系统。集成系统近年来受到了越来越多的人的重视，世界各发达国家也都提升了对该系统的相关研究和开发的重视。之所以出现这种情况，主要是因为集成系统在进行设计、修改与资料查询时，工效提升了 20 ～ 25 倍，在计算时提升了 5 ～ 10 倍的工效，设计时则可提升 5 倍工效。另外，这在一定程度上大大减少了工艺师理解设计图、编制工艺文件、数控编程以及刀具运动轨迹检验的时间，使生产效率有了很大的提升。根据系统提供的优化方法，设计参数会变得更加合理，产品用料得以节省，性能也会更优，产品性价比大幅提升，而且能简化新产品“试制—试验—修改”的工作流程，缩短研制周期，让试验的材料和费用可以节省下来。

（五）柔性制造系统

柔性制造系统（FMS）由计算机、机器人、数控机床、料盘、自动化仓库以及自动搬运小车等组成，是一个计算机化的制造系统。它可以根据装配部门的要求，实时按量地完成生产能力范围内的所有种类的工件的制造。该系统非常适合多品种、频繁更改设计的离散类零件的批量生产，它可以按照市场要求来改变原有设计，轻而易举地将原制造系统变成一个新的制造系统。

FMS 离不开数据库的支持。FMS 使用的数据库主要分为两种：一种为零件数据库，存储工件尺寸、工件夹持点、材料、工具要求、成组代码、加工计划和速度等；另一种则主要用于储存、管理和控制信息，掌握所有设备的状态情况以及每一个工件的完成情况等相关信息。

（六）柔性制造单元

柔性制造单元（FMC）是一种柔性加工生产设备，是 FMS 向廉价化、小型化发展的产物。FMC 可以作为独立的生产设备，也可以作为 FMS 的一个组成部分，特别适用于中小企业。

FMC 具有柔性制造的主要特征，至少由一台数控机床（或加工中心），自动上、下料装置和刀具交换装置等组成。自动上、下料装置可以是工作台自动交换装置，也可以是工业机器人。它不需要钻镗等专用模具，只要编好相应程序即可对各种工件自动地进行连续加工；可实现 24 小时自动连续运转；白天工人把被加工的工件安装好，夜间可以实现无人看管的自动运转。

（七）计算机集成制造系统

计算机集成制造（CIMS）的核心是集成。从某种意义上说，CIMS 就是计算机辅助生产管理与 CAD/CAM 及车间自动化设备的集成。所谓车间自动化设备是指 FMS、FMC、数控机床、数控加工中心、机器人等一系列自动化生产设备。换言之，CIMS 是在柔性制造技术、信息技术和系统科学的基础上，将制造工厂经营活动所需的各种自动化系统有机地集成起来，从而适应市场变化和多品种、小批量生产要求的高效益、高柔性的智能生产系统。对于 CIMS 系统，生产者只需输入所需产品的客户要求、有关技术数据等信息和原材料，系统就可以输出经过检验的合格产品。

CIMS 包括计算机网络和数据库支撑系统，以及生产经营管理、工程设计和制造自动化等功能分系统，其集成关系如图 1-3 所示。图中，质量保证是生产经营管理分系统的一个子系统。

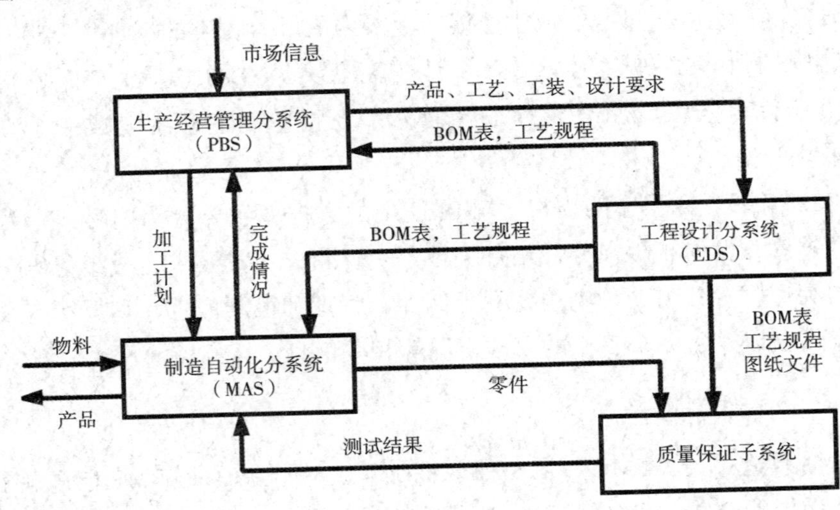

图 1-3　CIMS 各功能分系统的集成

1. 生产经营管理分系统

生产经营管理分系统（PBS）包括市场分析、订单管理和原材料管理等外部需求，以及设备、人力、生产库存、质量、成本和经营计划等内部管理。

2. 工程设计分系统

工程设计分系统（EDS）包括计算机辅助工程分析（Computer Aided Engineering，CAE）、CAD、成组技术（Group Technology，GT）、CAPP、CAM 等。由于 CAPP 在 CAD 与 CAM 之间的桥梁作用，我们也把 EIZS 称为 CAD/CAPP/CAM 分系统。从工程技术角度来看，该分系统是 CIMS 的基础和核心。

3. 制造自动化分系统

制造自动化分系统（MAS）通过计算机网络把数控机床、数控加工中心、可编程控制器、工业控制机、机器人、自动化仓库或 FMS、FMC 等连接起来，实现统一管理和控制，上承工厂各职能部门的生产作业计划、设计图纸文件、工艺流程、数控加工程序等信息，下接反馈生产完成情况、设备状况，以及工时、成本、质量等信息，实现了制造自动化系统的闭环控制。

4. 计算机网络与数据库分系统

计算机网络与数据库分系统为 CIMS 建立了一个良好的信息集成、共享和运行的支撑环境。上述各分系统都要在容量足够大且结构合理的数据库的支持下，通过计算机网络实现信息共享和通信。

三、机电产品的机电一体化

机电一体化产品也被称为具有微处理器的机电产品。当今开发出来的新机电一体化产品采用的工作原理都是全新的，其中结合了多种高新技术，并集合了多种功能，具有成本低、体积小、重量轻和高效节能的特点，市场竞争力极强。由于机电一体化产品通常会引入一些仪器仪表方面的技术，国内的一些人称其为机、电、仪一体化产品。由于液压传动具有结构紧凑、快速性好、功率密度大、能大范围无级调速、便于自动控制等显著优点，近年来应用范围极广，所以还有机、电、液一体化产品之说。无污染、抗干扰的光纤信息传递在各种新型的机电产品里，尤其是一些仪表仪器上应用广泛，人们称这类产品为机、电、光一体化产品。事实上，以上这些产品统称为机电一体化产品。机电一体化产品当中，特别是某些比较复杂的产品，具有复杂的非线性耦合及各种能量之间的转换。当这些设备被应用时，其中的各执行机构都必须保持适当的运动规律，以协调整体。然而，零部件难以避免的制造误差及复杂的系统，导致运动的稳定性和精度都很难保证，使得机器人出现手臂颤动等问题，数控机床也就难以达到要求的加工精度，甚至运转速度极高的汽轮机转子也可能因此出现重大设备事故，最终影响产品产量与质量。这说明在复杂机电一体化产品中存在着深度的机电有机结合，而这种特性，特别是机电系统动力学特性，在设备的设计和运行过程中还没有被充分考虑。因此，如何在复杂的机电一体化产品的结构设计和控制软件设计中充分考虑这些特性，使系统按所需运动规律协调运动，同时保证足够的运动精度和稳定性，即在设计和运行过程中，把系统的运动控制与机电系统动力学特性有机地结合起来，是机电一体化产品设计中必须认真解决的关键问题之一。

第三节　机电一体化设计的关键技术及其设计方法

传统的设计方法和各种现代设计方法是普遍适用的，当然也适用于机电一体化产品的设计，而机电产品的机电一体化设计方法又是现代设计方法的重要组成部分。机电一体化是机械技术、电子技术和信息技术的有机结合，需考虑哪些功能由机械技术实现，哪些功能由电子技术实现，还需要考虑在电子技术中哪些功能由硬件实现，哪些功能由软件实现，存在着机电有机结合如何实现，机、电、液传动如何匹配，机电一体化系统如何进行整体优化等不同于传统机电产品设计的一些特点。因此，机电一体化产品必然有一些特有的设计方法，能够综合运用机械技术和电子技术的特长，从而充分发挥机电一体化的优越性。

一、模块化设计方法

机电一体化设备或产品可以由根据五大要素的功能设计出的相应功能部件组成，也可以设计成由多个功能子系统组合而成，并且每个功能子系统或者功能部件中也存在着多种组成要素。这些功能子系统或功能部件经过系列化、标准化和通用化后就可以转变成功能模块，每个功能模块可以被当作一个独立的个体，只需要了解其功能以及性能规格就可以进行设计，无须深入了解模块的结构细节。

例如，传感器、电动机以及微型计算机等机电一体化产品要素都是经典的功能模块实例。又如，交流伺服驱动模块（AMDR）就是一种以交流电动机（AM）或交流伺服电动机（ASM）为核心的执行模块，它以交流电源为主要工作电源，使交流电动机的机械输出（转矩、转速）按照控制指令的要求而变化。

在设计新产品时，可以把各种功能模块组合起来，形成我们所需要的产品。采用这种方法可以缩短设计与研制周期，节约工装设备费用，从而降低生产成本，也便于生产管理、使用和维护。例如，将工业机器人各关节的驱动器、检测传感元件、执行元件和控制器做成机电一体化的驱动功能模块，可用来驱动不同的关节；还可以研制机器人的机身回转、肩部关节、臂部伸缩、肘部弯曲、腕部旋转、手部俯仰等各种功能模块，并进一步标准化、系列化，就可以用来组成结构和用途不同的各种工业机器人。

二、柔性化设计方法

将机电一体化产品或系统中完成某一功能的检测传感元件、执行元件和控制器做成机电一体化的功能模块，如果控制器具有可编程的特点，那么该模块就称为柔性模块。例如，采用凸轮机构可以实现位置控制，但这种控制是刚性的，一旦运动改变就难以调节。若采用伺服电机驱动，则可以简化机械装置，且利用电子控制装置可以进行复杂的运动控制，以满足不同的运动和定位要求。采用计算机编程还可以进一步提高该驱动模块的柔性，如采用凸轮机构，若想改变原有的运动规律，就必须改变凸轮外廓的几何形状，但若采用计算机控制的伺服电机驱动，则只需改变控制程序。

三、取代设计方法

取代设计方法又称机电互补设计方法，该方法的主要特点是利用通用或专用电子器件取代传统机械产品中的复杂机械部件，以便简化结构，获得更好的功能和特性。

一是用电力电子器件或部件与电子计算机及其软件相结合，取代机械式变速机构，如用变频调速器或直流调速装置代替机械减速器、变速箱。

二是用控制器（PLC）取代传统的继电器控制柜，大大减小了控制模块的质量和体积，并使其柔性化。可编程控制器便于嵌入机械结构内部。

三是用电子计算机及其控制程序取代凸轮机构、插销板、拨码盘、步进开关、时间继电器等，以弥补机械技术的不足。

四是用数字式、集成式（或智能式）传感器取代传统的传感器，以提高检测的精度和可靠性。智能传感器是把敏感元件、信号处理电路与微处理器集成在一起的传感器。集成式传感器有集成式光传感器、集成式压力传感器和集成式温度传感器等。

取代设计方法既适合旧产品的改造，也适合新产品的开发。例如，可用单片机应用系统（微控制器）、可编程控制器（PLC）和驱动器取代机械式变速（减速）机构、凸轮机构、离合器，代替插销板、拨码盘、步进开关、时间继电器等。又如，采用多机驱动的传动机构代替单纯的机械传动机构，可省去许多机械传动件，如齿轮、皮带轮、轴等，其优点是可以在较远的距离实现动力传动，大幅度提高设计自由度，增强柔性，有利于提高传动精度和性能。这就需要开发相应的同步控制、定速比控制、定函数关系控制及其他协调控制软件。

四、融合设计方法

融合设计方法是把机电一体化产品的某些功能部件或子系统设计成该产品所专用的。用这种方法可以使该产品各要素和参数之间的匹配更充分、更合理、更经济，更能体现机电一体化的优越性。融合设计法还可以简化接口，使彼此融为一体。例如，在激光打印机中就把激光扫描镜的转轴与电机轴融为一体，使结构更加简单、紧凑。在金属切削机床中，把电机轴与主轴部件融为一体是驱动器与执行机构相结合的又一实例。

国外还有把电动机（驱动器）与控制器融为一体的产品出售。在大规模集成电路和微型计算机不断普及的今天，人们完全能够设计出传感器、控制器、驱动器、执行机构与机械本体完全融为一体的机电一体化产品。

融合设计方法主要用于机电一体化新产品的设计与开发。

五、优化设计方法

（一）机械技术和电子技术的综合和优化

随着机械结构的日益复杂和制造精度的不断提高，机械制造的成本显著增加，仅仅依靠机械本身的结构和加工精度来实现高精度和多功能的要求是不可能的。而对于同样的功能，有时既可以通过机械技术来实现，也可以通过电子技术和软件技术来实现。这就要求设计者既要掌握机械技术又要掌握电子技术和计算机技术，站在机电有机结合的高度，对机电一体化产品或系统予以通盘考虑，以便决定哪些功能由机械技术来实现，哪些功能由电子技术来实现，并对机电系统的各类参数（机、电、光、液）加以优化，使系统或产品处于最优状态：体积最小、重量最轻、功能最强、成本最低、功耗最省。常用的优化方法有数学规划法、最优控制理论和方法、遗传算法、神经网络等。

（二）硬件和软件的交叉与优化

在机电一体化系统中，有些功能既可以通过硬件来实现，也可以通过软件来实现。究竟应该采用哪一种方法来实现，是对机电一体化产品或系统进行整体优化的重要问题之一。这里所说的硬件主要包括两种：一种是电子电路，一种是机械结构。例如，PID 控制功能可以通过模拟电路 PID 控制器来实现，也可以通过计算机软件 PID 控制程序来实现。计算机控制在现代工业中获得了非常广泛的应用。计算机软件在控制精度以及性能价格比等方面都比模拟控制器有着明显的优越性，可以很方便地改变控制规律，尤其当采用计算机控制多个生产过程时，上述优点就显得更加突出。对于机械结构，也有很多功能可以通过软件来实现。在利用通用或专用电子部件取代传统机械产品或系统中的复杂机械部件时，一般都需要配合相应的计算机软件。但是，由于微机受字长与速度的限制，采用软件的速度往往没有采用硬件的速度快。例如，要实现数控机床的轮廓轨迹控制，必不可少的一个重要功能就是插补功能。实现插补功能有硬件插补、软件插补和软硬件结合插补等多种方案。软件插补方便灵活，容易实现复杂的插补运算并获得较高的插补精度。采用硬件插补，费用必然增加，但配合普通微机设计一块或几块专用大规模集成电路芯片（专用插补器），可以大大加快插补运算速度。如果既要求高的插补精度，又要求较高的插补速度，可采用软硬件结合的办法。

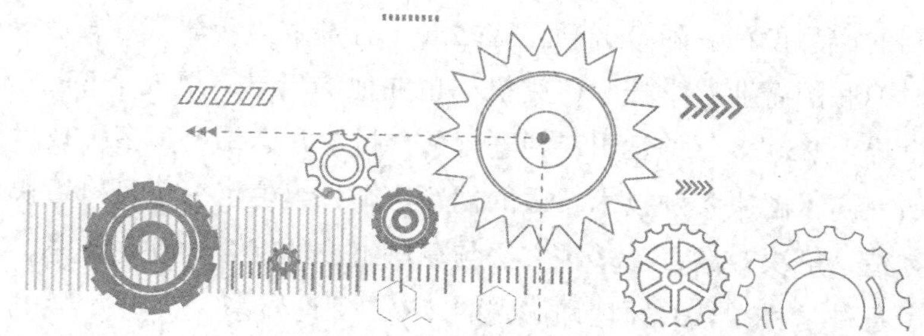

第二章　机电产品创新设计概述

第一节　TRIZ（萃智）技术创新方法概述

一、TRIZ 的定义与主要内容

（一）TRIZ 简述

TRIZ（萃智）的含义是发明问题解决理论，由“发明问题解决理论”（Theory of Inventive Problem Solving）俄语含义的单词首字母（Teoriya Resheniya Izobretatelskikh Zadatch）组合而成，在欧美国家也可缩写为 TIPS。

TRIZ 理论是苏联发明家阿奇舒勒（G. S. Altshuller）在 1946 年创立的，因而阿奇舒勒被尊称为 TRIZ 之父。1946 年，阿奇舒勒开始了发明问题解决理论的研究工作。此时的阿奇舒勒在苏联里海海军专利局工作，负责处理各种著名的发明专利。他在工作中经常会思考一个问题：人们是否可以遵循一定的科学法则来更加迅速地解决技术难题，进行发明创造。答案是肯定的。阿奇舒勒通过多年来对多个领域的观察发现，所有领域中的产品改进、技术变革等都与生物系统十分类似，遵循着诞生、成长、成熟、衰败、灭亡的顺序。如果人们能把这种规律掌握好，就可以预测出产品未来的发展趋势，并进行能动的产品设计。阿奇舒勒在这之后一直都致力于研究和完善 TRIZ 理论，当时苏联的企业、学校和研究机构也在他的指导下组成了 TRIZ 研究团体，对世界上 250 多万份发明专利进行了分析，并总结出了多种技术发展的规律，研究出了解决各种技术矛盾的创新法则，组建了一个可以更快、更好地创新创造、解决难题，由多种方法与算法组成的综合性理论体系，并建立起综合了各种学科领域的原理和法则的 TRIZ 理论体系。

该理论起初一直对其他国家保密，直到 20 世纪 80 年代中期，一批科学家移居至一些西方国家后才公开，该理论才逐渐为世界产品开发领域所用，并对该领域产生了极大的影响。

（二）TRIZ 的主要内容

1. 问题分析方法和创新思维方法

TRIZ 理论带来了多屏幕法等可以系统而科学地分析问题的方法。TRIZ 理论中的物—场分析法是一个非常科学的问题分析建模方法，可以让人们尽可能快地找到核心问题，并确认其根本矛盾。

2. 技术系统进化法则

TRIZ 理论在经过大量的专利分析后，针对技术系统的演变规律提炼出了 8 个基本的进化法则。这些法则可以让人们确认产品目前的技术状态以及预测其未来的发展趋势，从而开发出更具竞争力的产品。

3. 工程矛盾解决原理

同样的规律可以运用到不同的发明之上，TRIZ 将这些相同规律概括归纳为 11 个分离原理和 40 个发明原理，人们可以根据实际情况从这些创新原理中找到解决问题的办法。

4. 发明问题标准解法

具体问题物—场模型的不同特征分别对应标准的模型处理方法，包括模型的修整、转换、物质与场的添加等。

5. 发明问题解决算法

发明问题解决算法（ARIZ）主要针对问题情境复杂、矛盾及其相关部件不明确的技术系统。ARIZ 是一个对初始问题进行一系列变形及再定义的非计算性的逻辑过程，实现了对问题的逐步深入分析、转化……直到问题解决。

6. 基于物理、化学、几何学等工程学原理而构建的知识库

基于物理、化学、几何学等领域的数百万项发明专利的分析结果而构建的知识库可以为技术创新提供丰富的方案来源。

TRIZ 的理论体系如图 2-1 所示。

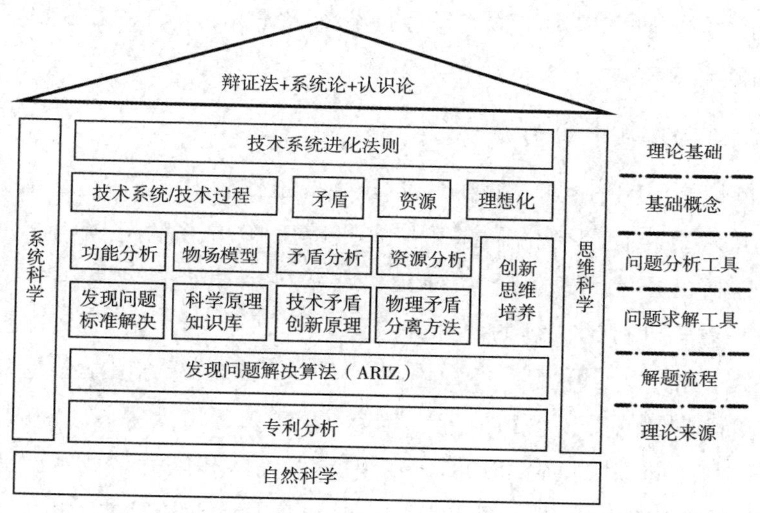

图 2-1　TRIZ 的理论体系

二、TRIZ 的发展

（一）TRIZ 的发展历程

1946 年，年仅 20 岁的阿奇舒勒因出色的发明才能而成为苏联里海海军专利局的一名专利审查员。从此，他有机会接触专利，并对大量的专利进行分析研究，开始了对 TRIZ 长达 50 多年的研究。

阿奇舒勒通过研究发现，发明是有一定规律的，即发明过程中应用的科学原理和法则是客观存在的，大量发明面临着相同的基本问题和矛盾。人们在不同的技术领域不断重复使用相同的技术发明原理和相应的问题解决方案，因而如果能对已有的知识进行提炼、重组，并形成系统化的理论，就可

以用来指导后来者的发明创造、创新和产品开发。在此思想的指导下，阿奇舒勒带领苏联的专家经过半个多世纪的探索，对数以百万计的专利文献和自然科学知识加以收集、整理、研究、提炼，终于建立了一整套体系化的、实用的解决发明问题的理论和方法体系，这就是TRIZ。在当时，由于处于冷战时期，该理论未被西方国家所掌握，直至大批TRIZ的研究人员在苏联解体后移居到欧美，TRIZ才被系统地传入西方国家，并在短时间内引起了学术界和企业界的广泛关注。特别是TRIZ传入美国后，学者们在密歇根州等地建立了TRIZ研究咨询机构，继续进行深入研究，使TRIZ得到了更加深入的应用和发展。

（二）TRIZ在中国的发展

20世纪80年代中期，我国的部分科技工作者和学者开始学习和应用TRIZ，并做了相关资料的翻译和技术跟踪工作。20世纪90年代中后期，我国部分高校开始跟踪、研究TRIZ，在本科生和研究生课程中逐渐引入TRIZ，并对其进行了持续的研究和应用。从21世纪开始，TRIZ的应用范围扩展至企业界。近年来，TRIZ作为一种实用的创新方法学，越来越受到企业界和科技界的青睐。2004年，国际TRIZ认证进入中国，中国的TRIZ研究工作开始同国际接轨。2007年，中华人民共和国科学技术部从建设创新型国家的战略高度出发，提出大力开展技术创新方法工作，并和一些省份的科技厅一起开展了大范围的TRIZ推广与普及活动。这是中国为TRIZ的发展做出新的重要贡献的标志。2008年，中华人民共和国科学技术部、教育部、国家发展和改革委员会、中国科学技术协会等部委、协会联合发布了《关于加强创新方法工作的若干意见》，明确了创新方法工作的指导思想、工作思路、重点任务及保障措施等。到2013年，全国共有28个省（区、市）开展了以TRIZ理论体系为主的创新方法的推广应用工作。近年来，TRIZ理论在国内发展迅速，不仅应用于许多企业，在新产品开发、教育等领域也取得了大量成果。

（三）创新发展阶段

技术创新是企业生存和发展的不竭源泉和动力。技术创新活动是有规律可循的，发掘、认识和把握这些规律，掌握其技术创新的方法，可以加快人们创造发明的进程、帮助企业提高技术创新的效率。

技术创新方法的兴起与革新始于20世纪初至20世纪50年代，主要有头脑风暴法、形态分析法、综摄法、5W2H法、检核表法、TRIZ、属性列举法、中山正和法、信息交合法、六顶思考帽法、公理化设计法、六西格玛管理法等创新方法。其中，TRIZ具有较强的理论体系，是具有较好的应用效果的创新方法之一。

三、TRIZ的核心思想

现代TRIZ理论的核心思想主要体现在以下三个方面：

第一，无论是简单的产品还是复杂的技术系统，其核心技术的发展都遵循客观规律，即具有客观的进化规律和模式。

第二，各种技术难题、冲突和矛盾的不断解决是这种进化的动力。

第三，技术系统发展的理想状态是用尽量少的资源实现尽量多的功能。

四、TRIZ六大经典

（一）技术系统八大进化法则

技术系统进化论是重要的TRIZ理论之一。阿奇舒勒认为，技术系统的进化并非取决于人的主观愿望，而是遵循事物进化的客观规律和模式，所有系统都必然向着“最终理想化”的方向进化。因此，技术系统进化论可以与自然科学中的达尔文生物进化论和斯宾塞的社会达尔文主义相比肩，被称为“三大进化论”之一。

TRIZ的技术系统八大进化法则分别是：

（1）技术系统的S曲线进化法则。

（2）提高理想度法则。

（3）子系统的不均衡进化法则。

（4）动态性和可控性进化法则。

（5）增加集成度再进行简化法则。

（6）子系统协调性进化法则。

（7）向微观级和增加场应用的进化法则。

（8）减少人工介入的进化法则。

这八个技术系统的进化法则应用范围广阔，包括发明新技术、形成市场需求、选择企业战略制定的时机、定性技术预测、专利布局等。人们可以利用它们解决技术难题，预测技术系统发展趋势，发明和加强创造性问题解决工具。

（二）最终理想解

传统的头脑风暴法、试错法等创新方法具有创新效率低、思维过于发散的缺陷，因而TRIZ理论在解决问题时首先将各种客观限制条件抛开来看，设立最优模型结构去分析问题解决的方向，并以取得理想解（IFR）为最终目标。这样的方式有效避免了传统创新方式中存在的弊端，让创新设计效率得到有效提升。

最终理想解有四个特点：

（1）保持了原系统的优点。

（2）消除了原系统的不足。

（3）没有使系统变得更复杂。

（4）没有引入新的缺陷。

（三）40个发明原理

阿奇舒勒和他的同事们通过对全世界200多万件发明专利进行研究，总结出四条规律性的结论：

（1）以往不同领域的发明和创新所用到的原理与方法并不多。在不同时代、不同领域的发明中，一些原理与方法被反复利用。

（2）相同的问题与解决该问题所使用的原理，在不同的领域中反复出现。

（3）技术系统进化的模式（规律）在不同的工程及科学领域中反复出现。

（4）创新设计所依据的科学原理往往属于其他领域。

据此，阿奇舒勒从大量高水平的发明专利中总结并提炼出TRIZ体系中最重要、重复应用频率最高的40个发明原理。这些原理分别是：①分割；②抽取；③局部质量；④非对称；⑤合并；⑥普遍性；⑦嵌套；⑧配重；⑨预先反作用；⑩预先作用；⑪预先应急措施；⑫等势原则；⑬逆向思维；⑭

曲面化；⑮动态化；⑯不足或超额行动；⑰一维变多维；⑱机械振动；⑲周期性动作；⑳有效作用的连续性；㉑紧急行动；㉒变害为利；㉓反馈；㉔中介物；㉕自服务；㉖复制；㉗一次性用品；㉘机械系统的替代；㉙气体与液压结构；㉚柔性外壳和薄膜；㉛多孔材料；㉜改变颜色；㉝同质性；㉞抛弃与再生；㉟物理 / 化学状态变化；㊱相变；㊲热膨胀；㊳加速氧化；㊴惰性环境；㊵复合材料等。

（四）39 个工程参数和阿奇舒勒矛盾矩阵

根据技术系统进化法则，任何一个技术系统，从它诞生的那天起，就始终处于不断进化的过程之中，直至这个系统被一个更新、更高级、更理想的系统所取代。

那么，技术系统为什么一定要进化？进化的动力是什么？ TRIZ 理论认为，相对于理想系统而言，现有的系统一定存在着技术矛盾，发明问题的核心就是解决技术矛盾。因此，未克服技术矛盾的设计就不是创新设计。在设计中不断地发现并解决技术矛盾，是推动产品向理想化方向进化的根本动力。

阿奇舒勒通过对大量发明专利的研究发现，所有的专利，无论什么样式，都是为解决技术矛盾而产生的，并且所有技术矛盾都可以用 39 项工程参数进行表达。而技术矛盾往往会表现为某项参数的改善会引发其他参数的恶化。他就此总结出了可以解决矛盾冲突的 40 个创新原理，随后又将矛盾冲突的参数和解决矛盾冲突的原理列成一个矩阵，矩阵的横轴为期望改善参数，纵轴则是由于改善某项技术而恶化的参数，横纵轴交叉处的数字则为可以解决系统矛盾的创新原理编号。这便是闻名世界的矛盾矩阵。阿奇舒勒的矛盾矩阵提供了更加便捷明了的解决问题的方式，在解决技术问题时，只需要确认矛盾的工程参数，就可以在矩阵中直接找到对应矛盾的发明原理，从而更快地解决问题。

一般情况下，技术系统中比较显而易见的矛盾是技术矛盾，但是当矛盾中欲改善的参数与被恶化的参数是同一个参数时，就出现了一个特殊矛盾，阿奇舒勒将其定义为物理矛盾。这就是说，当技术系统的某一个工程参数具有相反或不同的需求时，就出现了物理矛盾。例如：要求系统的某个参数在有些情况下要出现，在另一种情况下又不要出现，或既要高又要低；在有些情况下要大，在另一种情况下又要小；在有些情况下要快，在另一种情况下又要慢；等等。相对于技术矛盾，物理矛盾是一种更尖锐的矛盾，在创新中需要加以解决。

分离原理是阿奇舒勒针对物理矛盾的解决而提出的。分离方法共有 11 种，归纳概括为四大分离原理，分别是空间分离、时间分离、条件分离和系统级别分离。

（五）物—场模型分析

物—场模型分析是 TRIZ 理论中另一种重要的问题描述和分析工具。当我们无法确定技术系统（或子系统）中的工程参数时，就无法运用矛盾矩阵来寻找相应的发明原理，这时可以借助物—场模型分析工具来寻求解决方案。

人们设计一个技术系统的目的是让这个系统具有某种特定的功能，大到飞机、小到玩具莫不如此。那么，能够执行某个功能的最小的系统至少应当包含哪些元素呢？ TRIZ 理论认为，最小的系统单元至少应当由两个元素以及在两个元素间传递的能量组成，这样才可以执行一个功能。阿奇舒勒把功能定义为两个物质（元素）与作用于它们中的场（能量）之间的交互作用，即物质 S2（如工具）通过能量 F（如机械力）作用于物质 S1（如工件或原料）产生的输出（功能）。

在功能的 3 个基本元素中，S1、S2 是具体的，即“物”（一般用 S1 表示原料，用 S2 表示工具）；F 是抽象的，即“场”。这就构成了物—场模型。S1、S2 可以是材料、工具、零件、人、环境等，F 可以是机械场（Me）、热场（Th）、化学场（Ch）、电场（E）、磁场（M）、重力场（G）等。

物—场模型大致可以分为以下四种情况，与此相对应的“一般解法”共有六种，见表 2-1。

表2-1 物—场模型的四种情况

序 号	模 型	特 点	一般解法
1	有效完整模型	功能的三个元素都存在，且有效	
2	不完整模型	功能的三个元素不同时存在，可能缺少场，也可能缺少物	解法 1：补齐所缺的元素，增加场 F 或工具 S2，使其成为完整模型
3	效应不足的完整模型	功能的三个元素都存在，但不能实现设计者的目标	解法 2：用另一个场 F2 代替原来的场 F1 解法 3：增加另外一个场 F2 来强化有用的效应 解法 4：插进一个物质 S3，并加上另一个场 F2 来强化有用效应
4	有害效应的完整模型	功能的三个元素都存在，但产生了与设计愿望相反的有害效应	解法 5：加入第三种物质 S3，用来阻止有害作用 解法 6：增加另外一个场 F2，用来抵消原有害场的效应

（六）发明问题的标准解法

TRIZ 通过对大量专利的分析研究发现，发明问题共分为两大类，即标准问题和非标准问题。前者可以用标准解法来解决，而后者需要运用 ARIZ 算法来加以解决。

TRIZ 经常应用物—场模型来分析各种标准问题。标准解法是针对标准问题提出的解法，是阿奇舒勒于 1985 年创立的 TRIZ 理论的重要成果之一，也是 TRIZ 高级理论的精华之一。

TRIZ 提供了 76 个标准解决方法，并将这些方法分为五类：①建立或破坏物—场；②开发物—场；③从基础系统向高级系统或微观等级转变；④度量或检测技术系统内一切事物；⑤描述如何在技术系统中引入物质或场。发明者首先要根据物—场模型识别问题的类型，然后选择相应的标准解法。在目前的 TRIZ 软件中，标准解决方法已经超过了 200 个，而且每个方法都有数个来自不同领域的技术和专利案例。

标准解法分为 5 级，各级中解法的先后顺序反映了技术系统的进化过程和进化方向。

（七）发明问题标准算法（ARIZ）

发明问题标准算法（ARIZ）是发明问题解决过程中应遵循的理论方法和步骤。ARIZ 是基于技术系统进化法则的一套完整的问题解决程序，是针对非标准问题提出的一套解决算法。

ARIZ 的理论基础由以下 3 条原则构成：① ARIZ 用来确定和解决引起问题的技术矛盾；②问题解决者一旦采用 ARIZ 来解决问题，其惯性思维因素必须受到控制；③ ARIZ 不断获得广泛的、最新的知识基础的支持。

ARIZ 最初由阿奇舒勒于 1977 年提出，随后经过多次修改才形成比较完善的理论体系。ARIZ-85 和 ARIZ-91 包括九大步骤：

（1）分析问题。

（2）分析问题模型。

（3）陈述 IFR 和物理矛盾。

（4）动用物—场资源。

（5）应用知识库。

（6）转化或替代问题。

（7）分析解决物理矛盾的方法。

（8）利用解法概念。

（9）分析解决问题的过程。

五、TRIZ 的理论基础、主要方法与工具

（一）创新问题的等级划分

应用 TRIZ 时，通常是将实际问题转换为 TRIZ 问题，然后利用 TRIZ 理论和工具来求解，获得 TRIZ 问题的通用解，再根据实际条件的限制，将 TRIZ 问题的解转化为具体问题的解。TRIZ 是建立在普遍性原理之上的，适用范围较广。

阿奇舒勒通过对大量专利的研究发现，同样的发明原理可以用来解决不

同行业的问题。比如，发明 1 为剥坚果壳，需要将坚果放到高压锅的水面之下，通过持续加热让锅内压力达到一定的程度，当热水渗入坚果壳后立刻将锅内压力减少到 1 个大气压，让坚果的外壳破碎，从而便于剥开。又如，发明 2 为罐装甜椒，在甜椒装罐之前，要将甜椒的茎和籽与甜椒肉分离，但是甜椒的大小和形状往往并不均匀，因而需要人工操作，很难实现自动化。倘若把甜椒放到密闭的容器里，使容器的压强达到 8 个大气压，甜椒就会受到压力，在脆弱的地方出现裂缝，而压缩的空气进入甜椒后会使甜椒内外的压力一致，此时迅速降低容器内压力，甜椒就会因压力差而在裂缝处炸开，底部的茎也会与籽一同喷射出来。通过对以上两个发明的研究和分析可以发现，两者使用了相同的分离方法，都是在物体上逐渐增压后再迅速减压，用压力的变化使物体发生爆裂从而解决了技术难题。如果技术人员了解了这种方法，就可以将此原理应用到更广泛的领域当中，如剥核桃壳、剥瓜子壳以及清洗过滤器和分割钻石晶体等。工程师们只需要根据工作对象的参数来控制气压或者水压，创造出满足条件的环境，就可以高效地解决技术难题。实际上，以这种原理申请的专利目前已经超过了 200 项。

因此，整合已有的解决方法，建立起知识库，就可以在遇到问题时借鉴相似的方式来找到解决办法。而在遇到一些过去从未出现的创新性问题时，也可以在已有的众多专利里总结出设计的基本方法、原理以及模式，从发明原理和方法这些最根本的角度出发来解决问题。当问题成功解决后，还可以再反过来拓展与此问题相关的知识库。阿奇舒勒在研究如何寻求创新性问题解决原理时，研究了 20 多万份专利，但经过对比和分析后发现，其中只有大约 4 万个专利具有创新性，其他专利都属于对过去专利的直接改进。对此，阿奇舒勒首先为创新性问题划分出了等级（括号里的数字为专利占据所分析专利总数的比重）：

第一级，具有明显的解决方法，只需要应用本领域中熟悉的知识（32%）。

第二级，是对原有专利的改进，需要用到系统相关领域里多个方面的知识（45%）。

第三级，对当前系统的本质进行改进，需要运用系统相关领域之外的一些知识（18%）。

第四级，使用了具有突破性的概念与技术，以改变基本功能和运行原理为基础，对现有系统进行新的构想，需要运用不同领域的知识（4%）。

第五级，全新的发现，从本质上为全新系统的科学发现或者先驱发明（1%）。

（二）TRIZ 的理论体系

阿奇舒勒在专利研究中发现技术系统的演变遵循一些重要规律，这些规律对于产品的开发创新具有重要的指导作用。他总结了技术系统演变的 8 个模式：

（1）技术系统演变遵循产生、成长、成熟和衰退的生命周期。

（2）技术系统演变的趋势是提升理想状态（提升理想度）。

（3）矛盾是由系统中子系统开发的不均匀性导致的。

（4）首先是部件匹配，然后失配。

（5）技术系统首先向复杂化演进，然后通过集成向简单化发展。

（6）从宏观系统向微观系统转变，即向小型化和增加使用能量场演进。

（7）技术向增加动态性和可控性方向发展。

（8）向增加自动化、减少人工介入演变。

在这 8 个模式中，提升理想状态或理想度是 TRIZ 理论中非常重要的概念，它为创造性问题的解决指明了努力方向。理想度的定义是技术系统所有有用效果（包括系统发挥作用的所有有价值的效果）和有害效果（成本、能量消耗、风险等）的比值。理想状态的技术系统是不存在的，但任何改进都必须致力于提升理想度。TRIZ 提供了两种方法来提升理想度：

（1）充分利用系统内的可用资源（包括空间、时间、物质、能量、信息、功能等）。

（2）应用物理、化学等现象节省资源或简化系统。例如，制造钢筋混凝土时，灌混凝土前加强筋需要拉紧，可根据热胀冷缩这一物理现象，先对其进行加热，然后自行冷却，从而代替原先用于拉紧的液压系统。

8 个模式中还包括副模式，如“从单一到成双或复合系统”就是模式 5 的副模式，后来的研究共产生了 250 多个模式和副模式。

（三）TRIZ 的主要工具

当我们解决问题时，如果已经知道解决问题的所有步骤，这种问题就叫作常规问题。如果其中至少有一个步骤是未知或无法确定的，则这一问题叫作创新问题。TRIZ 认为，创新问题至少包含一个具有矛盾的问题。当技术系统的参数 A 被改进时，参数 B 可能恶化了，这两个不同参数之间的冲突就称为技术矛盾。例如，如果使汽车的速度更快，就会更加耗油，经济性就会降低。解决技术矛盾时，传统的方法是采用参数优化设计，对各个参数进行综合设定。为了照顾相互矛盾的两个参数，每个参数可能都不是最佳值，这种设计思想被称为“折中设计”。而 TRIZ 追求的是如何减弱和消除冲突，即“无折中设计”。

1. 科学和技术效应库

科学和技术效应库（Scientific and Technical Effect Database）又称科学效应库，是 TRIZ 中容易应用的工具之一。科学和技术效应库中拥有物理、化学、几何学等方面的科学发现、专利和技术成果，可以说是集中了人类在自然科学研究中的科学发现和智慧，是全人类的宝贵财富。由于寿命和经历的限制，任何人都不可能全部掌握这些科学知识，但是我们可以利用科学和技术效应库，根据所需要实现的功能，找到与实现这些功能相对应的科学效应，从而从源头上产生新的发明。

在传统的专利库中，专利成果都是按专利名称或发明者的名字进行登记的，而不是按照所能实现的功能进行登记。因此，如果需要实现特定功能，发明者难以找到与类似技术相联系的人。由于发明者可能除了自身领域外对其他领域并不熟悉，所以借鉴其他领域的技术成果就比较困难。为解决这一问题，1965—1970 年，阿奇舒勒与同事开始以“从技术目标到实现方法”的方式组织成果数据库，这样发明者就可以根据需要实现的基本功能（技术目标），在科学和技术效应库中很容易找到与实现该功能相关的科学效应，然后根据这些效应方便地找到相应的解决方案。

2.ARIZ

ARIZ（Algorithm for Inventive-Problem Solving）是发明问题解决算法，是 TRIZ 理论中一个主要的分析问题、解决问题的方法，其目标是解决问题的物理矛盾。对于某些复杂问题，由于难以发现明显的矛盾，不能直接依靠矛盾矩阵或物—场模型分析解决，必须对其分步进行分析，并构建矛盾。它是一个对初始问题进行一系列变形及再定义的非计算性的逻辑过程，可以实现对问题的逐步深入的分析和转化，最终解决问题。TRIZ 认为，解决一个创新问题的困难程度取决于对该问题的描述和问题的标准化程度，描述得越清楚，问题的标准化程度越高，就越容易解决。在 ARIZ 中，创新问题求解的过程是不断地描述问题、不断地将问题标准化的过程。在这一过程中，初始问题最根本的矛盾清晰地显现出来。ARIZ 是为复杂问题提供简单化解决方法的逻辑结构化过程，是 TRIZ 的核心分析工具。随着时间的推移，ARIZ 出现了多个版本，主要的有 1977 年、1985 年和 1991 年版本，各个版本之间的差异在于步骤的数目不同。目前，1985 年版和 1991 年版均包括 9 个步骤：

步骤 1，识别并将问题公式化，使用的工具是创新环境调查表（ISQ）。

步骤 2，构造存在问题部分的物—场模型。

步骤 3，定义理想状态和 IFR。

步骤 4，列出技术系统的可用资源。

步骤 5，在科学和技术效应数据库中寻求类似的解决方法。

步骤 6，根据创新原理或分离原理解决技术或物质矛盾。

步骤 7，从物—场模型出发，应用知识数据库（76 个标准解法、科学和技术效应数据库）工具生成多个解决方法。

步骤 8，选择采用系统可用资源的方法。

步骤 9，对改进完毕的系统进行分析，防止出现新的缺陷。

对企业工程师来说，应用 ARIZ 过于庞杂，同时传统 ARIZ 还存在一些没有完全解决的缺陷，如目前的知识库还没有包含信息技术和生物技术的成果。因此，为了适应现代产品设计的需要，TRIZ 不得不面临自身现代化的问题，这也是当前国际上 TRIZ 研究的重点之一。

除了 TRIZ 之外，近 50 年来，质量工程领域还产生了许多重要的产品设计方法，如质量功能展开（QFD）法、田口方法、故障模式和影响分析（FMEA）等。这些方法在产品设计的某个步骤或方面存在自身的优势和不足，因而将它们进行整合和相互补充是现代 TRIZ 研究的另一个重点。

（四）我国技术创新工程

实施技术创新工程对于建设国家创新体系、推动经济的可持续发展具有重大意义。2009 年，科技部、财政部、教育部、国务院国资委、中华全国总工会、国家开发银行联合发布了《国家技术创新工程总体实施方案》，以推动国家技术创新工程的实施。国家技术创新工程的总体目标是：形成和完善以企业为主体、市场为导向、产学研相结合的技术创新体系，大幅度提升企业自主创新能力，大幅度降低关键领域和重点行业的技术对外依存度，推动企业成为技术创新主体，实现科技与经济更加紧密结合。

原中共中央政治局委员、国务委员刘延东强调，企业是国民经济的基础，是科技转化为生产力的集成环节。要支持企业提高自主创新能力，促进科技与经济有机结合，为企业渡过难关、促进经济平稳较快增长提供重要支撑。实施技术创新工程，要突出重点，抓住关键环节，在创新主体、创新要素、创新机制和创新服务方面下功夫。一要坚持企业是技术创新主体的导向，推动企业成为技术创新需求、研发投入、创新活动及成果应用的主体。二要引导人才、科研资金、技术等要素向企业集聚，充分发挥各类创新要素的作用。三要建立科研院所、高校和企业之间长期稳定的合作关系，引导产学研用各方按照市场经济规律开展合作，鼓励用户单位积极参与，建立完善重大技术创新成果向现实生产力快速转化的畅通渠道。四要推动公共科技资源开放共享，加强技术创新服务平台的能力建设，发挥转制科研院所在产业共性关键技术攻关方面的作用，完善科技中介服务体系建设。

针对目前我国技术创新体系建设中存在的薄弱环节和突出问题，国家技术创新工程提出了六项主要任务。

一是推动产业技术创新战略联盟构建和发展。促进产学研各方围绕产业技术创新链在战略层面建立持续稳定的合作关系，立足产业技术创新需求，开展联合攻关，制定技术标准，共享知识产权，整合资源建立技术平台，联合培养人才，实现创新成果产业化；通过科技计划委托联盟组织实施国家和地方的重大技术创新项目；积极探索支持联盟发展的各种有效措施和方式；推动联盟建立和完善技术成果扩散机制，向中小企业辐射和转移先进技术，带动中小企业产品和技术创新；依托联盟探索制定国家支持企业技术创新的相关政策。

二是建设和完善技术创新服务平台。依托高等学校、科研院所、产业技术创新战略联盟、大型骨干企业以及科技中介机构等，采取部门和地方联动的方式，通过整合资源提升能力，形成一批技术创新服务平台。加快先进适用技术和产品的推广应用，加速技术成果的工程化，加强产业共性关键技术研发攻关，加强研发能力建设和行业基础性工作。

三是推进创新型企业建设。引导企业加强创新发展的系统谋划；引导和鼓励创新型企业承担国家和地方科技计划项目；引导和鼓励有条件的创新型企业建设国家和地方的重点实验室、企业技术中心、工程中心等；支持创新型企业引进海内外高层次技术创新人才；支持企业开发拥有自主知识产权和市场竞争力的新产品、新技术和新工艺；引导企业建立健全技术创新内在机制；引导企业加强技术创新管理。

四是面向企业开放高等学校和科研院所科技资源。引导高等学校和科研院所的科研基础设施和大型科学仪器设备、自然科技资源、科学数据、科技文献等公共科技资源进一步面向企业开放；推动高等学校、应用开发类科研院所向企业转移技术成果，促进人才向企业流动；鼓励社会公益类科研院所为企业提供检测、测试、标准等服务；加大国家重点实验室、国家工程技术研究中心、大型科学仪器中心、分析检测中心等向企业开放的力度。

五是促进企业技术创新人才队伍建设。鼓励高等学校和企业联合建立研究生工作站，吸引研究生到企业进行技术创新实践。引导博士后和研究生工作站在产学研合作中发挥积极作用。鼓励企业和高等学校联合建立大学生实训基地。协助企业引进海外高层次人才。采取特殊措施，引导和支持企业吸引海外高层次技术创新人才回国（来华）创新创业。

六是引导企业充分利用国际科技资源。发挥国际科技合作计划的作用，引导和支持大企业与国外企业开展联合研发，引进关键技术、知识产权和关键零部件，开展消化吸收再创新和集成创新；鼓励企业与国外科研机构、企业联合建立研发机构，形成一批国际科技合作示范基地；引导企业“走出去”，开展合作研发，建立海外研发基地和产业化基地；鼓励和引导企业通过多种方式，充分利用国外企业和研发机构的技术、人才、品牌等资源，加强自主品牌建设。

为了保障国家技术创新工程的顺利实施，应采取创新科技计划组织方式，发挥财政科技投入的引导作用，建立健全有利于技术创新的评价、考核与激励机制，落实激励企业技术创新政策，加大对企业技术创新的金融支持等措施。

第二节　其他创新方法概述

一、形态分析创新方法

任何复杂的思维过程都包含分析和综合。分析是把事物整体按不同的角度或标准分解为各个部分、个别特征和不同的方面，综合则是把各个部分、个别特征和不同的方面结合起来。组合法就是一种以综合分析为基础，按照一定的原理或规则对现有事物或系统进行有效的综合，从而获得新事物、新系统的创新方法。组合法体现了“组合就是创造”的创新思维，形态分析法、信息交合法、焦点法、主体附加法等都属于组合法的范畴。下面介绍组合法中较有代表性的形态分析法。

（一）形态分析法概述

形态分析法是瑞士天文学家兹威基创立的一种创新技法，又称“形态矩阵法”和“形态综合法”。形态分析法把需要解决的问题分解成若干基本因素（此问题的基本组成部分），分别列出实现每个因素的所有可能的形态（技术手段），然后用网络图解方式进行排列组合，以生成解决问题的系统方案或发明设想。

形态分析法广泛用于自然科学、社会科学以及技术预测、方案决策等领域，是最为常用和最为有效的创新方法。在解决发明创造问题时，形态分析法可使设计人员的工作合理化、构思多样化，帮助人们从熟悉的解答要素中发现新的组合，避免任何先入为主的习惯思维，帮助人们克服单凭头脑思考、挂一漏万的不足，从而推动创造活动的开展。形态分析法采用图解方式，因而可以使各种方案比较直观地显示出来，有利于产生大量创新程度较高的设想。

20 世纪 40 年代初，兹威基教授在参与美国火箭开发研制工作时，根据当时的技术水平和物质条件，运用形态分析法按火箭各主要部件可能具有的各种技术方式进行组合，共得到 576 种不同的火箭构造方案，其中许多方案为以后美国火箭事业的发展做出了巨大贡献。这些方案包括了当时德国制造的、令英伦三岛闻之色变的“V-1”“V-2”飞弹，而这种带脉冲式发动机的巡航导弹及其技术是同盟国情报机关的间谍们使用一切手段都没有弄到手的。

（二）形态分析法的应用

用形态分析法对创新对象的要素进行处理，既可以按材料和工艺分解，又可以按成本和周期分解，还可以按功能和技术分解，这样就扩大了可供组合及分析的余地，使发明创造有了数量和质量上的保证。

例如，在设计一种新包装时，假定只考虑包装材料和形状两个基本因素，实现这两个因素的形态各有 4 种。那么，采用图解方式进行排列组合，可得出 16（4×4=16）种方案以供选择【图 2-2（a）】。如果给此设计再增加一个“色彩”基本因素，并假定此基本因素也有 4 种形态，就能得出 64（4×4×4=64）种方案以供选择，如图 2-2（b）所示。

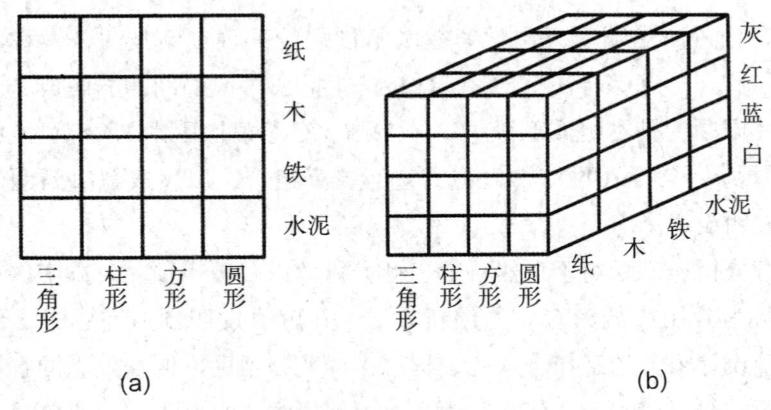

图 2-2　形态分析法构建创新方案示例

形态分析法的运用有五个基本步骤，下面结合一种新运输系统的创新设计予以说明。

第一步，明确提出问题并加以解释。例如，需要将物品从某一位置搬运到另一位置，采用何种运输工具为好。

第二步，因素分析。根据需要解决的问题，列举出独立因素。经过分析可得出三个独立因素：装载形式、输送方式和动力来源。

第三步，形态分析。运用发散思维尽可能多地列举出各个独立因素所包含的若干形态。例如，装载形式的形态有四种：车辆式、输送带式、容器式、吊包式。输送方式的形态有七种：水、油、空气、轨道、滚轴、滑面、管道。动力来源的形态有七种：压缩机、蒸汽机、电动机、电磁力、电池、内燃机、原子能。

第四步，用图解方式对上述各形态进行排列组合，能得到196（4×7×7=196）种方案以供选择，如图2-3所示。

例如，采用容器装载，轨道运输，压缩空气做动力；采用吊包装载，滑面运输，电磁力做动力；采用容器装载，用水来运输，内燃机做动力；等等。

第五步，检查矩阵中所有方案是否可行，并加以分析、评价、比较，从中选择最佳设想方案。此时可借助计算机进行辅助设计，以求更好地完成设计任务。

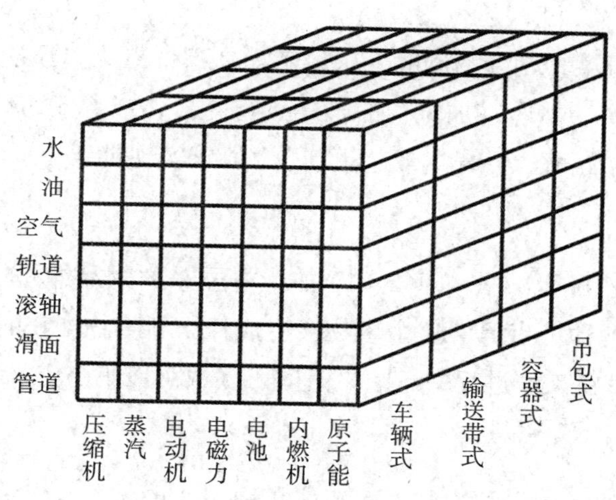

图2-3 形态分析法构建新运输系统创新方案示例

二、和田十二法

许多发明创造并不一定是人们苦思冥想和不断尝试的结果，可能只是诞生于某个巧合，也可能只是应用了某些简单的创新技巧和方法。例如，一个欧洲的磨镜片工人，偶然间把一块凸透镜片与一块凹透镜片加在一起，当他透过这两片镜片向远处看时，惊讶地发现远处的物体可以移到眼前来。后来，科学家伽利略得知了这个发现，他对这个意外“加一加”而形成的事物进行研究，发明了望远镜。

在前人创新工作的基础上，我国创造学学者结合我国的实际情况，根据上海市和田路小学开展创造发明活动所采用的各种技法，提炼了包含上述“加一加”的“和田十二法”，又称“思路提示法”。该技法已在世界各国被广泛传播使用。

（一）和田十二法的基本思路

和田十二法中的“十二”即“十二个一”，分别指“加一加”“减一减”“扩一扩”“缩一缩”“变一变”“改一改”“联一联”“代一代”“搬一搬”“反一反”“定一定”“学一学”。下面详细叙述这“十二个一”的基本思路。

1. 加一加

当我们进行某种创新活动时，可以考虑在这件事物上还能添加什么，如把这件物品加高、加厚、加宽、加长一点行不行，或者能否在形状、尺寸、功能上使原物品有所“异样”或“更新”，以求实现创新。

2. 减一减

原来的事物可否减去点什么？例如，将原来的物品缩短、降低、减少、减轻、变窄、变薄一点等。这个事物会变成什么新事物？它的功能、用途会发生什么变化？在工作过程中，减少时间、次数可以吗？这样会有什么效果？

3. 扩一扩

现有物品的功能、结构等方面还能扩展吗？扩大一点、放大一点会使物品发生哪些变化？这件物品除了主要用途外，还能扩展出其他用途吗？

4. 缩一缩

如果将原来物品的体积缩小一点，长度缩短一点，是不是能开发出新的物品？

5. 变一变

如果改变原有物品的形状、尺寸、味道、颜色等，能不能形成新的物品？此外，还能从物品的内部结构上，如部件、材料、成分、结构排列顺序、高度、长度、密度和浓度等方面去变化；也可以从使用对象、用途、场合、方式、时间、方便性和广泛性等方面去变化；或者从制造工艺、质量和数量等角度，对事物的习惯性看法、处理办法及思维方式等方面去变化。

6. 改一改

从事物的缺点和不足入手，如不安全、不方便、不美观等，然后提出有效的改进措施，促进发明和创新。

7. 联一联

某一事物和哪些其他事物有联系？或和哪些因素有联系？利用这种联系，可否通过“联一联”形成新功能，开发出新产品？

8. 代一代

能否利用其他的事物或方法来代替现有的事物或方法，从而产生新的产品？尽管有些事物或方法应用的领域不同，但其本质是完成相同的功能。因此，可以试着替代，既可以直接寻找现有事物的代替品，也可以从材料、零部件、方法、颜色、形状和声音等方面进行局部替代，看替代以后会产生哪些变化，会有什么好的结果，能解决哪些实际问题。

9. 搬一搬

“搬一搬”是将原事物或原设想、技术移至别处，从而产生新的事物、新的设想和新的技术，即把一件事物移到别处，还能有什么用途？某个想法、原理、技术搬到别的场合或地方，能派上别的用场吗？

10. 反一反

“反一反”是指将某一事物的性质、形态、功能，以及其内外、横竖、正反、上下、左右、前后等加以颠倒，从而产生新的事物。“反一反”应用的是逆向思维，即从相反的方向思考问题。

11. 定一定

“定一定”是指给某些发明或产品定出新的标准、顺序、型号，或者为改进某种东西，为提高学习和工作效率及防止可能发生的不良后果而做出一些新规定，从而进行创新的一种思路。

12. 学一学

“学一学”是学习或者模仿其他物品的形状、结构、原理、颜色、规格、性能、方法、动作等，以求创新。

和田十二法的基本思路可归纳为和田技法检核表，见表 2-2。

表2-2 和田技法检核表

序号	检核内容
1	“加一加”：加高、加厚、加多、组合等
2	“减一减”：减轻、减少、省略等
3	“扩一扩”：放大、扩大、提高功效等
4	“缩一缩”：压缩、缩小、微型化
5	“变一变”：变形状、颜色、气味、顺序等
6	“改一改”：改缺点、改不便、改不足之处
7	“联一联”：原因和结果有何联系，把某些东西联系起来
8	“代一代”：用别的材料代替，用别的方法代替
9	“搬一搬”：移作他用
10	“反一反”：能否颠倒一下
11	“定一定”：定个界限、标准，能提高工作效率
12	“学一学”：模仿形状、结构、方法，学习先进

如果按照和田技法检核表中所提示的“十二个一”的思路进行核对与思考，就能从中得到启发，激发自己的创造性设想。因此，和田十二法是启发人们的创造性思维的思路提示法。

（二）和田十二法的应用案例

1.“加一加”的应用案例

例如，一家名为“普拉斯”的文具公司应用“加一加”原理对文具盒进行改进，在文具盒上安装了电子表、温度计，甚至使文具盒成为一个变形金刚，花样繁多。尽管文具盒文具的种类不多，但因样式丰富，迎合了少年儿童的心理和兴趣，销量大增，很快成为风行全球的商品，“普拉斯”也成为知名品牌。又如，在 MP3 上加上收音机的功能，MP3 的价格就提高了；冰箱厂商海尔给一款冰箱加上了电脑桌的功能，在美国备受消费者喜爱。

2.“减一减”的应用案例

例如，大家熟悉的隐形眼镜就是将镜片减薄、减小，并减去了镜架而发明的。又如，移动硬盘的体积越小携带越方便，销量就越高。我们购买的米、面等食品改成小包装后反而卖得更快。市场上有很多昂贵的多功能数码相机，但其 90% 的功能消费者根本不会使用，而减掉相机的很多功能，不仅降低了生产成本，更能满足部分经济型消费者的需求，销量不降反增。

3.“扩一扩”的应用案例

例如，大家知道吹风机是吹头发的，但日本人想利用吹风机去烘干潮湿的被褥，扩展它的用途，在吹风机的基础上发明了被褥烘干机。又如，把一般望远镜扩成又长又大的天文望远镜，它的能见度是人眼的 4 万倍，放大率可达 3 000 倍。用这种望远镜观测星空，看远在 38 万千米外的月亮，就好像在 128 千米的近处观察一样。

4.“缩一缩”的应用案例

我国的微雕艺术是世界领先的，其实质也是“缩一缩”。它缩小的程度是惊人的，能在头发丝上刻出伟人的头像、名人诗句等，使其成为一件件昂贵的珍品。生活中的袖珍词典、微型录音机、照相机、浓缩味精、浓缩洗衣剂（粉）等都是“缩一缩”的成果。

5.“变一变”的应用案例

任何企业的创新都离不开“变一变”。如果食品生产厂家不注重产品的翻新，就无法开发出形状、颜色、味道各不相同的新产品，也就无法使企业发展壮大。如果企业不拘现状而不断开发新产品，那么企业就会充满生机和活力。例如，Swatch 手表款式非常多，注入了心情、季节、时尚等元素，受到全世界消费者的青睐。

6.“改一改”的应用案例

“改一改”技巧的应用范围很广，如拨盘式电话机改为琴键式电话机、手动抽水马桶改为自动感应式抽水马桶等。又如，一般的水壶在倒水时，壶身倾斜，壶盖易掉，导致蒸汽溢出烫伤手。成都市的中学生田波想了个办法克服水壶的这个缺点。他将一块铝片铆在水壶柄后端，但又不铆太紧，使铝片的另一端可前后摆动。灌水时，壶身前倾，壶柄后端的铝片也随之向前摆，从而顶住壶盖，使它不能掀开。水灌完后，水壶平放，铝片随之后摆，壶盖又能方便地打开了。

7.“联一联”的应用案例

“联一联”是把两个原本没有联系的事物联系起来，如将计算机与机床联系起来产生了数控机床。又如，澳大利亚曾发生过这样一件事，在收获的季节，有人发现一片甘蔗田里的甘蔗产量提高了 50%。这是因为甘蔗栽种前一个月，有一些水泥洒落在这块田地里。科学家们分析后认为，是水泥中的硅酸钙改良了土壤的酸性，从而使甘蔗的产量得到了提高。这种将结果与原因联系起来的分析方法经常能使我们发现一些新的现象与原理，从而引出新的发明。由于硅酸钙可以改良土壤的酸性，所以人们研制出了改良酸性土壤的“水泥肥料”。

8.“代一代”的应用案例

曹冲称象、乌鸦喝水等故事都可以说是“代一代”的典型事例。又如，用各种快餐盒代替传统的饭盒，用复合材料代替木材、钢铁等。山西省阳泉市小学生张大东制作的按扣开关也是用“代一代”的方法发明的。张大东发现家中有许多用电池作为电源的电器没有开关，使用时很不方便，于是他想出了一个用按扣代替开关的办法。他找来旧衣服和鞋上面无用的按扣，给两片按扣分别焊上两根电线头，在确保安全的情况下，按上按扣，电源就接通了，掰开按扣，电源又切断了。

9.“搬一搬”的应用案例

“搬一搬”也是创新活动中应用十分广泛的技法。例如，利用激光的特点发明的激光切割、激光打孔、激光磁盘、激光唱片、激光测量和激光治疗近视眼等。又如，改变普通照明电灯光线的波长，可以制成紫外线灭菌灯、红外线加热灯等；改变灯泡的颜色，又可以变成装饰彩灯；灯泡被安装在路口，便成了交通信号灯。

10.“反一反”的应用案例

世人皆知的司马光砸缸的故事就是“反一反”的典型事例。一个小朋友不慎掉进了水缸里，司马光打破了要救人就必须使“人离开水”的常规想法，而是把缸砸破，使水离开人，同样拯救了小朋友的生命。又如，一般的动物园都是将动物关在笼子里，游客在笼子外面观看，而野生动物园是让游客进入铁笼子车，把猛兽放到笼子外面。这样颠倒过来之后，不仅满足了游客寻求刺激的心理，票价也提高了，动物园收益增加。

11.“定一定”的应用案例

有人用“定一定”原理发明了一种定位防近视警报器。它的原理是用微型水银密封开关，并将此开关与电子元件、发音器共同安装于头戴式耳机上，经调节后规定了头部到桌面的距离，当使用者的头部与桌面的距离低于此规定值时，微型水银开关就会接通电源，发出警告声，提醒使用者端正坐姿。又如，营销从某种意义上来说就是定位，宝洁公司对旗下产品进行了明确定位，海飞丝的定位是去头屑，飘柔的定位是柔顺，潘婷被定位为护发，沙宣被定位为专业美发。

12.“学一学”的应用案例

“学一学”更是创新活动惯用的思路。科学家研究了鱼在水中的行动方式，发明了潜水艇；学习了蝙蝠的飞行原理，发明了雷达；学习了鲸在海洋中游动的形态，把船体改成了流线型，使轮船航行的速度大大提高。又如，英国人邓禄普看到儿子骑着硬轮自行车在卵石道上颠簸行驶，非常危险，便产生了发明一种可以减小振动的轮胎的想法。他在浇水的橡皮管具有弹性的启发下，应用橡胶的弹性，最终成功地发明了充气轮胎。

三、列举法创新思维

克劳福特说："所谓创造就是掌握呈现在自己眼前的事物属性，并把它置换到其他事物上。"列举法是在美国克劳福特教授创造的属性列举法的基础上形成的运用发散思维克服思维定式的一种创新方法，是一种依托分解或分析的创新方法。列举法是对具体事物的特定对象的特点、优缺点等，从逻辑上进行分析，并将其本质内容全部罗列出来，再针对列出的项目提出改进的方法。列举法强调罗列出所有因素，促使创新人员全面感知事物，克服感知不敏锐的障碍，以改善思维方式。列举法提供了一种思路：要想解决问题，就需要结合其他方法。列举法按所列举的对象可分为属性列举法、希望点列举法、缺点列举法、成对列举法。下面介绍属性列举法和成对列举法。

（一）属性列举法

属性列举法就是列举出事物的所有属性，并针对这些属性进行创造性思考的方法。其要点是首先针对某一事物列举出其重要部分或零件及其属性，然后就所列各项逐一思考是否有改进的必要或可能，促使创新产生。

其操作步骤如下：

步骤 1，确定研究对象并加以分析，了解研究对象的现状，熟悉其基本结构、工作原理及使用场合。

步骤 2，列举出研究对象的属性并进行分类整理，可从以下几个方面来考虑：

名词属性（采用名词来表达的特征），主要指事物的结构、材料、整体等。

形容词属性（采用形容词来表达的特征），如色泽、形状、大小等。

动词属性（采用动词来表达的特征），主要指事物功能方面的特征。

量词属性（采用数量词来表达的特征），如数量、使用寿命、保质期等。

步骤 3，从需要出发，对列出的属性进行分析、抽象，与其他物品对比，通过提问的方式来诱发创新思路，采用替代的方法对原属性进行改造。

步骤 4，应用综合方法将原属性与新属性进行综合，寻求功能与属性的替代、更新、完善，提出新设想。

属性列举的使用规则如下：

（1）需列举这一事物的所有属性，不得有遗漏。

（2）最好应用在具体事物的发明革新上，研究对象宜小不宜大。若研究对象是一个大项目，可将其分解为若干个小项目，再进行属性列举。

下面采用属性列举法对家用电冰箱的改进进行初步设计：

（1）确定研究对象为家用电冰箱。

（2）了解电冰箱的工作原理、基本结构等，应用分析、分解和分类的方法逐一列出它的属性，见表 2-3。

表2-3　家用电冰箱属性列举表

家电种类	属　性	分　类	说　明
电冰箱	名词属性	整体	电冰箱
		电路部分	压缩机、温控器、继电器、过载保护器、开关专用电源线、灯
		结构部分	箱体、箱门、冷藏室、冷冻室、箱顶、隔架、果菜盒、除霜铲、调节器、隔热层、发泡材料
		材料	塑料、金属、电子元件、含氟制冷剂或不含氟制冷剂
电冰箱	形容词属性	颜色	白色、灰色
		重量	重
		形状	立体式、立式
		耗电量	大、热（压缩机、箱体两侧）
		噪声	制冷时大
	动词属性	功能	制冷
		重要动作	搬运、开关箱门、接通或切断电源、调节温度、除霜、除臭
	量词属性		一体机、单门、双门、三门

（3）对列出的电冰箱属性进行分析对比，提出改造意见：

①随意调节空间。内部各格挡可以随意调节大小。

②温度自由控制。根据用户需求，设定可以自动控制温度的功能。

③替代材料，如玻璃。

④多种颜色，如多图案、多颜色，随心换彩壳。

⑤多种形状，如圆柱形、多边体形、壁挂式、卧式、手提式。

⑥新增功能，如制热、保温。

⑦使用替代能源，如太阳能、燃气、蓄电池。

⑧自动化，如自动解冻，自动除霜、除臭、消毒。

⑨拆分。将一体机拆分成组合机，可以任意组合摆放。

⑩易于搬运。在箱体底部安装可拆卸的滑轮，在箱体两侧加把手。

⑪ 箱门设计。设置多个箱门，采用上下推拉门、折叠门。

⑫ 关箱门设计。未关机箱门时发出报警信号，自动关闭箱门。

⑬ 易于水平调节。箱体自带水平仪，便于水平调节。

⑭ 增加数字化控制屏。箱体装有控制屏，显示小时耗电量等数据。

⑮ 增加智能化控制功能。具有语音控制、远程数据传输等功能。

（4）结合上述分析，提出新型冰箱的设计思路：

①适合现代家庭的太阳能数字化控制屏智能冰箱。

②适合放置在客厅的壁挂式玻璃门半圆柱形冷藏冰箱。

③适合年轻人随心换彩壳的组合式冰箱。

④适合进行商品展示的多边形多玻璃门超大冷藏冰箱。

⑤适合冬天使用的保温冰箱。

⑥适合外出携带的蓄电池、手提式冰箱。

⑦没有噪声、重量轻的燃气式充气冰箱。

（二）成对列举法

成对列举法是把任意选择的两个事物组合起来，列举其成对特性并加以比较，从中获得独创性方案的方法。该方法利用了属性列举法务求全面的特点，吸收了强制联想法易于产生新颖设想的优点，因而效果较好。成对列举法的操作有两种方式。

1. 第一种操作方式

第一步，列举。列举出某一范围内能想到的所有事物。

第二步，强迫联想。联想任意组合中的成对特性。

第三步，对所有组合方案进行分析与筛选。

新式多功能家具的设计可以采用这种操作方式。

2. 第二种操作方式

第一步，确定两个事物为研究对象。

第二步，分别列出两个事物的属性。

第三步，将两个事物的属性进行强制组合，如图 2-4。

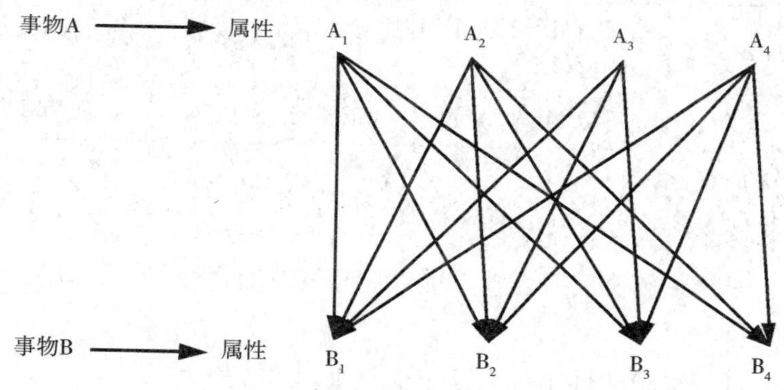

图 2-4　两个事物强制组合的方式

第四步，分析、筛选可行的组合，形成新的设想。

成对列举法的使用规则：一是必须十分明确所要解决的问题，这样可以确定所列举事物的类别；二是要对所列事物、因素的所有组合都加以研究，即使是那些令人觉得莫名其妙的组合也不要随意舍弃。

以下是运用成对列举法对一种新型灯具进行设计的案例。

确定灯为 A 事物，为了使设计新颖，选择与其差别较大的猫为 B 事物。

分别列出灯和猫的属性，见表 2-4。

表2-4　灯和猫的属性

对比物	相对应的部位			
灯	灯泡	灯罩	灯座	开关

续　表

对比物	相对应的部位			
猫	猫头	尾巴	耳朵	爪子

灯和猫的属性的各种组合见表 2-5。

表2-5　灯和猫的属性的各种组合

猫头形状的灯泡	猫头图案的灯罩	猫头形状的灯座	猫头形状的开关
可随意变换角度的熄灯管	长筒形灯罩	可以随意弯曲和调节长短的灯座	尾巴形状的开关
双灯泡	灯罩上设计两个耳形透光孔	耳朵形状的灯座	声控开关
多个小灯管	可以调整的灯罩	爪子形状的灯座	触摸式开关

提出新型灯的设想：

灯泡：多个灯管，上下排列；

灯罩：长筒形猫头图案灯罩，可以调整灯罩的直径，上面有两个耳形透光孔；

灯座：爪子形状的灯座，可以随意弯曲、调节长短；

开关：触摸式开关。

四、训练创新思维

（一）柯尔特思维工具

创意大师、英国剑桥认知研究中心主任爱德华·德·波诺认为，思维是一种技能，是可以通过有效的途径加以训练的。他在《柯尔特思维教程》中阐述并分析了一系列的思维技巧，每个思维技巧各代表一种思考和操作的方法。掌握了这些思维工具，就可以更有效地分析、讨论问题。

柯尔特思维训练课程的理念是简单、实用、清晰、集中和严肃，学习的重点在于实用性。柯尔特七个基本思维工具包括考虑利弊（PMI）、找出有关因素（CAF）、推测后果（C&S）、确定目标（AGO）、权衡轻重缓急（FIP）、探求其他选择（APC）、参考他人的观点（OPV）。

1. 考虑利弊

考虑利弊的英文代号是PMI，是由Plus、Minus和Interesting三个单词的第一个字母拼成的，即P代表Plus，表示优点或有利因素；M代表Minus，表示缺点或不利因素；I代表Interesting，表示兴趣点。对于一个事情或问题，对于一个主意或建议，在没有做判断以前，要先分析它的利弊得失、是非正反两方面的因素，以及找出无利也无弊但却有趣的因素，然后再做决定。这样就可以以冷静和客观的态度来处理事情，不至于因个人的好恶或一时的冲动而妄下判断。

案例分享：

爱德华·德·波诺课程的第一课就是PMI。这个简单的认知工具要求学生首先扫描正面因素，然后是负面因素，最后是兴趣点。

他授课的班级有30个学生，年龄都是10～11岁。他问学生对通过上学获得报酬，比如一周5美元有什么看法。

30个学生都非常喜欢这个想法，说他们会购买糖果、口香糖和连环画册等。然后他介绍了PMI，并要求学生5人一组，系统地讨论PMI的每个部分。4分钟之后，他请学生说出自己的想法。有利因素和以前一样，但现在有了不利因素。不利因素包括：大一点的孩子可能欺负小一点的孩子，并抢走他们的钱；学校可能提高午餐费用；父母可能不再倾向于送孩子礼物；这笔钱从哪里来；老师们的薪金会减少；等等。兴趣点是：如果在校表现不佳，这笔钱会被拒付吗？年龄大一点的学生会拿得更多吗？

在训练的最后，30个孩子中有29个改变了他们的看法，并认定这是个糟糕的想法。要注意的重要的一点是，爱德华·德·波诺并没有和学生一起讨论或争辩这件事，他只是向学生介绍了认知扫描工具并要求他们运用。运用这个工具的结果是，学生获得了更宽泛的认知，他们改变了最初的判断。

这正是教授思维所应该做的：提供学生可以运用的、重要的工具。

PMI的操作要领如下：

（1）先思考P（优点），再思考M（缺点），最后思考I（兴趣点）。注意：不是先全部写出来再来分P、M、I。

（2）既不算优点又不算缺点的，就把它归为兴趣点。

（3）如果觉得某个点既算优点又算缺点，那就两个地方都算。

2. 找出有关因素

找出有关因素的英文代号是 CAF，是 Consider All Factors 的缩写。当你必须对某项事物做出选择、规划、判断或付诸行动时，总是有许多因素需要加以考虑。假如你忽略了某些因素，你的决定表面上看起来可能完美无瑕，但日后却会发觉错误层出不穷。因此，找出有关因素时不但要考虑那些显而易见的因素，还要探寻那些隐藏不露的因素，包括影响个人的因素、影响他人的因素和影响社会的因素。在考虑有关因素时，应把所有的因素罗列出来，而且经常这么问："还有遗漏其他什么因素吗？"概括来说，找出有关因素的要点是力求考虑周到，避免遗漏。

找出有关因素这个思维工程的重点是训练人们养成认真、细致和系统地观察有关事物的各种因素的习惯。观察时可以按照从整体到部分、从主要到次要、从近到远、从上到下的顺序，或按时间的先后顺序等。

3. 推测后果

推测后果的英文代号是 C&S，是 Consequence 和 Sequel 的缩写。对于行动、计划、决策、规则或发明等事项，要考虑它的后果或影响，所以这个思维工具就简称推测后果。

有些事情所产生的后果或影响是立竿见影的，有些则要经过一段时日才可看出它的影响。有些事物的后果，短期来看是好的，但长远的影响却是坏的。

对后果的各个时期的划分，并没有固定的标准，应根据各事物的情况来斟酌，灵活处理。

4. 确定目标

确定目标的英文代号是 AGO，是 Aims、Goals 和 Objectives 三个英文单词的缩写。这个思维工具的作用是确定做一件事情的目标。有时候，你做出某件事情或对某种情境做出反应，是出于习惯，因为人人都如此，所以是很自然的。但是，有时候你为了达到某个目标而做出一件事情，是"为了……”或“以……为目的”而做的，这两种情况都有各自的目标。如果你明确知道你的目标，对如何完成那件事情是很有帮助的；如果你也清楚他人心目中的目标，对了解他人的行为或看法更是有莫大的帮助。

确定目标这个思维工具的重点是要思考者确定一个行动的目的，因而要问清楚这个行动或这样做的目的是什么，要完成什么，要得到什么。明确的目标有助于思考者做出决策、拟订计划，使一个行动所要达到的目标容易成功。

5. 权衡轻重缓急

权衡轻重缓急的英文代号是 FIP，是 First Important Priorities 的缩写。有些事情比别的事情更紧急，有些因素比别的因素更重要，有些目标比别的目标更迫切，有些影响或后果比别的影响或后果更重大。当你面对这样的情况时，在对众多的观点进行分析后，就得衡量哪些是最紧急的，哪些是较次要的，以便从最重要的项目开始处理有关问题。

6. 探求其他选择

探求其他选择的英文代号是 APC，是由 Alternative、Possibilities 和 Choices 三个英文单词的第一个字母拼成的。在你做出抉择或采取某项行动之前，可能觉得已经想得非常周到和完美了，再也没有其他更好的办法可以选择了，但如果你再仔细想想，也许还可以想出其他可行的办法。对一个事件的看法也是一样，也许你觉得一切解释都很明显，一目了然，但如果你再仔细研究一下，可能会发现还有很多其他的解释。

探求其他选择是要人们集中精力，去探索其他可能的选择、解释、办法等，特别是那些不显而易见的事情。对一件很明显的事情再做深一层的思考，不是一般人愿意去做的，这需要苦心孤诣、乐此不疲地去进行。那些越是不明显的情形，越可能是最佳的选择。只有“打破砂锅纹（问）到底”和不断地探本穷源，才能达到最佳境界。

总之，前面提到的第二个思考工具找出有关因素，是要人们力求考虑周全，避免遗漏，而探求其他选择是要人们从众多明显的、完美的解释或选择中，继续探求更佳的解释或选择，力求尽善尽美，精益求精。

7. 参考他人意见

参考他人意见的英文代号是 OPV，是 Other People's Views 的缩写。许多思考的情况中都包括了其他人，其他人在某些情况中对有关因素、后果或目标都有不同的看法或不同的观点。有时候他人和我们在同一个情况下看法也会各异，因而了解他人的想法或对事物的看法是很重要的。

参考他人意见就是要设身处地地站在别人的立场来考虑有关问题。人们在思考时，也许考虑了不同的因素，看出了不同的后果或影响，确定了不同的目标，所以了解他人的想法对解决问题是很有帮助的。事实上，所有思考操作都可以站在不同的立场来进行。

（二）训练创新思维的方法

1. 发散思维

发散思维是指从一个目标出发，沿着不同的方向去思考，探求多种答案的思维。好比自行车车轮一样，车轮的辐条以车轴为中心向外辐射，发散思维就是沿着多条“思维线”向四面八方发散，多方向、多角度地扩展思维空间。很多心理学家认为，发散思维是创新思维最主要的特点，是创造力的主要标志之一。

人的发散性思维是可以通过锻炼提高的。发散思维的训练要注意思维的流畅、灵活和新颖三个度：①流畅是在一定时间内产生观念的多少；②灵活是能产生不同类别和属性的观念；③新颖是思维的新奇和独特的程度。发散思维的培养方法见表 2-6。

表2-6 发散思维的培养方法

序号	方法	具体解释
1	考虑所有因素	尽可能周全地从各个方面考察和思考一个问题，这对问题的探索、解决都有很大的帮助
2	预测各种结果	我们思考一个问题时应考虑各种结果或最终可能出现的结局，这有利于对事物的发展进行较明确的推测，并从中寻求最佳方案

续　表

序号	方法	具体解释
3	尝试思维跳跃	解决某个问题遇到困难时，我们可以采用思维跳跃的方法，即不从正面直接入手，而是另辟蹊径，从侧面突破
4	寻求多种方案	思考问题时，可快速“扫描”并指向事物或问题的各个点、线、面、立体空间，寻找多种方案，从而找到全新的思路与方法

2. 聚合思维

聚合思维是一种有方向、有范围、有条理的收敛性的思维方式，通过思考去解决问题，实现创新。

在使用聚合思维解决问题时，我们可以参考以下两个步骤。

第一步：多收集信息。信息收集得越多，越有利于聚合出正确的结论。

第二步：认真选择。

（1）对收集到的信息去粗取精、去伪存真。

（2）通过抽象、概括、比较和归纳的方法找出最本质的东西。

3. 灵感思维

国内外专家的研究与实践证明，灵感思维是完全可以有意识地加以训练和培养的。每个人通过一段时间的训练，灵感就会日益增多，创新思维的作用就会越来越明显。下面介绍一些常用的训练方法和技巧。

（1）灵感思维的训练方法。

①每天上下班（或上下学）选择一条不同的路线。

②每天在不同的餐馆（或地方）吃早餐或午餐。

③听听音乐，做做白日梦。

④给你的创造力找个出口。

⑤改变风景。

⑥创建私人日记。

⑦玩需要创造力的电脑游戏。

⑧涂鸦。

（2）活跃灵感思维的技巧。

①事物关联性。主要从相反的、相近的、相关的三个方面入手。例如，当我们接触到“火”这样的题材时，可以对应地想“水”“光”“热”。

②五感。人与生俱来的视、听、嗅、味、触五感其实就是相当好的工具。如果对一个事物实在没有任何想法，不妨从五感入手，或许能发现灵感的源泉不断地在脑子里涌现。

③ 5W3H。如果前面两种方法都不奏效，还有一招杀手锏——5W3H 分析法，又称“八何分析法”。它在商业和市场分析中常常会被用到，而用在活跃思维上也是相当奏效的。其中，5W 是指 why（为何）、what（何事）、who（谁）、where（在哪）、when（时间），3H 是指 how（怎么做）、how many（有多少）、how feel（感受）。

4. 直觉思维

直觉思维是一种心理现象，它不仅在创造性思维活动的关键阶段起着极为重要的作用，还是生命活动、延缓衰老的重要保证。直觉思维是完全可以有意识地加以训练和培养的。

（1）直觉思维的训练方法。

①松弛。把右手的食指轻轻地放在鼻翼右侧，产生一种正在舒服地洗温水澡的感觉，或仰面躺在碧野上凝视晴空的感觉，以此进行自我松弛。这有利于右脑机能的改善。

②回想。尽量形象地回想以往美好愉快的情景，这对促进大脑中负责储存记忆的海马体的功能有积极效果。训练时间以 2 ～ 3min 为宜。

③想象。根据自己的心愿去想象所希望的未来，接着联想通过哪些途径才能得以成功。开始时闭眼做，习惯之后可睁眼做。

以上三种方法应一日一次地坚持 3 个月左右。

（2）直觉思维的训练技巧。

①主动获取广博的知识和丰富的经验。

②学会跟着感觉走，用心去倾听直觉的声音。

③培养敏锐的洞察力和观察力。

④要客观地认识直觉，避免个人感情的干扰。

⑤拒绝客观环境的干扰，真诚地看待直觉。

5. 联想思维

联想思维是由一个事物的概念、方法、形象想到另一个事物的概念、方法和形象的心理活动，是由此及彼、由表及里。例如，红铅笔到蓝铅笔，写到画，画圆到印圆点，圆柱到筷子。联想可以让人很快地从记忆里追索出需要的信息，构成一条链，通过事物的接近、对比、同化等条件，把许多事物联系起来思考，开阔了思路，加深了对事物之间的联系的认识，并由此形成创造构想和方案。

（1）自由联想训练。

自由联想训练即随便找一个词语起头，在规定的时间内快速联想，想到的词组、概念越多越好。这是训练思维联想的速度。例如，第一个词语是"电"，由此快速展开联想，在 3 分钟内联想到的词语越多越好。我们可以想到：电—电话—电视—电线—电灯—电冰箱—食品—鸡蛋；电—闪电—雷鸣—暴雨—彩虹—太阳—宇宙—外星人。

（2）强制联想训练。

强制联想训练即随机找两个不相关的事物，尽可能多地想出它们之间的联系或相同点。比如，大海和羽毛球有什么联系？有哪些相同点？这种训练可以帮助我们提高大脑思维的跨度。

对于一般人来讲，如果能按照这两种方法坚持训练一个月，基本上就可以达到提高思维速度和跳跃性思维的目的，从而为创新思维打下坚实的基础。当然，如果想进一步提升，还需要学习、掌握一些专业的思维工具来辅助思考，因为专业的思维工具可以像撑杆一样帮助我们的思维达到凭本能无法企及的高度。

6. 逻辑思维

逻辑思维能够帮助人们做出正确的判断，是创新必不可少的思维方式之一。那么，我们应该如何提高自身的逻辑思维能力呢？

下面介绍几种逻辑思维的技巧。

（1）辩证地看待问题。准确把握事情的发展方向，辩证地看待问题，不能只站在自己的立场上思考。

（2）灵活地使用逻辑。正确、灵活地使用逻辑，技巧性地解决问题。

（3）努力地汲取知识。努力汲取知识，不断总结，让自身逻辑思维水平再上一个新台阶。

（4）积极地参与辩论。辩论可以促进思考、催生新观点，从而提高逻辑思维能力。

（5）大胆地进行质疑。当某些个人的结论和权威观点在逻辑上解释不通时，我们要敢于大胆质疑。

第三节　产品进化过程及进化定律

一、产品进化的四个阶段

用历史的观点看，产品进化分为四个阶段：

一是为系统选择零部件。

二是改善零部件。

三是系统动态化。

四是系统的自控制。

二、产品进化的最终理想解

（一）理想化

在 TRIZ 中，理想化的应用包含理想机器、理想方法、理想过程和理想物质等。

（1）理想机器：没有质量，没有体积，但能完成所需要的工作。

（2）理想方法：不消耗能量及时间，但通过自身的调节能获得所需要的效应。

（3）理想过程：只有过程的结果而无过程本身，突然就获得了结果。

（4）理想物质：没有物质，但功能得以实现。

理想化分为局部理想化与全局理想化两类。局部理想化是指对于选定的原理通过不同的实现方法使其理想化；全局理想化是指对于同一功能，通过选择不同的原理使之理想化。前者通过加强、降低、通用化、专用化四种模式实现，后者通过功能禁止、系统禁止、原理改变等模式实现。通常首先考虑局部理想化，所有的尝试都失败后才考虑全局理想化。

（二）理想化水平

技术的理想化水平与有用功能之和成正比，与有害功能之和成反比，采用公式表示为

$$L_{\mathrm{i}}=\frac{\sum F_{\mathrm{u}}}{\sum F_{\mathrm{h}}} \qquad (2\text{–}1)$$

式中：L_i——理想化水平；

$\sum F_{\mathrm{u}}$——有用功能之和；

$\sum F_{\mathrm{h}}$——有害功能之和。

由式（2-1）可知，提高理想化水平可通过如下四种方式实现：

（1）$\mathrm{d}\left(\sum F_{\mathrm{u}}\right)/\mathrm{d}t>0,\mathrm{d}\left(\sum F_{\mathrm{h}}\right)/\mathrm{d}t>0$，分子的增加速率大于分母的增加速率。

（2）$\mathrm{d}\left(\sum F_{\mathrm{u}}\right)/\mathrm{d}t>0,\mathrm{d}\left(\sum F_{\mathrm{h}}\right)/\mathrm{d}t<0$，分子增加，分母减少。

（3）$\mathrm{d}\left(\sum F_{\mathrm{u}}\right)/\mathrm{d}t=0,\mathrm{d}\left(\sum F_{\mathrm{h}}\right)/\mathrm{d}t<0$，分子不变，分母减少，即有害功能减少。

（4）$\mathrm{d}\left(\sum F_{\mathrm{u}}\right)/\mathrm{d}t>0,\mathrm{d}\left(\sum F_{\mathrm{h}}\right)/\mathrm{d}t=0$，分母不变，分子增加，即有用功能增加，有害功能不变。

为了研究分析方便，理想化水平也常表示为

$$L_{1}=\frac{\sum B}{\left(\sum E+\sum H\right)} \qquad (2\text{–}2)$$

式中：L_1——理想化水平；

B——效益；

E——代价，包括原料成本、系统占用空间、所消耗的能量及产生的噪声；

H——技术理想化水平中的危害因素。

由式（2-2）可知，产品或系统的理想化水平与其效益之和成正比，与所有代价及所有危害之和成反比。不断提高产品的理想化水平是产品创新的目标。

（三）理想解

在进化的某一阶段，不同产品进化的方向是不同的，如降低成本、增加功能、提高可靠性、减少污染等都可能是产品的进化方向。如果将所有产品作为一个整体，低成本、功能完备、高可靠性、无污染等是产品的理想状态。

理想解可采用与技术及实现无关的语言对需要创新的原因进行描述，创新的重要进展往往通过对问题的深入认识来实现。确认那些使系统不能处于理想化状态的元件是创新成功的关键。

三、产品进化的理论和模式图

自从 TRIZ 诞生以来，国际上许多学者对其中的技术进化理论进行了研究和探讨，主要有 Savransky 的技术进化理论（Evolution of Technique，ET）、Fey and Rivin 的技术进化引导理论（Guide Technology Evolution，GTE）、Zusman 的直接进化理论（ Directed Evolution，DE）、Petrov 的技术进化定律（the Law of System Evolution）。下面对其中的几个主要理论进行讨论。

（一）直接进化理论

直接进化理论有如下八种进化模式。

模式 1：技术系统的生命周期分为孕育期、引入期、幼年期、成长期、成熟期、衰退期（如图 2-5 所示，其横轴表示时间，纵轴表示技术系统的性能参数），用来确定不同子系统的相对成熟度。考虑到原有技术系统与新技术系统的交替，可将技术系统生命周期描述为六个阶段。

（1）系统还没有出现，但出现的重要条件已经被发现。

（2）高级别的创新已出现，但发展很慢。

（3）社会认识到新系统的价值。

（4）初始系统的资源已用尽。

（5）新一代产品开始出现，并代替原系统。

（6）原系统的部分应用可能与新系统共同存在。

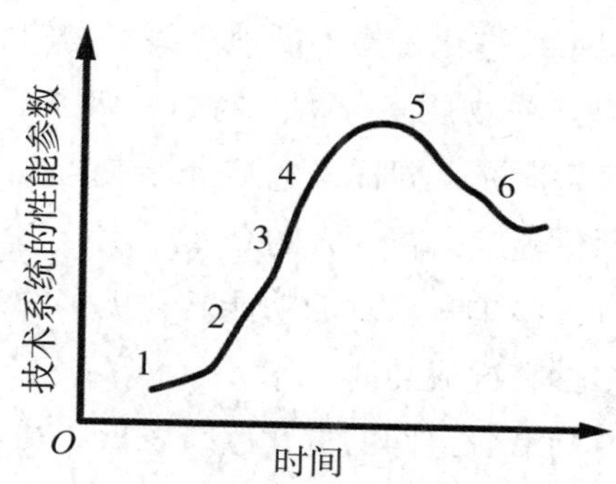

图 2-5　技术系统生命周期

模式 2：增加理想化水平。

在实现了所有期望功能的同时排除了所有的有害功能，即达到 IFR。但事实上，在实现期望功能的同时并不能排除所有有害功能，这种理想的系统是不存在的。

模式 3：子系统的不均衡发展导致冲突的出现。

在一个复杂的技术系统中，每个子系统都有各自的 S 曲线。这种类型的系统在发展过程中会出现技术矛盾和物理矛盾，它伴随着这些矛盾的解决而演化。最先达到极限的子系统将阻止整个系统的发展。例如，设计者关注引擎的功率而不是关注改善旧车的安全性。

模式 4：增加动力系统及可控性。

动力是一种机械类型，当机械力从僵硬系统传递到有弹性的胶合系统时就产生了。例如，早期的汽车由引擎的速度控制着，然后靠手动变速箱、自动传输系统控制，最后由持续可变的传输系统控制。

模式 5：通过集成增加系统功能。

系统增加了有用的功能时，就增加了系统的组成部件。从集成的角度来讲，这些功能必须保证具有最小的组成成分。例如，现代的计算机组件由文字处理器、电子制表软件、数据库和其他一些程序构成。

模式 6：部件的匹配与不匹配交替出现。

组合装置最开始是按照综合设计，由一些不协调的零件构成的，这些零件可以按照需求改变其特性。

模式 7：由宏观系统向微观系统进化。

由宏观系统向微观系统进化是指不断地分离事物的状态，直到将事物当作使用场来分析而不是当作物质来分析。例如，切削工具最初是一个钢锯，然后是流体切除，最后是激光。同样，电脑也越来越倾向于微型化。

模式 8：增加自动化程度，减少人的介入。

现在，当系统执行一些单一重复的功能时，更多的是自动化或者机械来做，总是让人来做更多具有挑战性的工作。

不同的模式会使产品沿着不同的进化路线发展，通常情况下一个系统从其原始状态开始沿模式 1 和模式 2 进化，当达到一定水平后将沿其余六种模式进化。

（二）产品进化模式图

由于一个技术进化系统通过各种不同的进化路线向理想解进化，因而对其进化模式图的研究尤为重要。图 2-6 为 Jamea F. Kowalick 提出的产品进化模式，外圆表示一个基本工作系统；内圆表示性能达到理想状态的理想系统，它实际上是不存在的，所以用虚线表示；各进化路线间为并列关系，都是技术系统进化的可能方向。

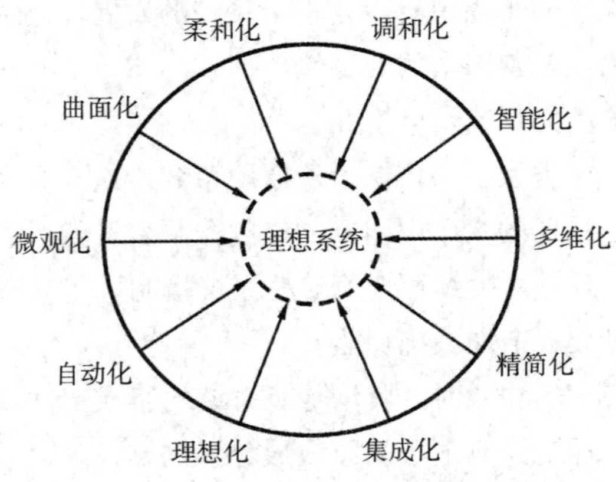

图 2-6　产品进化模式

四、产品进化的定律

阿奇舒勒通过对大量专利进行分析，提出了八条产品进化定律。

定律 1：系统的完整性。一个完整的系统必须由四个部分组成，即能源装置、执行机构、传动部件和控制装置。缺少任何一个部分的系统都是不完整的系统，将会被竞争者的产品所替代。

定律 2：能量传递。技术系统的能量从能源装置传递到执行机构的效率向逐渐提高的方向进化。选择能量传递形式是很多发明问题的核心。

定律 3：交变运动的和谐性。技术系统向着交变运动与零部件自然频率相和谐的方向进化。

定律 4：提高理想化水平。技术系统向提高其理想化水平的方向进化。

定律 5：零部件的不均衡发展。虽然系统作为整体在不断改进，但零部件的改进是单独进行的、不同步的。

定律 6：向超系统传递。当一个系统自身发展到极限时，它便向着变成一个超系统的子系统方向进化，通过这种进化，原系统升级到更高水平。

定律 7：由宏观向微观传递。产品所占空间向较小的方向进化。

定律 8：增强物—场的完整性。对于存在不完整的物—场的系统，向增强其完整性的方向进化。

第四节　机械创新设计简述

创新设计是指设计人员在设计中采用新的技术手段和技术原理，发挥创造性，提出新方案，探索新的设计思路，提供具有社会价值的、新颖的而且成果独特的设计。其特点是运用创造性思维，强调产品的创新性和新颖性。

一、机械创新设计的实质

机械创新设计是指充分发挥设计者的创造力，利用人类已有的相关科学技术成果，进行创新构思，设计出具有新颖性、创造性及实用性的机构或机械产品（装置）的一种实践活动。

工程设计人员要想取得创新设计成果。首先，必须具有良好的心理素质和强烈的事业心，善于捕捉和发现社会、市场的需求，会分析矛盾，富有想象力，有较强的洞察力；其次，要掌握创造性技法，科学地发挥创造力；最后，要善于运用自己的知识和经验，在创新实践中不断提高创造力。

二、机械创新设计的过程

机械创新设计的目标是由所要求的机械功能出发，改进、完善现有机械或创造发明新机械，实现预期的功能，并使其具有良好的工作品质及经济性。

机械创新设计是一种正处于发展期的新的设计技术和方法，由于所采用的工具和建立的结构学、运动学和动力学模型不同，逐渐形成了各具特色的理论体系与方法，因而提出的设计过程也不尽相同，但其实质是统一的。综合来看，机械创新设计主要由综合过程、选择过程和分析过程组成。

（1）确定机械的基本原理。它可能涉及机械学对象的不同层次、不同类型的机构组合，或不同学科知识、技术的问题。

（2）结构类型优选。优选的结构类型对机械整体性能和经济性具有重大影响，它多伴随新机构的发明。机械发明专利大部分属于结构类型的创新设计，因而结构类型优选是机械设计中最富有创造性、最具活力的阶段，但又是十分复杂和困难的问题。它涉及设计者的知识（广度与深度）、经验、灵感和想象力等众多方面，成为多年来困扰机构学研究者的主要问题之一。

（3）机构运动尺寸综合及其运动参数优选。其难点在于求得非线性方程组的完全解（或多解），以为优选方案提供较大的空间。随着优化法、代数消元法等数学方法被引入机构学，该问题有了突破性进展。

（4）机构动力学参数综合及其动力学参数优选。其难点在于动力参数量大，参数值变化域广的多维非线性动力学方程组的求解，这是一个亟待深入研究的问题。

完成上述机械工作原理、结构学、运动学、动力学分析与综合的四个阶段，便形成了机械设计的优选方案，即可进入机械结构创新设计阶段，主要解决基于可靠性、工艺性、安全性和摩擦学的结构设计等问题。

三、机械创新设计过程中的创新思维方法

由于设计人员的知识、经验、理论和方法等基本素质是不同的，因而不同设计人员的创造性思维是有差异的。在创造性思维中，更重要的是设计人员在自身素质的基础上，将头脑中存储的信息重新组合和活化，形成新的联系。因此，创造性思维与传统的思维方式相比，以其突破性、独创性和多向性显示出创新的活力。

根据创造性思维是否严格遵循逻辑规则，可以将创造性思维分为直觉思维和逻辑思维两种类型。

（一）直觉思维

直觉思维是一种在具有丰富经验和推理判断技巧的基础上，对要解决的问题进行快速推断，领悟事物本质，得出问题答案的思维方式。

直觉思维的基本特征是其产生的突然性、过程的突发性和成果的突破性。在直觉思维中，不仅意识在起作用，潜意识也发挥着重要的作用。潜意识是处于意识层次的控制下，不能靠意志力来支配的一种意识，但它可以受外在因素的激发。虽然直觉思维的结论并不是十分可靠的，但它在创造性活动中对方向的选择、重点的确定、问题关键和实质的辨识、资料的获取、成果价值的判定等具有重要的作用，也是产生新构思、新美学的基本途径之一。

（二）逻辑思维

逻辑思维是严格遵循人们在总结事物活动经验和规律的基础上概括出来的逻辑规律，依此进行系统的思考和由此及彼的联动推理。逻辑思维有纵向推理、横向推理和逆向推理等方式。

（1）纵向推理是针对某一现象进行纵深思考，探求其原因和本质而得到新的启示。例如，车工在车床上切削工件时，由于突然停电，硬质合金刀具牢固地黏结在工件上面而报废。人们通过分析刀具与工件黏结的原因，发明了摩擦焊接法。

（2）横向推理是根据某一现象联想特点相似或相关的事物，进行“特征转移”而进入新的领域。例如，根据面包多孔松软的特点，进行“特征转

移”的横向推理，在其他领域开发出泡沫塑料、夹气混凝土和海绵肥皂等产品。

（3）逆向推理是根据某一现象、问题或解法，分析与其相反的方面，寻找新的途径。例如，根据气体在压缩过程中会发热的现象，逆向推理压缩气体变成常压气体时可以吸热制冷，从而发明了压缩式空调机。

创造性思维是直觉思维和逻辑思维的综合，这两种包括渐变和突变的复杂思维过程互相融合、补充和促进，使设计人员的创造性思维得到更加全面的开发。

四、创新方法简介

在实际的机械创新设计过程中，由于创造性设计的思维过程比较复杂，有时发明者本人也说不清楚具体采用了什么方法才获得成功。通过对实践和理论的总结，创新方法大致可以分为以下几种方法。

（一）群智集中法

群智集中法是一种发挥集体智慧的方法，又称“头脑风暴法”，是 1938 年由美国人提出的一种方法。这种方法是先把具体的创新条件告知每个人，经过一定的准备后，大家可以不受任何约束地提出自己的新概念、新方法、新思路、新设想，各抒己见，在较短的时间内可获得大量的设想与方案，经分析讨论、去伪存真，找出创新的方法与实施方案，最后由主持人负责完成总结。该方法要求主持人有较强的业务能力、工作能力和较强的凝聚力。

（二）仿生创新法

仿生创新法是指通过对自然界生物机能的分析和类比，创新设计新机器。这也是一种常用的创造性设计方法。仿人机械手、仿爬行动物的海底机器人、仿动物的四足机器人、多足机器人就是仿生设计的产物。由于仿生设计的迅速发展，目前已经形成了仿生工程学这一新的学科。在使用该方法时，要注意切莫刻意仿真，否则会走入误区。

（三）反求设计创新法

反求设计是指在引入别国先进产品的基础上，加以分析、改进、提高，最终创新设计出新产品的过程。日本、韩国经济的迅速发展都与大量使用反求设计创新法有关。

（四）类比求优创新设计法

类比求优是指把同类产品相比较，研究同类产品的优点，然后集其优点，去其缺点，设计出同类产品中的最优产品。日本丰田摩托车就是集世界上几十种摩托车的优点而设计出的性能较好、成本较低的产品。但是，这种方法的前期资金投入过大。

（五）功能设计创新法

功能设计创新法是传统的设计方法，是一种正向设计法。设计者根据设计要求确定功能目标后，再拟订实施技术方案，从中择优设计。

（六）移植技术创新设计法

移植技术创新设计法是指把一个领域内的先进技术移植到另外一个领域，或把一种产品的先进技术应用到另一种产品上，从而获得新产品。

（七）计算机辅助创新法

利用计算机内存储的大量信息进行机械创新设计，是近期出现的新方法，目前正处于发展和完善之中。

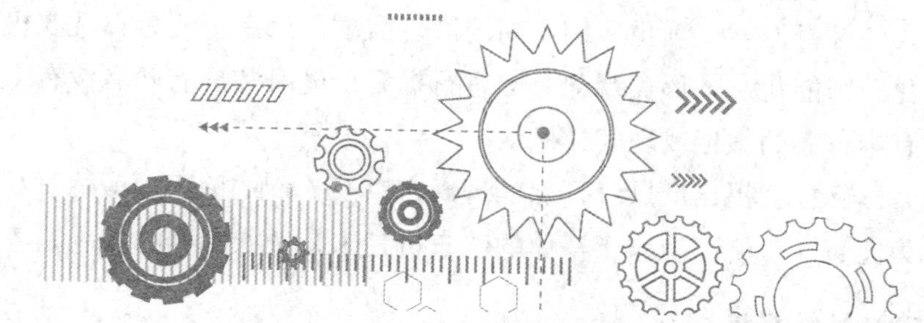

第三章　基于TRIZ创新方法的机电产品创新设计典型案例

第一节　健身单车型节能洗衣机创新设计

一、健身单车型节能洗衣机概述

（一）项目背景

当今社会，人们的生活压力不断加大，健身休闲时间严重不足，人们迫切需要可以进行室内健身的便捷健身器械。而作为室内健身器械，健身单车是一种较为原始但十分有效的健身设备。洗衣机作为家庭必备的家用电器，在生活中起着重要的作用。但是，洗衣机作为家用电器，没有电是不能工作的，但有些场合是不能用电或用电不方便的，而且洗衣机在工作过程中消耗电能意味着消耗煤炭等资源，过度使用煤炭等资源会导致有害气体排入空气，引起空气污染等一系列问题。如果将健身单车与洗衣机进行结合，利用人们运用健身单车健身时产生的能量带动洗衣机工作，就可以在健身的同时清洗衣物，节能、健身两不误。

目前，健身器材行业和洗衣机行业基本上是各自发展。前者主要是开发各种形式的健身器材，满足人们不同的锻炼需求，后者主要是在洗衣机功能的多样化、智能化，外形美观化方面进行提升，健身和洗衣两者没有太多结合，没有本方案的虚拟或现实样机。

随着国际社会提出低碳、环保的理念，以及人们的健康、锻炼意识越来越强，集健身、节能、洗衣于一体的洗衣机是未来洗衣工具的发展趋势。

（二）问题描述

1. 转速问题

健身单车的一般输出转速约为100r/min，输出功率约为140W，而一般的滚筒洗衣机的额定功率约为300W，转速需达到800r/min。为了使洗衣机正常工作，如何通过增速传动装置实现转速与转矩的变化？

2. 换向问题

洗衣机洗涤衣物时，滚筒需要实现间歇性的正反转，以免衣物缠绕在一起，损坏衣物。如何实现滚筒正反转？

3. 工作模式转换问题

该款健身单车型节能洗衣机会出现两种工作模式：一种是有衣物洗的时候，可以直接将运动产生的能量用于洗衣；还有一种情况就是没有衣物洗。如何实现两种工作模式的切换，避免滚筒空转？下面的“能量存储问题”可以很好地解释这个问题。

4. 能量存储问题

没有衣物洗的情况下，如何将蹬踩健身单车型节能洗衣机产生的能量储存起来？转换为电能存储起来是最好的方法，而且可以为洗衣机提供备用动力。那么，电能转化涉及的发电机、蓄电池如何选？

（三）技术参数

（1）产品尺寸：1425×850×1520mm。

（2）最大负重：100kg。

（3）最大转速：1000r/min。

（4）额定功率：300W。

二、发明问题初始形势分析

（一）工作原理

采用健身单车的动能驱动洗衣机工作，在健身的同时洗衣，把健身单车与洗衣机有效组合在一起。模拟外形如图 3-1 所示。

图 3-1　健身单车型洗衣机的外形图

（二）存在的主要问题

（1）要兼顾功能和美观，将健身单车和滚筒洗衣机巧妙地融为一体，布局存在一定的难度。

（2）两种工作模式如何切换？

（三）限制条件

通过蹬踩使洗衣机转动的技术已有相关专利。

（四）目前的解决方案、类似产品的解决方案存在的问题和不足

目前，也有类似的产品存在共性的问题，举其中一例，方案如图 3-2 所示。

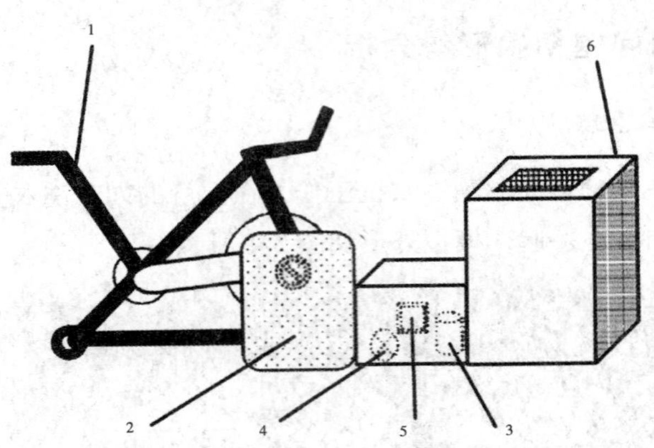

1—动感单车；2—发动机；3—蓄电池；4—电量计量器；5—控制器；6—洗衣装置

图 3-2　健身型洗衣机的结构图

该方案存在的问题：①动感单车和洗衣机基本上是分开的，没有融为一体，占用的空间较大；②使洗衣机运转的方式单一，有的是直接用蹬踩健身单车产生的动能带动洗衣机运转，有的是将蹬踩单车产生的动能转变为电能，利用电能带动洗衣机运转，没有将两种方式融合在一起并进行切换。

三、系统分析

（一）资源分析

对技术系统和环境资源进行分析，结果见表 3-1。

表3-1　技术系统和环境资源分析

资源类型	系统内	环境
物质	滚筒、控制面板、传动件、健身单车	人、水、洗涤剂
能量	动能、机械能	人体动能、电力
空间	滚筒内空间、单车内空间	洗衣机外部空间
时间	洗衣机使用时间、健身时间	洗衣机闲置时间、非健身时间

续　表

资源类型	系统内	环境
信息	洗衣机的转速、功率、尺寸大小，健身蹬踩转速	洗衣机的需求场合
功能	洗衣、运动、蓄电	装饰

由资源分析产生如下创意：

创意1：从物质角度考虑，采用组合原理，使洗衣机的主要部件滚筒和健身单车有效组合。

创意2：从空间角度分析，健身单车前部空间可有效利用，内置洗衣机滚筒。

创意3：从能量角度考虑，把人健身时产生的动能转化成洗衣机驱动力。

创意4：从能量角度考虑，洗衣机外壳选用太阳能电池板，用太阳能发电驱动洗衣机工作。

创意5：从能量角度考虑，把人健身时产生的动能转化成电能带动洗衣机工作。

（二）最终理想解

（1）设计的最终目的是什么？

设计出一款能在学生宿舍等用电不方便的地方洗衣服的设备。

（2）理想解是什么？

能在学生宿舍用的洗衣设备。

（3）实现理想解的障碍是什么？

学生宿舍不能用大功率电器，且空间有限。

（4）它为什么成为障碍？

不能提供相应的电力，不能用洗衣设备。

（5）如何使障碍消失？

用其他能量驱动洗衣设备。

（6）什么资源可以帮助你?

人、健身器材、蓄电池。

（7）在其他领域或用其他工具可以解决这个问题吗?

目前市场上有一种旋转拖把，就是用脚踩踏或手按压手柄来清洗或甩干拖把的，但转速不够快。

由上述分析得到的结论是，需要设计一种体积小、不用电力驱动的洗衣设备。具体想法是创意 6：健身的学生很多，把洗衣机与健身设备组合起来，利用健身时产生的动能驱动洗衣机工作。

四、运用 TRIZ 工具解决问题

对本系统进行功能分析，如图 3-3 所示。

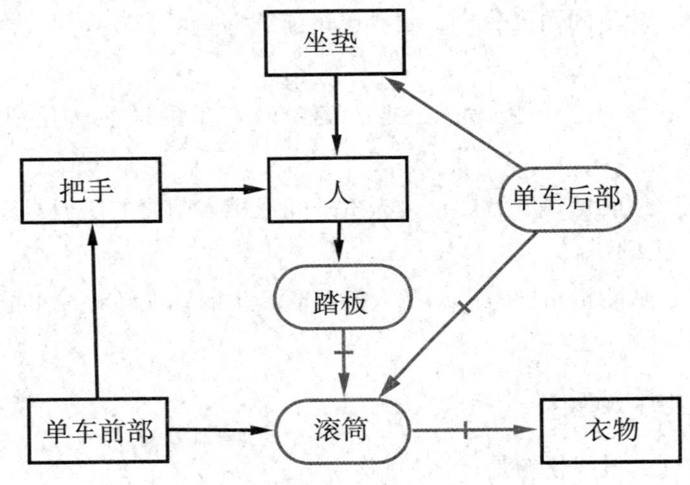

图 3-3　功能分析图

由功能分析图可知：

（1）踏板不能有效驱动洗衣机滚筒工作，因为健身单车的一般输出转速约为 100r/min，输出功率约为 140W，而一般的滚筒洗衣机的额定功率约为 300W，转速需达到 800r/min。

创意 7：采用齿轮传动、带轮传动增速机构实现增速（如图 3-4）。

图 3-4　增速机构

（2）滚筒不能正反转，导致衣物缠绕。

创意 8：借助汽车变速箱的倒挡机构，采用锥齿轮拨动装置实现正反转。

（3）单车与滚筒简单叠加，占用空间大。

创意 9：利用健身单车前部空间内置洗衣机滚筒，实现洗衣机和健身单车的完美组合，如图 3-5 所示。

图 3-5　内置滚筒示意图

五、技术方案整理与评价

（一）全部技术方案及评价

采用平衡计分卡方法，对上述 9 个创意进行筛选，由于其中有几个创意基本相同，共整理出 7 个创意，见表 3-2。评价指标与评分标准由小组成员集体协商。评分最高的若干创意方案作为实际设计时的重点考虑方案。

表3-2　创意筛选平衡记分卡

创意编号	关键词	评价指标					总评分
		新颖性	实用性	美观性	制造成本	技术难度	
1	滚筒和健身单车组合	7	2	3	7	7	26
2	内置洗衣机滚筒	7	7	8	7	7	36
3	动能转化成洗衣机驱动力	7	7	8	7	7	36
4	太阳能发电驱动洗衣机工作	3	9	5	3	3	23
5	健身时产生的动能转化成电能带动洗衣机工作	7	7	8	7	7	36
6	用锥齿轮拨动装置实现正反转	7	9	6	7	7	36
7	用增速机构实现增速	7	9	6	7	7	36

经过筛选，得出如下方案：

方案 1：单车踩踏加太阳能电池板发电驱动洗衣机工作。

方案 2：健身单车加齿轮、带传动系统驱动洗衣机工作。

（二）最终确定方案

最终采用健身单车加齿轮、带传动系统驱动洗衣机工作的方案，具体内容如下：

（1）将洗衣机滚筒巧妙地安装在健身单车中，实现了真正的合二为一，使整个产品美观实用。产品方案三维图如图 3-6、图 3-7 所示。

图 3-6　整体装配图

图 3-7　去外壳装配图

（2）利用锥齿轮实现滚筒正反转。

采用锥齿轮传动实现滚筒洗衣机的正反转，采用皮带张紧装置实现工作模式的转换，具体原理如图 3-8 所示。

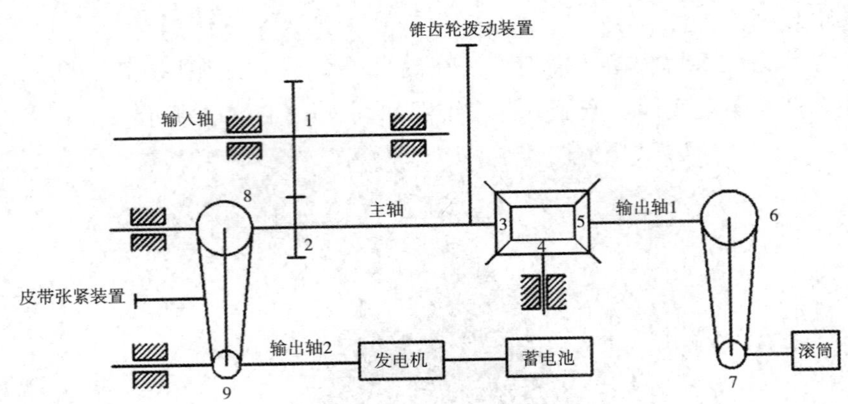

1—输入轴齿轮；2—主轴齿轮；3—主轴锥齿轮；4—换向锥齿轮；5—输出轴 1 锥齿轮；6—输出轴 1 大带轮；7—滚筒小带轮；8—主轴大带轮；9—输出轴 2 小带轮

图 3-8 传动机构

设动力输入轴转速为 100r/min。

（1）滚筒转速达到 1000r/min 和实现正反转的方法：

动力输入轴通过齿轮 1、2 啮合带动主轴转动，n_1 ：n_2=1 ：5，主轴转速为 500r/min，主轴带动输出轴 1 转动，n_3 ：n_5=1 ：1，输出轴 1 转速为 500r/min，输出轴 1 带动大带轮 6 转动，大带轮 6 通过皮带带动小带轮 7 转动，n_6 ：n_7=1 ：2，滚筒的转速为 1000r/min，达到滚筒洗衣机的工作要求（此时设为正转）。锥齿轮拨动装置拨动锥齿轮 3 与 4 啮合，n_3 ：n_4=1 ：1（锥齿轮 4 与 5 一直处于啮合状态，n_4 ：n_5=1 ：1），同时主轴与输出轴脱离，实现锥齿轮 5 反转，从而实现输出轴 1 反转，即滚筒洗衣机反转。

（2）发电机转速达到 1000r/min 的实现方法：

动力输入轴通过齿轮 1、2 啮合带动主轴转动，n_1 ：n_2=1 ：5，主轴转速为 500r/min，主轴带动带轮 8 转动，带轮 8 通过皮带带动带轮 9 转动，n_8 ：n_9=1 ：2，输出轴 2 转速为 1000r/min。两次增速，达到了发电机工作时所需的转速，在输出轴 2 的驱动下，发电机产生电能，存储在蓄电池中。

六、健身单车型节能洗衣机技术方案

健身单车型节能洗衣机采用的技术方案是：一种健身单车型节能洗衣机，包括车体部分、洗衣机主体部分、传动部分、发电蓄电部分以及外壳罩体。

（1）所述的车体部分包括扶手支架、踏板组件以及坐垫支架。所述的扶手支架包括把手、控制面板、可伸缩龙头以及龙头位置调节装置，所述的踏板组件包括脚踏杆以及位于脚踏杆末端的脚踏板，所述的坐垫支架包括坐垫和坐垫位置调节器。本案例主要借鉴健身单车的结构和原理。人们蹬踩健身单车运动，加快了新陈代谢，增强了心脏和肺部功能，从而改善体质。

（2）所述的洗衣机主体部分包括设置在扶手支架和坐垫支架之间的滚筒。所述的滚筒周围设有滚筒支撑架。采用滚筒的设计便于洗衣机主体与健身单车外形融为一体。

（3）所述的传动部分包括设置在坐垫支架下方的输入轴。所述的输入轴上设有输入轴齿轮，所述的滚筒和输入轴之间具有主轴，所述的主轴上设有主轴齿轮、主轴锥齿轮以及主轴大带轮，所述的主轴齿轮与输入轴齿轮相啮合，所述的主轴通过换向锥齿轮与输出轴相连接，所述的输出轴上设有输出轴锥齿轮和输出轴大带轮，所述的输出轴大带轮通过皮带 1 与滚筒小带轮相连接，所述的滚筒小带轮与滚筒中心处相连接，所述的扶手支架下方设有锥齿轮拨动装置，所述的锥齿轮拨动装置与主轴锥齿轮相连接。

人蹬踩健身单车时，一般输出转速约为 100r/min，输出功率约为 140W，而一般的滚筒洗衣机的额定功率约为 300W，转速需达到 800r/min。为使洗衣机正常工作，必须通过增速传动装置实现转速与转矩的变化。健身单车型节能洗衣机采用齿轮传动，齿轮传动系统结构紧凑，传动效率较高，且容易实现标准化生产，同时配合带轮传动。

（4）所述的发电蓄电部分包括发电机与蓄电池。所述的发电机上设有发电机输入轴带轮，所述的发电机输入轴带轮与主轴大带轮通过皮带 2 相连接，所述的皮带 2 上设有皮带张紧装置，所述的发电机与蓄电池相连接。人们不洗衣服时，蹬踩健身单车产生的能量可以通过发电机转化为电能储存在蓄电池中，作为洗衣机的备用动力。通过传动装置的增速，发电机达到最大转速 1000r/min，以此为依据选择发电机。就蓄电池而言，免维护铅酸蓄电池具有体积小、耐震、耐高温、自放电小、使用寿命长、电解液的消耗量小等优点，满足所需条件。

进一步，所述的滚筒包括内滚筒、滚筒外壳以及滚筒盖。

再进一步，所述的脚踏杆与输入轴相连接，通过轴承转动连接在脚踏板上。

更进一步，所述的洗衣机主体部分、传动部分、发电蓄电部分均设置在外壳罩体内。

健身单车型节能洗衣机的有益效果是：

（1）充分利用了人健身所产生的能量，减少了自然资源的消耗，有利于缓解能源紧张，减少环境污染。

（2）将健身单车和洗衣机这两个产品相结合，变为一个产品，缩小了原有产品占用的空间，对于缓解住房紧张局面有积极的作用。

（3）健身休闲式的洗衣活动提高了人们锻炼的积极性，对于人的身体健康有很大的帮助。

（4）在大学生群体中具有很大的推广空间。

第二节　轮椅与床组合式的多功能护理床创新设计

一、项目概述

（一）项目背景

目前，市场上的护理床主要有两类：一类功能比较单一，如只能起背抬腿；另一类是功能相对较多的进口产品，但价格昂贵，普通人群无法接受。现在，我国老龄人口越来越多，独生子女家庭又非常普遍，照顾老人、病人的工作非常艰巨，这就需要一种结构简单、功能齐全、实用且价格合理的护理床来减轻人们的负担。

（二）问题描述

（1）在护理过程中，患者在轮椅和床之间的转移作业对护理者来说是较大的负担，患者也会遭受很大的痛苦。

（2）目前常见的护理床具有抬背功能，兼有翻身功能的较少，即使同时具有抬背和翻身功能，往往也需要多个部件协同工作，操作比较麻烦，且多数存在结构干涉。

（3）生活中，部分患者是因肢体受伤而需要使用护理床。在康复过程中，患者一般需要通过康复训练来保持或恢复机能，但目前市场上的护理床不具备此功能。

二、发明问题初始形势分析

（一）工作原理

常见的护理床，如图 3-9 所示，是根据病人的卧床生活习性和治疗需要而设计的具有多项护理功能的床，如起背就餐、定时翻身报警、移动运输、康复（被动运动、站立）、输液给药等。康复护理床可单独使用，也可与治疗或康复设备配套使用。翻身护理床一般不超过 90cm 宽，为单人单层床，方便医护人员观察巡视及家属的操作和使用，可供生病的人、重度残疾人、老年人等在住院或居家治疗、康复、休养时使用，其大小和形式各异。电动护理床由很多零件组成，高配的组件包括床头、床架、床尾各 1 个，床腿，床板和床垫 1 套，控制器，电动推杆 2 个，左右安全护挡 2 个，绝缘静音脚轮 4 个，一体餐桌 1 个，可拆卸床头设备托盘 1 个，体重监测传感仪 1 套，负压吸尿报警器 2 个。

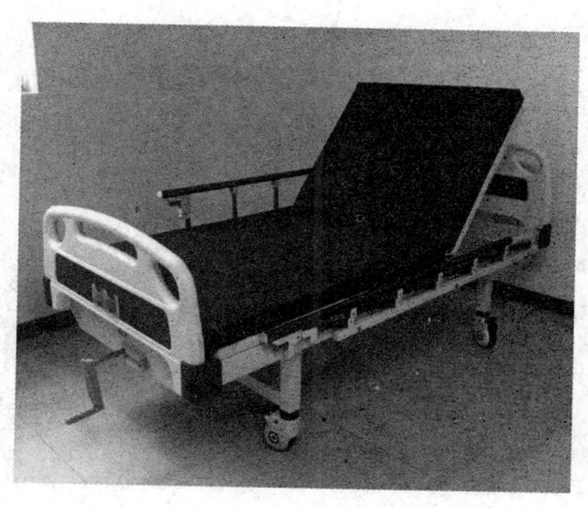

图 3-9　常见的护理床

（二）存在的主要问题

（1）如何使患者不需要在轮椅和床之间进行转移，从而免遭痛苦？

（2）如何实现抬背与翻身功能兼具？

（3）如何使护理床具备康复训练功能？

（三）目前的解决方案、类似产品的解决方案存在的问题和不足

查阅相关的文献资料，我们总结了目前多功能护理床的优点与不足。

中国专利申请号为201310029447.7，申请公布日为2013年5月22日，发明创造名称为“一种由轮椅和床块组成的翻身屈腿站立排便洗头轮椅床”的护理床，如图3-10所示。

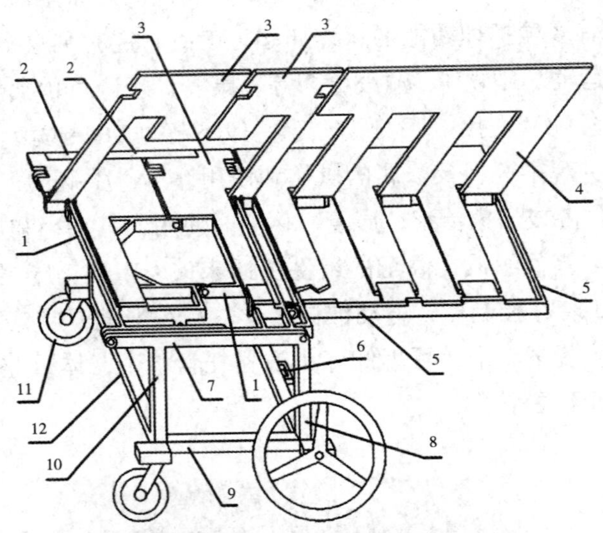

1—座面支撑；2—扶手；3—座面；4—靠背面；5—靠背支撑；6—连接定位件；7—辅助支撑；8—后柱；9—行走架；10—前柱；11—转轮；12—基框

图3-10　一种由轮椅和床块组成的翻身屈腿站立排便洗头轮椅床

该轮椅床由轮椅、床椅连接架或可动床块对接组合而成，并通过定位件连接定位或分离；椅面和部分床面分为支撑部分与上面部分，面的整体形状为梳状，齿对齿排放，齿端与对应的支撑铰接；设置小腿面支撑、踏板支撑及相对应的联动件或升降器；头面支撑与床椅连接架触接或铰接；床椅连接架上或可动床块上设置升降器或联动杆或联动件；联动杆整体或分段放置，

其上设有拉伸套管或电伸杆或丝扣或活接或铰接轴；座面分为臀部和大腿面两部分，设置踏板面外侧床面支撑、大腿面外侧床面支撑、小腿面外侧床面支撑和相应的联动件或升降杆。该专利通过将轮椅与床体连接或剥离，实现了既可以单独使用轮椅又可在不离开轮椅的情况下就寝，使老年人和四肢患有疾病的人员活动更为方便。但是，该专利的整体结构较为复杂，翻身时需要将侧面床板整体抬起形成倒置的“V”形，抬背和翻身时均需要床体部分和轮椅部分同步动作，使用不便。同时，该轮椅床不具有康复训练功能，无法帮助患者进行肢体锻炼。

三、系统分析

（一）最终理想解

（1）设计的最终目的是什么？

设计出一款不需移动病人即可实现多体位休息、坐立和移动的护理床。

（2）理想解是什么？

不需移动病人就可以实现床与轮椅功能切换的装置。

（3）达到理想解的障碍是什么？

病人从床上到轮椅上需要移动。

（4）它为什么成为障碍？

病人肢体功能缺失，自己不能移动。

（5）如何使障碍消失？

护理床可以变身为轮椅，病患不需要在床与轮椅间移动。

（6）什么资源可以帮助你？

人、护理床、轮椅。

（7）在其他领域或用其他工具可以解决这个问题吗？

婴儿推车、儿童变形金刚玩具。

由上述分析得到的结论是：需要设计一种结构简单、操作方便、可变身的护理床。

创意1：将护理床拆分为多个不同的组成部分，在需要的时段内实现床与轮椅的变身。

（二）资源分析

对技术系统和环境资源进行分析，结果见表 3-3。

表3-3 资源分析

资源类型	系统内	环境
物质	床架、床板、围栏、滚轮	人
能量	动能、机械能、势能	人的体能
空间	床上空间、床下空间	护理床外部空间
时间	平躺休息时间、坐立和移动时间	护理床闲置时间
信息	护理床的尺寸、结构	护理需求的场所
功能	支撑、移动	装饰

由资源分析产生如下创意：

创意 2：从物质角度考虑，采用组合原理，使护理床和轮椅有效组合。

创意 3：从空间角度分析，护理床下部空间可充分有效利用。

创意 4：从能量角度出发，利用势能将病患身体抬放至不同高度，对病患进行抬背、翻身等护理。

创意 5：从功能角度考虑，利用床板的支撑作用带动身体的上升与下降，实现部分肢体的被动性的康复训练。

创意 6：从功能角度考虑，将支撑与移动功能合二为一。

四、TRIZ 工具

（一）杂化

P1（产品）：普通护理床；T1（特性）：提供足够的平面支撑力，满足病患平卧、侧卧的需要，保证休息的舒适性。

P2（产品）：轮椅；T2（特性）：提供座椅可移动功能，保证病患出行的方便。

P3（产品）：踏步机；T3（特性）：自动或被动提供不同高度的势能作为支撑，达到锻炼身体或恢复肢体机能的目的。

T（T1+T2+T3）→ P（新产品），如图 3-11 所示。

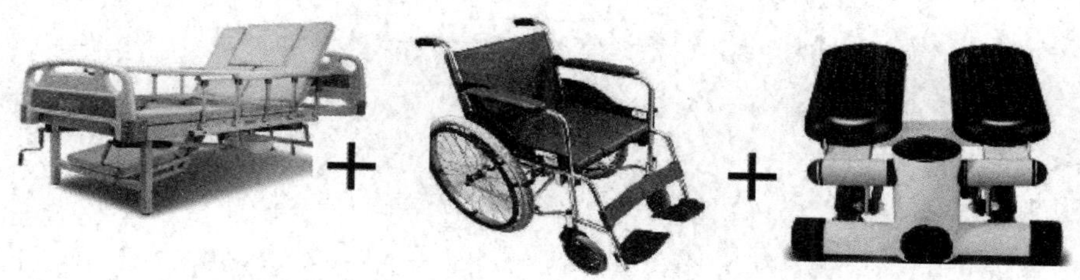

图 3-11　三者结合构成新产品

（二）提高动态性和可控性法则

市面上所用的护理床的床体框架都是一个刚性整体结构，只是床板被横向分割成了前后两个部分，可分别前翻实现对病患的抬背或抬腿的护理。但病患长期仰卧会造成血液循环不畅，容易产生褥疮，因而要经常对病患进行换体位休息护理。依据系统提高动态性和可控性法则向结构动态化方向进化，得出以下创意：

创意 7：将床体框架分为前后两个部分。

创意 8：将前床体的床板纵向分割成两个部分，中间铰接在一起，分别控制抬高与降低，实现对病患的侧卧体位休息护理。

创意 9：后床板横向分割成三个部分，改变相对位置，使病患的下肢下放，配合前床板的前翻实现对病患的坐立体位休息护理。

创意 10：前后床体底部装上滚轮，提高自由度，使移动更加方便，同时便于前后床体单独移动或组合为一个整体。

（三）能量传递法则

一个技术系统实现功能的必要条件是能量必须能够从能量源流向技术系统中的所有元素。能量传递法则框图如图 3-12 所示。

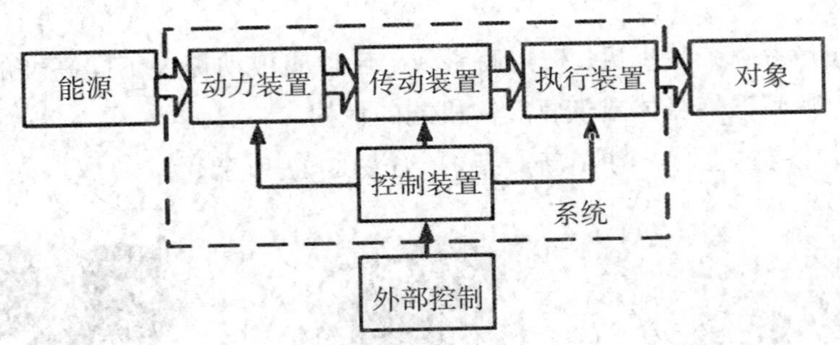

图 3-12 能量传递法则框图

创意 11：通过连杆机构将液压、气压或电动力传递给相应的床板（执行机构），作用于病患，使其能顺畅抬背、翻身或进行康复训练。

创意 12：利用齿轮传动机构带动床板升降，实现抬背、翻身或康复训练。

创意 13：外部控制与内部控制相配合，使操作多样化。

（四）物—场分析

1. 对护理床功能的概述

功能描述：方便病患变换体位。

完成功能的三个元件如下：被动元件 S1——病患；主动元件 S2——护理床；场——机械力 F1。

护理床对病患的作用力不足，不能帮助病患从容地翻身或坐立，构建如图 3-13（a）所示的物—场模型。引用另一种场向并联式复合物—场模型转换，以增强其作用。图 3-13（b）为并联式复合物—场模型。

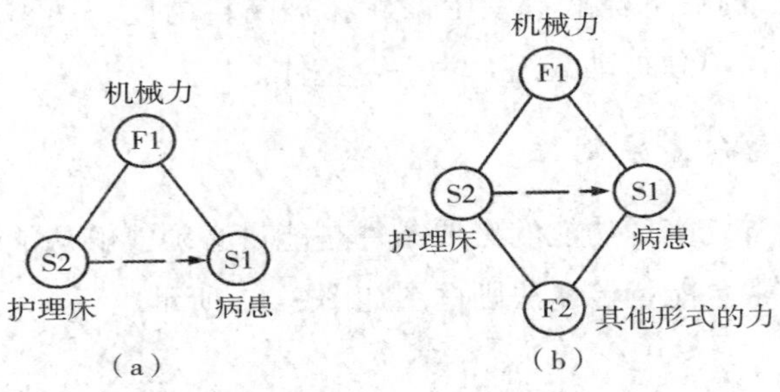

图 3-13 物—场模型

创意 14：引入液压场，用液体压力推动床板上升，实现病患的翻身与抬背。

创意 15：引入气压场，用气体压力推动床板上升，实现病患的翻身与抬背。

创意 16：引入电场，用电动力驱动床板升降。

2. 对踏步机的运动进行物—场分析

功能描述：方便病患自己踏步进行康复训练。

完成功能的两个元件如下：被动元件 S1——脚踏板；主动元件 S2——病患。

病患肢体机能的缺失，使得整个功能只有工具 S2（病患）以及作用对象 S1（脚踏板），相互之间没有作用力，是一个不完整的物—场模型，如图 3-14（a）所示。因此，引入电动力完善物—场模型，如图 3-14（b）所示。

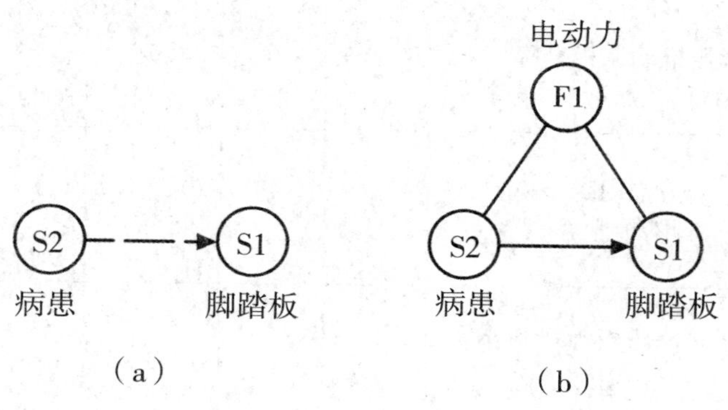

图 3-14　踏步机运动物—场模型

创意 17：引入电动力推动脚踏板升降，带动病患肢体做上下运动，达到康复的效果。

五、全部技术方案及评价

采用平衡记分卡的方法，对上述 17 个创意进行筛选，由于其中有几个创意基本相同，共整理出 7 个创意见，见表 3-4。评价指标和评分标准由小组成员集体协商。评分最高的若干创意方案作为实际设计时的重点考虑方案。

表3-4　创意筛选平衡记分卡

创意编号	关键词	评价指标				总评分
		新颖性	实用性	技术难度	制造成本	
1	轮椅与床、健身单车相组合	9	8	7	6	30
2	轮椅靠背、自行车置于床板下方	7	7	8	6	28
3	气压推动床板升降	4	7	7	8	26
4	液压推动床板升降	4	6	3	4	17
5	电动力推动踏步机脚踏板升降	7	8	8	9	32
6	采用连杆机构实现能量流的传递	4	8	9	9	30
7	采用齿轮传动机构实现能量流的传递	4	7	8	8	27

经筛选，得出以下方案：

方案1：人力、液压、电力相结合，实现床、轮椅、脚踏车随时变身。

方案2：人力、气压、电力相结合，实现床、轮椅、脚踏车功能转换。

专利预案：

（1）将轮椅、床、踏步机有机结合在一起，使病患以轮椅为中心，既可以进行活动、康复训练，又可以在护理床上休息。

（2）将整体床架分为前后两个部分，前后床体都安装脚轮，便于前后床体单独移动或组合在一起。

（3）翻身、抬背机构兼容，防止病患长期平卧造成血液循环不畅。

（4）电动力带动连杆机构推动脚踏轮升降，使病患的膝关节交替上升，模拟踏步运动，以恢复机能。

六、最终确定方案

最终采用方案 2：人力、气压、电力相结合，实现床、轮椅、脚踏车功能转换。

（1）本“轮椅与床组合式的多功能护理床”，将轮椅与床体有机结合在一起，让使用者不需要经历从轮椅到床或从床到轮椅的转换过程，减少了患者遭受的痛苦。床体由能够拆分的前床体和后床体组成，使得轮椅与床的组装和拆卸更加简单方便。

（2）本“轮椅与床组合式的多功能护理床”，翻身驱动机构采用翻身升降器单独控制两侧的翻转床板实现翻身动作，抬背驱动机构采用抬背支撑杆和抬背连杆同步控制翻转床板实现抬背动作，结构简单，控制方便。同时，翻身升降器和抬背升降器均采用气压升降杆，操作简单，省时省力，能够有效防止因人体长期平躺造成血液循环不畅而产生的褥疮等问题。

（3）本“轮椅与床组合式的多功能护理床”，后床体上设有康复锻炼机构。康复锻炼机构由电机、变速器、脚蹬器和离合机构组成，能够帮助患者进行科学有效的锻炼，从而恢复运动机能。

（4）本“轮椅与床组合式的多功能护理床”，离合机构采用手摇杆控制齿轮、齿条机构，实现变速器与脚蹬器的传动连接或分离，结构简单，操作方便。

本“轮椅与床组合式的多功能护理床”的具体工作原理如图 3-15 所示。

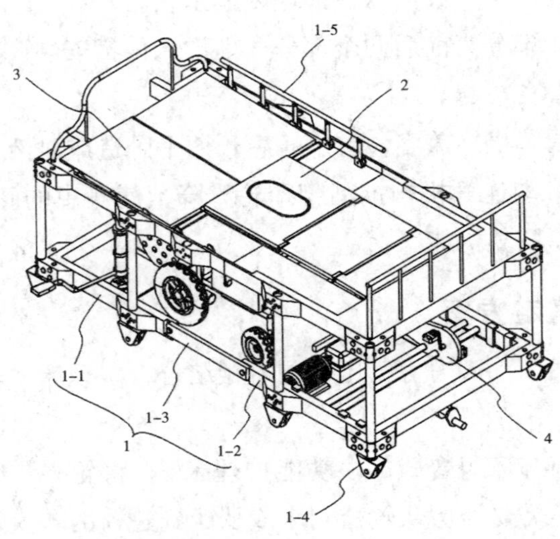

1—床体总成；1-1—前床体；1-2—后床体；1-3—连接件；1-4 脚轮；1-5—护栏； 2—平躺状态的轮椅总成； 3—翻身抬背机构； 4—康复锻炼机构

图 3-15　轮椅与床组合式多功能护理床

①床与轮椅的组合如图 3-16 ~图 3-19 所示。

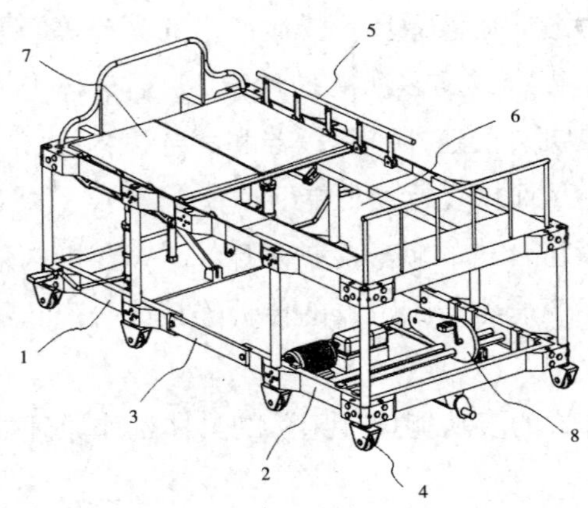

1—前床体；2—后床体；3—连接件；4—脚轮；5—护栏；6—安装空间；7—翻身抬背机构；8—康复锻炼机构

图 3-16　床体总成结构示意图

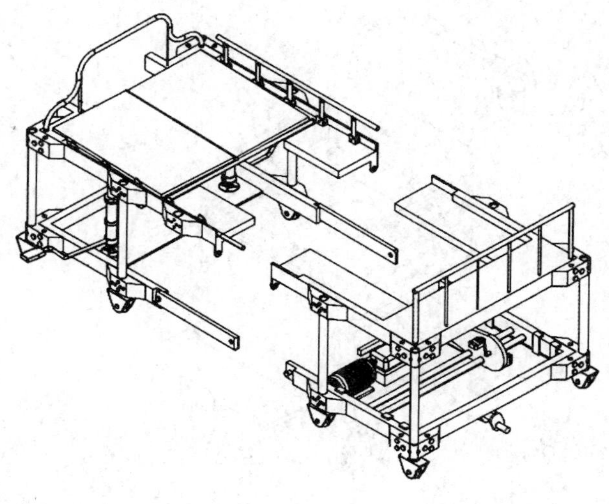

图 3-17　床体总成拆分结构示意图

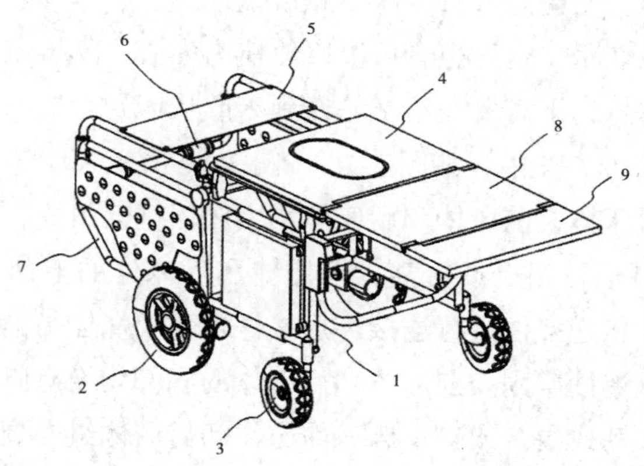

1—轮椅主框架；2—后轮；3—前轮；4—轮椅座板；5—轮椅靠背；6—轮椅把手；

7—轮椅扶手；8—小腿支撑板；9—脚部支撑板

图 3-18　轮椅总成平躺状态示意图

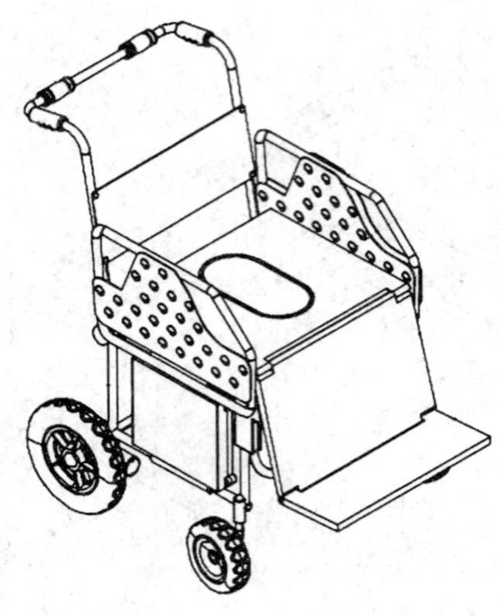

图 3–19　轮椅总成折叠状态示意图

结合图 3-16 ～图 3-19，本“轮椅与床组合式的多功能护理床”包括床体总成和轮椅总成。轮椅总成可与床体总成组合在一起作为护理床使用，也可以单独作为轮椅使用，这样患者可以以轮椅为中心，既可以进行活动，也可以在护理床上休息，不需要经历从轮椅到床或从床到轮椅的转换过程，减少了患者遭受的痛苦。其中，如图 3-15 ～图 3-19 所示，床体总成包括能够拆分的前床体和后床体，前床体和后床体均由床体框架组成，其上部均具有侧边床板，两者可进行组合或分离。前床体和后床体的上部可采用螺栓连接，下部可采用杆状连接件进行连接。连接件也采用螺栓与前床体和后床体连接，拆装方便且连接牢固。前床体和后床体的底部均设有脚轮，便于前床体和后床体单独移动或组合或护理床。前床体和后床体组合围成用于容纳平躺状态的轮椅总成的安装空间，便于轮椅总成与床体总成进行组合。另外，为了保证护理床使用的安全性，在前床体的两侧还设有护栏。护栏优选可折叠收纳的护栏，使用起来更加方便。前床体和后床体的床头和床尾部分也设有固定式护栏，便于推着护理床移动。

如图 3-16 ～图 3-19 所示，轮椅总成包括轮椅主框架、安装于轮椅主框架底部的后轮和前轮、安装于轮椅主框架上部的轮椅座板、转动连接在轮椅座板前部的小腿支撑板、转动安装于小腿支撑板前部的脚部支撑板和转动安装于轮椅主框架后侧的轮椅靠背。该轮椅总成的基本结构与现有轮椅的基本结构类似，轮椅靠背、小腿支撑板和脚部支撑板均可移动，且移动到位后均可固定。轮椅靠背的角度可采用角调器等结构控制，小腿支撑板和脚部支撑板的位置可采用推杆结构控制。轮椅靠背、小腿支撑板和脚部支撑板放平后，将轮椅推入床体总成的前床体进行配合，使轮椅靠背置于两块翻转床板的底部，轮椅座板、小腿支撑板和脚部支撑板作为护理床的中心床板，然后将后床体与前床体连接起来，使得轮椅总成位于床体总成的安装空间内。此时，中心床板与床体总成上的侧边床板构成护理床的完整床板，形成护理床以供使用。本作品中的轮椅总成可采用电动轮椅结构，在轮椅的后轮上设有驱动电机，便于患者自行控制。轮椅总成折叠后即可作为正常的轮椅使用，展开后的平躺状态如图 3-16 所示。另外，在轮椅主框架的两侧设有轮椅扶手，增加了护理床和轮椅的使用安全性；轮椅扶手与轮椅主框架转动连接，在不使用时可 180° 翻转到轮椅底部。

②抬背与翻身的组合如图 3-20、图 3-21 所示。

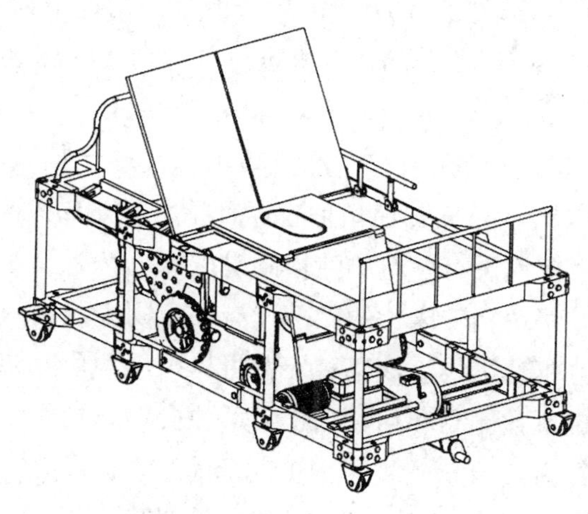

图 3-20　抬背锻炼状态示意图

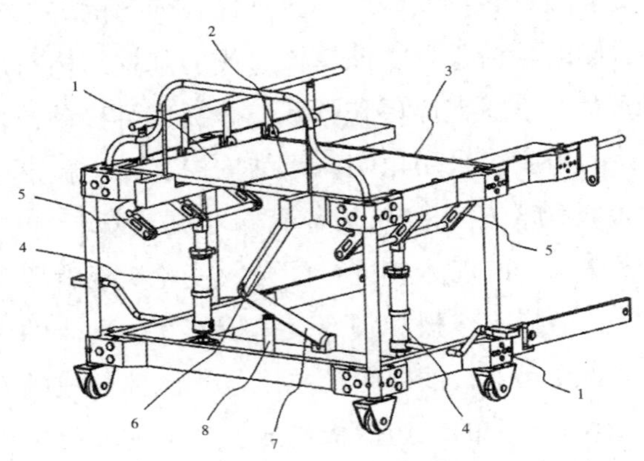

1—翻转床板；2—翻身转轴；3—抬背转轴；4—翻身升降器；5—翻身支撑杆；6—抬背支撑杆；7—抬背连杆；8—抬背升降器

图 3-21　翻身抬背机构示意图

如图 3-15 所示，前床体上设有翻身抬背机构，利用翻身抬背机构来帮助患者坐起或翻身，有效防止因长期平躺造成血液循环不畅而产生的褥疮等问题，提高舒适性。如图 3-21 所示，翻身抬背机构包括设于前床体左右两侧的两块翻转床板、用于驱动翻转床板进行翻身动作的翻身驱动机构和用于驱动翻转床板进行抬背动作的抬背驱动机构。与现有设计不同的是，两块翻转床板通过翻身转轴铰接在一起，翻身转轴的一端与抬背转轴的中部相固定、连接，抬背转轴与翻身转轴相垂直，且抬背转轴转动安装于前床体上，每块翻转床板的底部均设有一组单独控制对应侧翻转床板、绕翻身转轴翻转的翻身驱动机构，两块翻转床板的底部设有一组同步控制两块翻转床板绕抬背转轴翻转的抬背驱动机构。该翻身抬背机构采用两块翻转床板配合两根相互垂直的转轴实现单独侧翻和抬背动作，两块翻转床板底部的翻身驱动机构能够控制两块翻转床板抬起或放平，实现帮助患者向左翻身或向右翻身的功能。抬背驱动机构能够控制两块翻转床板一起翻转，实现使患者背部抬起，帮助患者坐起，结构设计简单巧妙，使翻身抬背动作更加灵活方便。翻身驱动机构包括翻身升降器和翻身支撑杆，翻身升降器固定安装于前床体上，升降端与翻身支撑杆转动连接，翻身支撑杆的顶部具有与翻转床板底部平面接触的支撑部，在翻身过程中，翻身支撑杆的支撑部能够增加与翻转床板的接触面积，提高翻身动作的稳定性和支撑性；翻身升降器升降带动翻身支撑杆与翻转床板接触，随着翻身升降器的上升，翻身支撑杆上升并转动，将翻转床板顶起，实现翻身动作。抬背驱动机构包括抬背支撑杆、抬背连杆和抬背升降器，抬背支撑杆的顶部与位于翻转床板底部的支撑板相铰接，支撑板能够同时支撑两块翻转床板，抬背支撑杆的底部与抬背连杆的一端相铰接，抬背连杆的另一端与前床体的底部相铰接，抬背升降器安装于前床体上，升降端与抬背连杆的中部相连接；抬背升降器升降带动抬背连杆和抬背支撑杆联动，进而带动两块翻转床板绕抬背转轴实现抬背动作。翻身驱动机构采用翻身升降器单独控制两侧的翻转床板实现翻身动作，抬背驱动机构采用抬背支撑杆和抬背连杆同步控制翻转床板实现抬背动作，结构简单，控制方便。另外，翻身升降器和抬背升降器优选气压升降杆，即现有升降椅采用的可控升降杆，通过扳动或踩下扳手即可控制气压升降杆升起或降下，操作简单，省时省力。

③康复锻炼机构的增设如图3-22所示。

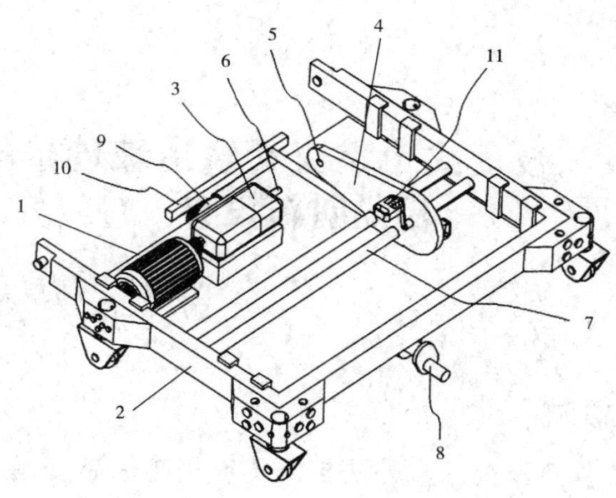

1—电机；2—后床体；3—变速器；4—脚蹬器；5—连接孔；6—输出轴；7—滑竿；8—手摇杆；9—齿轮；10—齿条；11—脚蹬轮

图3-22　康复锻炼机构结构示意图

如图 3-16、图 3-22 所示，后床体上还设有康复锻炼机构。该康复锻炼机构能够帮助患者进行康复训练，帮助患者恢复运动机能。康复训练机构包括电机、变速器、脚蹬器和离合机构，电机与变速器传动连接，脚蹬器通过离合机构与变速器的输出轴传动连接。利用离合机构使电机与脚蹬器传动连接或分离，使用起来更加安全可靠。使用时，将脚蹬器通过离合机构与变速器连接在一起，并控制护理床使患者抬背屈腿并坐起，达到如图 3-20 所示的状态。患者双脚踏在脚蹬器的脚蹬轮上，然后启动电机，电机通过变速器将动力传递给脚蹬器，从而通过脚蹬轮带动患者进行被动康复训练，模拟踏步运动，帮助患者恢复腿部机能。电机与脚蹬器分离后，患者也可以通过脚蹬器做主动康复训练。如图 3-22 所示，电机和变速器固定安装于后床体的底部，脚蹬器通过滑竿安装于后床体上，能够在滑竿上滑移。离合机构包括手摇杆、齿轮和齿条，手摇杆设于后床体的后部，便于家属或医务人员操作，手摇杆与齿轮轮轴相连接，齿条与脚蹬器相连接，齿条与齿轮相啮合，手摇杆转动带动齿轮旋转，进而带动齿条拉动脚蹬器在滑竿上滑动，使脚蹬器的连接孔与变速器的输出轴结合或分离，实现电机动力的连接或切断，结构简单，操作方便。

第三节　吸盘式十字交叉轨道玻璃幕墙清洗装置创新设计

一、作品概述

目前，玻璃幕墙作为高楼外防护结构应用越来越普遍。清洗玻璃幕墙时，主要由工人借助升降平台或吊绳来进行清洗，虽然方式简单，但是效率低、易引发事故。本作品中的吸盘式爬行装置，可在玻璃幕墙上自由上下、左右运动，平稳可靠；清洗机构可一次性完成粗、精洗，清洗效果较好。两者配合，便可实现高楼玻璃幕墙的自动化清洗，且装拆方便，可满足不同场合的需求。

该项目在设计过程中采用了 TRIZ 资源分析、最终理想解、物—场分析等理论，得出多个创意，最后利用平衡记分卡方式筛选出最终方案——吸盘式十字交叉轨道玻璃幕墙清洗装置。

具有代表性的作品照片如图 3-23、图 3-24 所示。

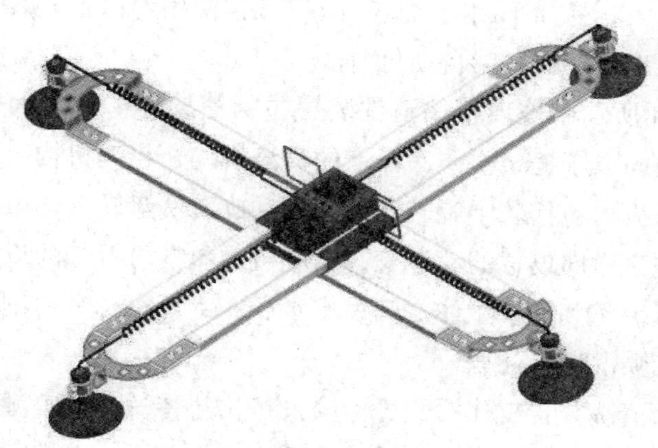

图 3-23　吸盘式玻璃幕墙爬行装置三维图

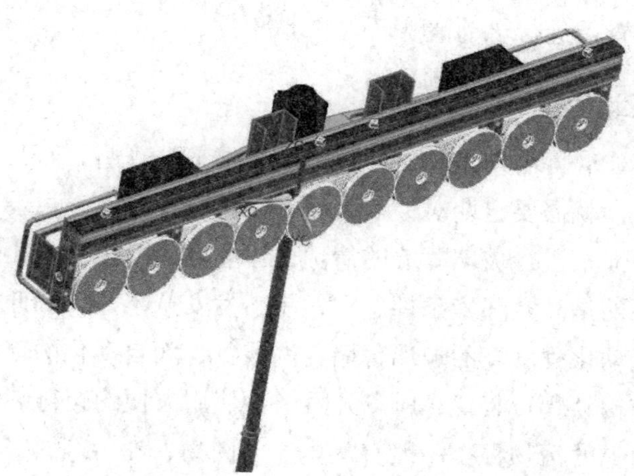

图 3-24　玻璃幕墙清洗装置三维图

如图 3-23 所示，吸盘式玻璃幕墙爬行装置包括架体、驱动机构和吸附机构。架体包括导轨支架，导轨支架上有左右运动滑槽和上下运动滑槽，左右运动滑槽内设有左右运动导轨，上下运动滑槽内设有上下运动导轨。驱动机构包括上下驱动机构和左右驱动机构，左右驱动机构包括左右传动导轨上的横向齿条、与该齿条啮合的齿轮和与齿轮传动连接的左右运动控制电机；上下驱动机构包括上下运动导轨上的竖向齿条、与该齿条啮合的齿轮和与齿轮传动连接的上下运动控制电机。吸附机构包括吸盘以及控制吸盘的气泵。该爬行装置上下运动和左右运动互不干涉，传动平稳可靠。同时，结构简单，便于操作，容易加工制造，生产成本低，使用寿命长。装上该清洗装置后，便可实现高楼玻璃幕墙自动化清洗。

如图 3-24 所示，玻璃幕墙清洗装置包括框架主体、供水机构，以及由下而上分别横向设于框架主体底面上的喷淋机构、粗洗机构、精洗机构和刮干机构。粗洗机构包括若干旋转洗盘和驱动旋转洗盘转动的电机；喷淋机构包括沿旋转洗盘横向设置的喷淋管；精洗机构包括可拆卸的设于框架主体上的海绵条，海绵条和框架主体之间设有水腔；刮干机构采用刮刀；供水机构分别与水腔和喷淋机构连通。

玻璃幕墙清洗装置工作时，先由喷淋机构将待洗玻璃喷湿，然后由旋转洗盘进行粗洗，由海绵条进行精洗，最后由刮刀刮干，清洗效果非常好，且降低了工人的劳动强度，具有较高的市场推广价值。该装置还可装在高空玻璃幕墙爬行装置上进行自动清洗。

二、项目背景

目前，用玻璃幕墙作为高楼外防护结构越来越普遍，而为了保证玻璃幕墙的整洁亮丽，就需要定期对玻璃表面进行清洁。目前，主要是由工人借助升降平台或吊绳来进行玻璃幕墙的清洗，作业方式简单易行，但效率低且成本高，更重要的是高空环境条件恶劣，易引发安全事故。因此，人们迫切希望开发一种自动化程度高的玻璃幕墙清洗装置，而自动化的玻璃幕墙清洗装置最主要的结构为爬行装置，所以开发一种使用方便的爬行装置尤为重要。

玻璃表面上的污物种类一般有灰尘、干固物、油污等，只有将其除离玻璃表面才能保持玻璃的清洁亮丽。目前，擦玻璃的方法多是人工擦拭，通常分为两个步骤：先用湿布擦洗玻璃表面将污物除离，再用干布擦干净，使玻璃光亮。尽管这种方法可以有效地除去污物达到清洁目的，但工作效率低，浪费劳动力和工时，且劳动强度较大。目前，定期对玻璃幕墙的玻璃表面进行清洁的工作量巨大，如果仍然采用手工方式清洁玻璃，无疑是不现实的。

三、问题描述

（1）如何实现爬行装置可靠吸附在玻璃幕墙外表面？

玻璃幕墙清洗装置最主要的结构为爬行装置，所以保证装置可靠吸附在玻璃幕墙上尤为重要。

（2）如何实现爬行装置在玻璃幕墙表面多向爬行？

目前的爬壁机器人能够实现多方向移动，但是该种爬壁机器人采用同步带传动，传动过程中易出现打滑现象，导致传动不平稳，甚至导致爬壁机器人从墙面掉落。

（3）如何实现在行进过程中高效完成粗洗、精洗玻璃幕墙？

目前，清洁玻璃的方法多是人工清洁，通常分为两个步骤：先用湿布擦洗玻璃表面将污物除离，再用干布擦干净，使玻璃光亮。尽管这种方法可以有效地除去污物达到清洁目的，但工作效率低，浪费劳动力和工时，且劳动强度较大。

四、发明问题初始形势分析

（一）工作原理

1. 吸盘式玻璃幕墙爬行装置（图 3-25～图 3-30）

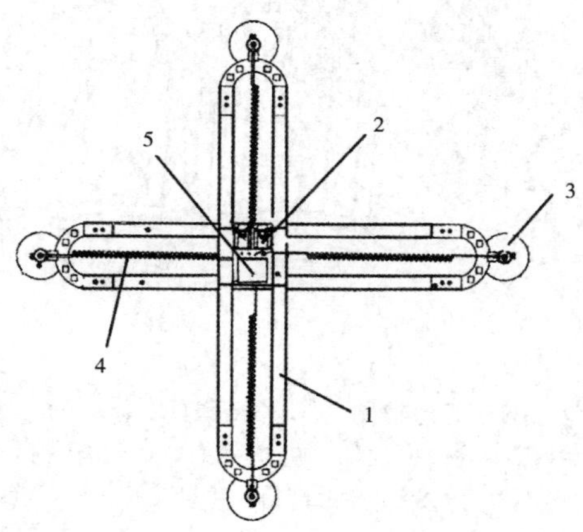

1—架体；2—驱动机构；3—吸附机构；4—控制线；5—控制中心

图 3-25　爬行装置整体结构示意图

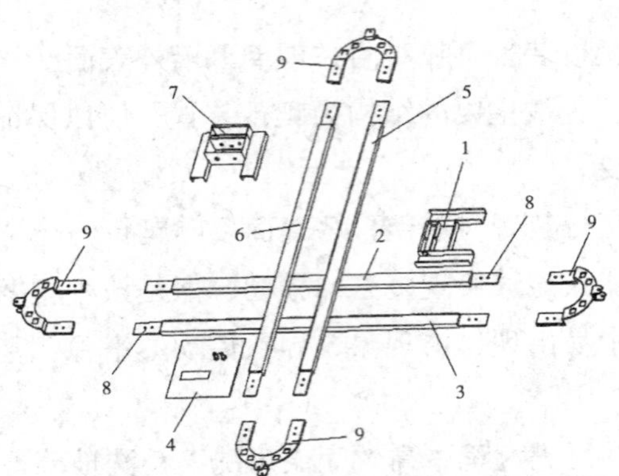

1—底板；2—导轨一；3—齿条导轨；4—下板；5—齿条导轨二；6—导轨二；7—上板；8—螺纹孔；9—连接头

图 3-26　爬行装置架体爆炸视图

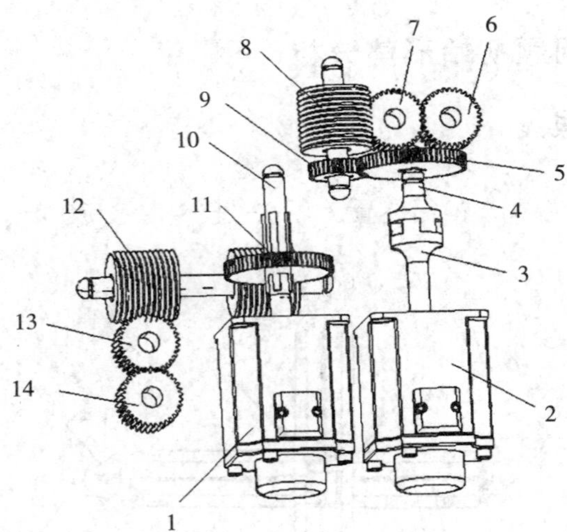

1—左右运动控制电机；2—上下运动控制电机；3—联轴器；4—第一连接轴；5—齿轮一；6—齿轮二；7—蜗轮一；8—蜗杆一；9—齿轮三；10—第二连接轴；11—齿轮四；12—蜗杆二；13—蜗轮二；14—齿轮五

图 3-27　爬行装置驱动机构结构示意图

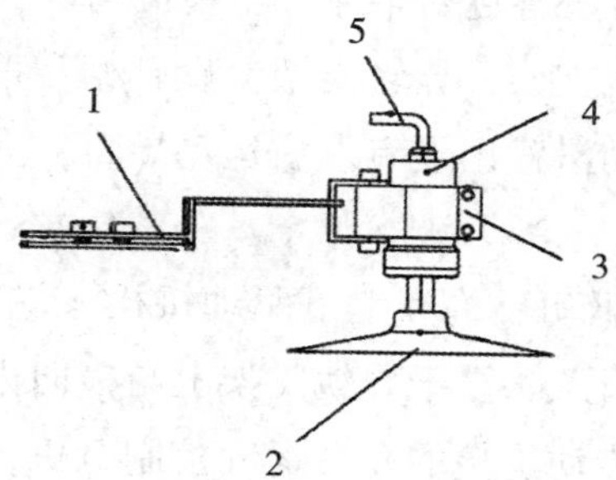

1—连接头；2—吸盘；3—气泵；4—气泵安装架；5—控制线

图3-28　爬行装置吸附机构示意图

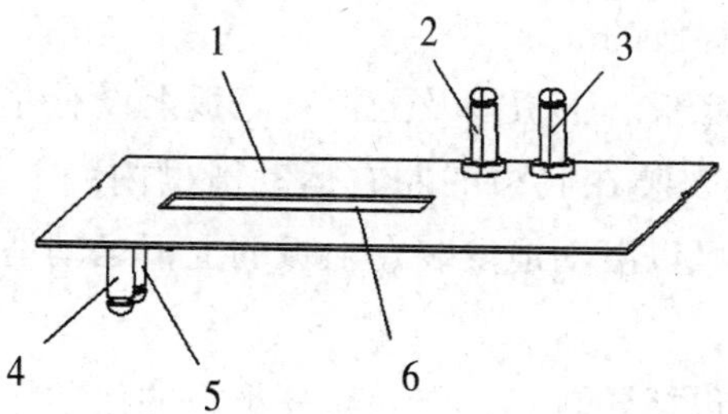

1—下板；2—立柱；3—立柱二；4—立柱三；5—立柱四；6—开口

图3-29　导轨支架下板结构示意图

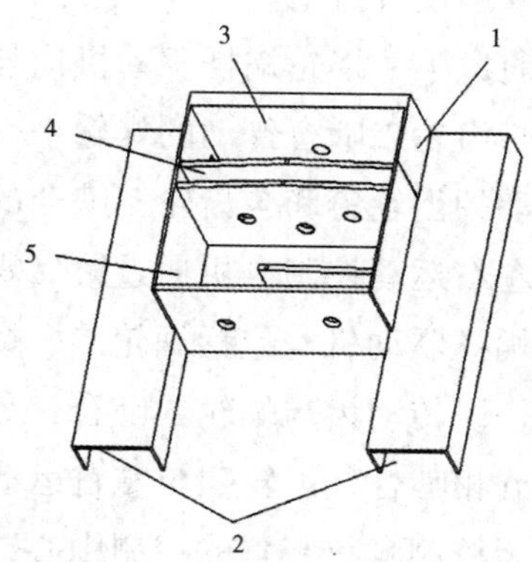

1—上板；2—滑槽；3—开口二；4—开口三；5—开口四

图3-30　导轨支架中上板结构示意图

吸盘式玻璃幕墙爬行装置包括架体、驱动机构以及吸附机构。

其中，架体包括导轨支架，导轨支架上设有相互垂直的左右运动滑槽和上下运动滑槽，左右运动滑槽内设有左右运动导轨，上下运动滑槽内设有上下运动导轨。

驱动机构包括左右驱动机构和上下驱动机构 。左右驱动机构包括设于左右传动导轨上的横向齿条、设于导轨支架上与横向齿条啮合的齿轮五和设于导轨支架上与齿轮五传动连接的左右运动控制电机；上下驱动机构包括设于上下运动导轨上的竖向齿条、设于导轨支架上与竖向齿条啮合的齿轮二和设于导轨支架上与齿轮二传动连接的上下运动控制电机。

吸附机构分别安装在上下运动导轨和左右运动导轨的两端，包括吸盘以及控制吸盘吸附与释放的气泵。

导轨支架包括底板、下板以及上板。底板上设有左右运动滑槽，左右运动导轨可以滑动地安装在底板的左右运动滑槽内；上板上设有上下运动滑槽，上下运动导轨可以滑动地安装在上板的上下运动滑槽内；下板安装在底板与上板之间。

左右运动导轨包括导轨一、与导轨一平行的齿条导轨一以及连接头，导轨一和齿条导轨一两端均有连接头；上下运动导轨包括齿条导轨二、与齿条导轨二平行的导轨二和连接头，齿条导轨二和导轨二两端均有连接头。齿条导轨二和齿条导轨一内壁均设有齿条。

上下运动控制电机通过第一蜗轮蜗杆驱动机构与齿轮二传动连接，第一蜗轮蜗杆驱动机构包括与齿轮二啮合传动的蜗轮一、与蜗轮一啮合传动的蜗杆一、与蜗杆一同步转动的齿轮三和与齿轮三啮合的齿轮一，齿轮一与上下运动控制电机相连接。左右运动控制电机通过第二蜗轮蜗杆驱动机构与齿轮五传动连接，第二蜗轮蜗杆驱动机构包括蜗轮二、蜗杆二和齿轮四。蜗杆二设有两段传动齿，其中一段传动齿与蜗轮二啮合，另一段传动齿与齿轮四啮合传动，蜗轮二与齿轮五相啮合，齿轮四与左右运动控制电机相连接。

爬行装置还包括用于控制爬行装置的控制中心，设于导轨支架上，且控制中心设有操控显示器和控制按钮。

爬行装置还包括弹性控制线，至少设有四根。控制线一端与气泵相连，另一端与控制中心相连。

吸附机构还设有气泵安装架，安装在连接头上，用于固定和安装气泵。

齿条导轨二、导轨二、导轨一和齿条导轨一两端均设有用于与连接头连接的螺纹孔。

左右运动控制电机和上下运动控制电机的输出端均设有联轴器，齿轮一安装在与联轴器连接的第一连接轴上，齿轮四安装在与联轴器连接的第二连接轴上。

下板上设有用于安装齿轮的立柱。

吸盘式玻璃幕墙爬行装置上下运动时，左右运动导轨两侧的吸附机构吸附在玻璃幕墙上，上下运动导轨两侧的吸附机构松开，上下运动控制电机通过联轴器带动齿轮一旋转，齿轮一带动齿轮三旋转，从而带动蜗杆一旋转，进而通过蜗轮一带动齿轮二旋转，齿轮二与上下运动导轨上的竖向齿条啮合传动，从而带动上下运动导轨上下运动，实现装置的上下运动。左右运动时，上下运动导轨两侧的吸附机构吸附在玻璃幕墙上，左右运动导轨两侧的吸附机构松开，左右运动控制电机通过联轴器带动齿轮四旋转，齿轮四通过蜗杆二带动蜗轮二旋转，蜗轮二通过齿轮五驱动左右运动导轨上的横向齿条运动，从而带动左右运动导轨左右移动，实现装置的左右移动。

2. 玻璃幕墙清洗装置（图 3-31 ～图 3-35）

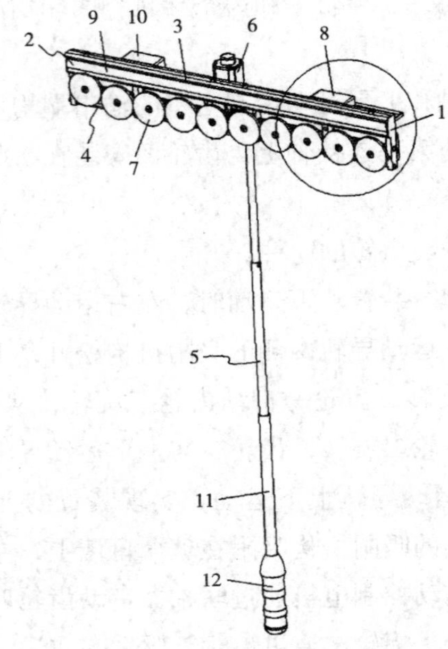

1—框架主体；2—精洗机构；3—刮干机构；4—喷淋机构；5—手柄；6—电机；7—旋转洗盘；8—第一供水机构；9—海绵条；10—第二供水机构；11—伸缩杆；12—握持部

图 3-31　玻璃幕墙清洗装置结构示意图

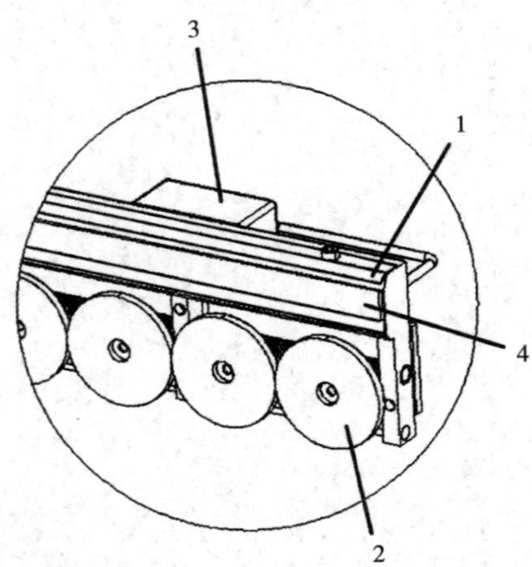

1—刮干机构；2—旋转洗盘；3—第一供水机构；4—海绵条

图 3-32　为图 3-31 的局部放大图

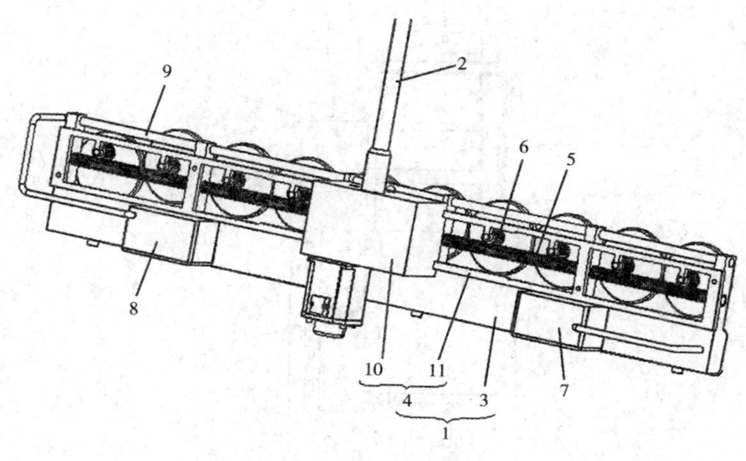

1—框架体; 2—手柄; 3—第一框架; 4—第二框架; 5—蜗杆; 6—第三齿轮; 7—第一供水机构; 8—第二供水机构；9—喷淋管；10—外壳；11—旋转洗盘安装架

图 3-33　框架主体结构示意图

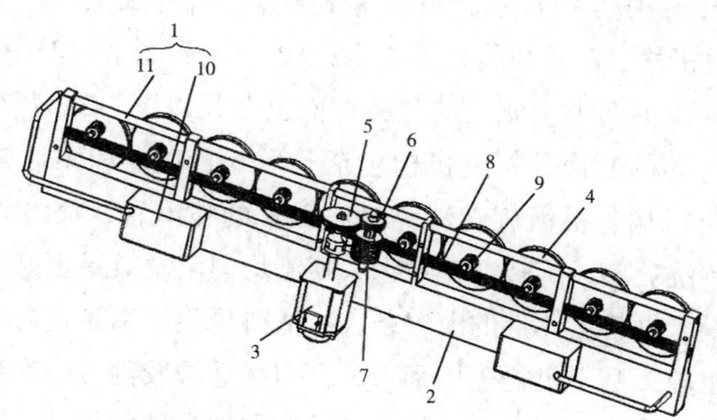

1—喷淋机构; 2—第一框架; 3—电机; 4—旋转洗盘; 5—第一齿轮; 6—第二齿轮; 7—蜗轮; 8—蜗杆；9—第三齿轮；10—第二供水机构；11—喷淋管

图 3-34　旋转吸盘动力结构示意图

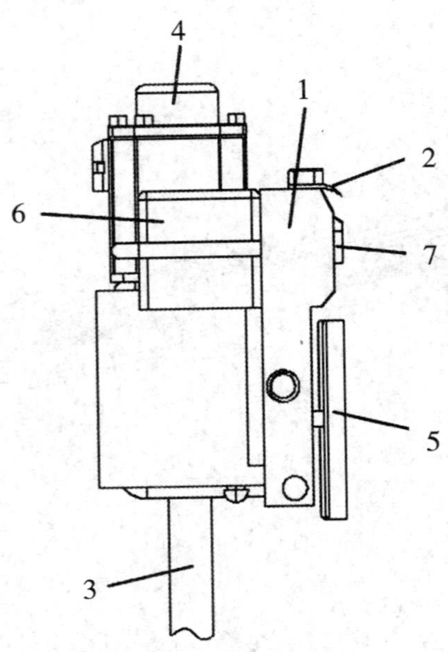

1—框架主体；2—刮干机构；3—手柄；4—电机；5—旋转洗盘；6—第一供水机构；7—海绵条

图 3-35　玻璃清洗装置侧视图

如图 3-31 ～图 3-33 所示，玻璃清洗装置包括框架主体、喷淋机构、粗洗机构、精洗机构、刮干机构以及供水机构。喷淋机构、粗洗机构、精洗机构和刮干机构由下而上（此处的“由下而上”是以图 3-31 为参照）分别横向设于框架主体的底面。粗洗机构包括若干旋转洗盘和驱动旋转洗盘转动的电机。喷淋机构包括沿旋转洗盘横向设置的喷淋管，喷淋管上设有若干喷头，以向待洗玻璃或旋转洗盘喷水，喷洒均匀清洗效果更好。精洗机构包括可拆卸的设于框架主体上的海绵条，可适时更换海绵条，海绵条和框架主体之间设有水腔。刮干机构采用刮刀，刮刀优选橡胶刮刀，在刮干玻璃的同时不会损伤玻璃表面。刮刀、海绵条以及旋转洗盘的底面处于同一平面上为佳。供水机构分别与上述水腔和喷淋机构连通，电机和供水机构设于框架主体的背部，供水机构采用水泵连接储液瓶或水泵外接水管的形式。供水机构包括第一供水机构和第二供水机构。第一供水机构与水腔连通以为海绵条供水，海绵条湿润后再对玻璃进行精洗，精洗效果更加显著；第二供水机构与喷淋管连通，以为喷头供水。当然，水腔和喷淋机构也可由一处供水机构供水。

玻璃幕墙清洗装置还包括与框架主体垂直连接的手柄，且手柄的末端处于框架主体的下侧（此处的“下侧”以图3-32为参照），使用时握住手柄，并使框架主体的底面贴合待洗玻璃，由上而下地擦拭即可。要保证清洗工序的顺序，即依次实现喷淋、粗洗、精洗和刮干。手柄包括伸缩杆和设于伸缩杆末端的握持部，通过伸缩杆能够灵活调节手柄的长度，简单实用，且握持部的设置提高了使用的舒适度。

如图3-33所示，框架主体包括第一框架和与第一框架相固定的第二框架，第二框架包括外壳和旋转洗盘安装架，外壳和旋转洗盘安装架固定连接，手柄与外壳螺纹连接，便于安装及拆卸，使用起来灵活方便。如图3-34所示，旋转洗盘设于旋转洗盘安装架上，且旋转洗盘的背部设有第三齿轮，第一框架上横向设有与第三齿轮啮合的蜗杆，外壳内设有与蜗杆啮合的蜗轮、与蜗轮同轴固设的第二齿轮以及与第二齿轮啮合的第一齿轮，外壳对它们具有保护作用，可以使它们避免水流的侵蚀，提高使用寿命。电机固设于第一框架上，且电机的输出端与第一齿轮连接。当然，玻璃幕墙清洗还设置了控制供水机构和电机工作状态的开关，且具有调速功能，使操作简单易行。

玻璃幕墙清洗装置工作时，先由喷淋机构将待洗玻璃喷湿，然后由旋转洗盘进行粗洗，由海绵条进行精洗，最后由刮刀刮干，清洗效果非常好，且降低了工人的劳动强度，具有较高的市场推广价值。

（二）目前的解决方案、类似产品的解决方案存在的问题和不足

我们查阅了相关的文献资料，总结出了目前玻璃幕墙清洗装置的优点与不足，下面列举几种当前使用的玻璃幕墙清洗装置。

1.山东省实验中学的一项专利：一种玻璃墙清洁装置

该玻璃墙清洁装置（图3-36）顶部和底部安装有上下平行滑道，右端安装了控制器，上下平行滑道之间紧贴玻璃墙安装了刷子，刷子上设有传动机构，传动机构与控制器相连，刷子上端和下端分别设有进水口和出水口。

该装置的有益效果是：省时省力，方便快捷，有效解决了大面积玻璃墙

清洗困难的问题。

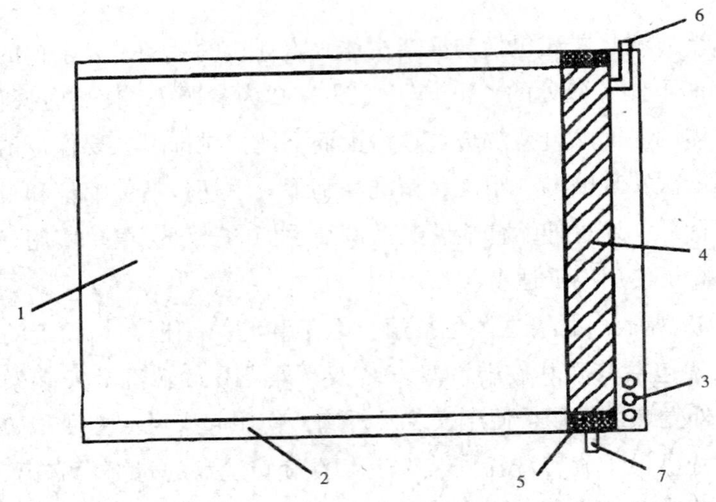

1—玻璃幕墙；2—上下平行滑道；3—控制器；4—刷子；5—传动机构；6—进水口；7—出水口

图 3-36　玻璃墙清洁装置

该方案的不足：这个装置不能自动左右移动，只能实现上下方向的自动化清洗。

2. 青岛科技大学的一项专利：一种玻璃幕墙自动清洗机

该玻璃幕墙自动清洗机由导轨、箱体、支柱、吊臂、绳索、吊篮组成。导轨固定在写字楼楼顶，箱体放置在导轨上，支柱焊接在箱体外的左侧中部，吊臂与支柱通过销轴连接，箱体中的液压站控制液压缸伸缩，使吊臂上升或下落。液压站还控制吊臂自身的伸缩，使吊篮的左侧与玻璃墙壁有效接触，箱体中的卷盘电机使绳索伸缩，进而使吊篮沿玻璃墙上下移动，同时吊篮左侧的水管、清洁剂管和清洁刷协调配合对玻璃墙进行清洗。

该专利的有益效果是：传动平稳、结构简单、自动化程度高，避免了人工清洗玻璃墙的危险，工作效率有较大提高。

该方案的不足：设备体积过大，上下移动靠绳索的升降实现，左右移动靠楼顶装置的左右移动实现，移动设备和清洗设备处于两个垂直平面上，控制视线受到很大干扰。

3. 郑州电力高等专科学校的一项专利：高楼外墙遥控擦玻璃装置

该高楼外墙遥控擦玻璃装置（图3-37）包括擦洗设备、定位设备、控制装置、升降设备。定位设备设置在固定架上，擦洗设备设置在活动架上，活动架与固定架滑动连接，固定架设置在外墙上面，且通过滑轮、钢丝绳与升降设备连接，升降设备设置在楼顶，升降设备上设有控制装置和电源，控制装置通过无线收发装置与遥控装置连接，活动架至少与两个擦洗设备连接，固定架上设有电线插口，电线插口至少有两个。该设备通过活动架的上下移动和清洗盘的旋转代替人工对玻璃外墙进行清洗，通过吸盘进行安全固定，保证清洗力度，并具有远程控制和自动控制功能，降低了劳动强度，提高了工作效率。

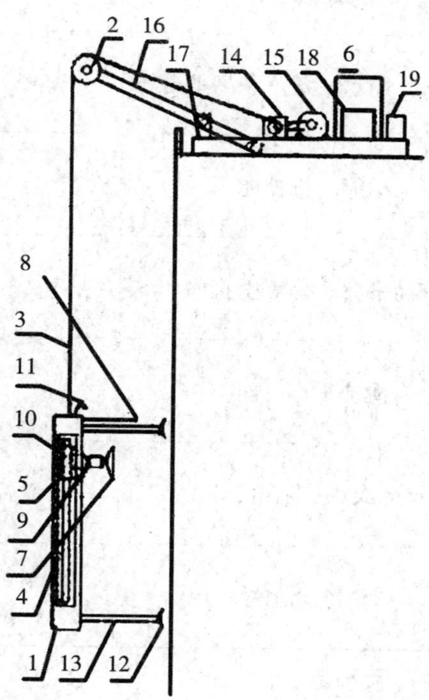

1—固定架；2—滑轮；3—钢丝绳；4—滑竿；5—滑动套筒 6—水箱；7—清洗盘；8—喷水口；9—电机；10—液压装置；11—摄像机；12—吸盘；13—连接轴；14—减速机；15—起重机；16—起重臂；17—底座；18—配重；19—控制装置

图3-37　高楼外墙遥控擦玻璃装置

该方案的不足：与青岛科技大学的方案相比较，增加了吸盘装置，进行了安全固定，但同样存在上下移动靠绳索的升降实现、左右移动靠楼顶装置的左右移动实现，移动设备和清洗设备处于两个垂直平面上，控制视线受干扰的问题。

五、系统分析

（一）资源分析

对技术系统和环境资源进行分析，结果见表 3-5。

表3-5　技术系统和环境资源分析

资源类型	系统内	环境
物质	抹布、储水设备、登高平台	人、水、玻璃幕墙
能量	动能、机械能	人体动能
空间	登高平台、幕墙垂直面	建筑物
时间	清洗工作时间	闲置时间
信息	尺寸大小、清洗速度	需要清洗的场所
功能	登高、清洗	美观

由资源分析产生以下创意：

创意 1：从物质角度考虑，采用组合原理，将登高平台与清洗装置进行有效组合。

创意 2：从空间角度分析，利用建筑物各楼层平面高度实现清洁人员分段作业。

创意 3：从能量角度考虑，利用其他形式的能量替代人工机械能，减轻清洁人员的劳动强度。

创意 4：从能量角度考虑，利用自动清洗装置替代人工作业，提高清洗效率。

（二）最终理想解

（1）设计的最终目的是什么？

设计出一种高建筑物玻璃幕墙自动清洗装置。

（2）理想解是什么？

能在高空清洗玻璃幕墙的装置。

（3）达到理想解的障碍是什么？

玻璃幕墙远高于清洁人员的身高。

（4）它为什么成为障碍？

高空作业需要安全可靠的操作平台。

（5）如何使障碍消失？

清洗装置能够自动爬行。

（6）什么资源可以帮助你？

人、建筑物各楼层平面、电动力。

（7）在其他领域或用其他工具可以解决这个问题吗？

目前，市场上有几种玻璃幕墙清洗装置，但大都存在上下移动靠绳索的升降实现、左右移动靠楼顶装置的左右移动实现，移动设备和清洗设备处于两个垂直平面上，控制视线受干扰的问题。

由上述分析得到的结论是：需要设计一种体积小、运动灵活、控制方便的玻璃幕墙清洗装置。

创意 5：在玻璃幕墙的垂直面上实现在一个平面内控制清洗装置的上下、左右移动。

六、系统功能分析

（一）对本系统的功能进行分析

功能分析图如图 3-38 所示。

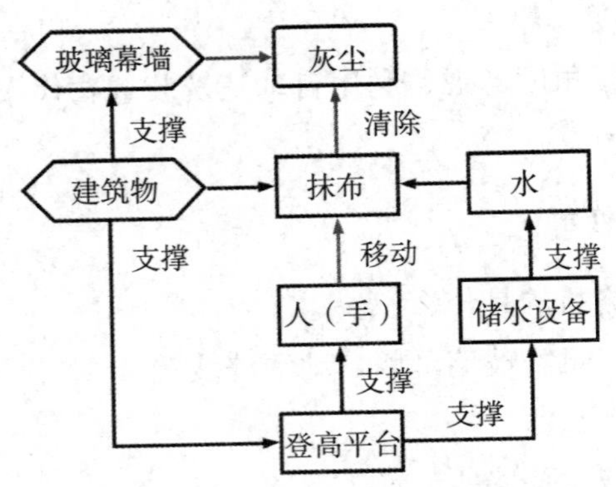

图 3-38　功能分析图

对系统中成本最高的组件登高平台进行裁剪，其有用功能“支撑”由超系统中的“建筑物”组件完成，如图 3-39 所示。

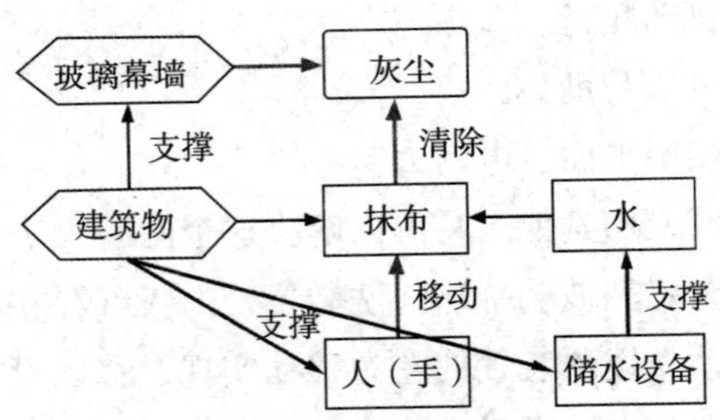

图 3-39　裁剪后的功能图

对系统进行组合优化，重新构建功能模型，如图 3-40 所示。

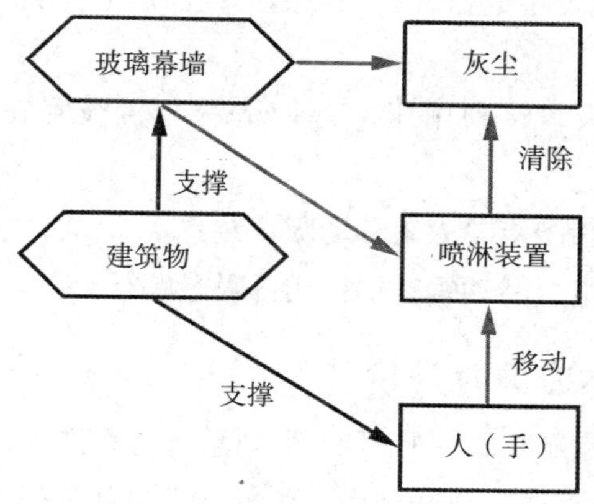

图 3-40　优化后的功能模型

由功能分析产生如下创意。

创意 6：利用玻璃幕墙平面支撑清洗装置。

创意 7：将抹布与储水装置有效融合在一起。

（二）对系统进行物—场分析

针对“用玻璃幕墙平面支撑清洗装置”建立物—场模型，如图 3-41 所示。重力场的存在使得玻璃幕墙对清洗装置的作用不足，如图 3-41（a）所示，清洗装置不能固定且无法实现自由移动。构建并联复合物—场模型以增强作用，如图 3-41（b）。

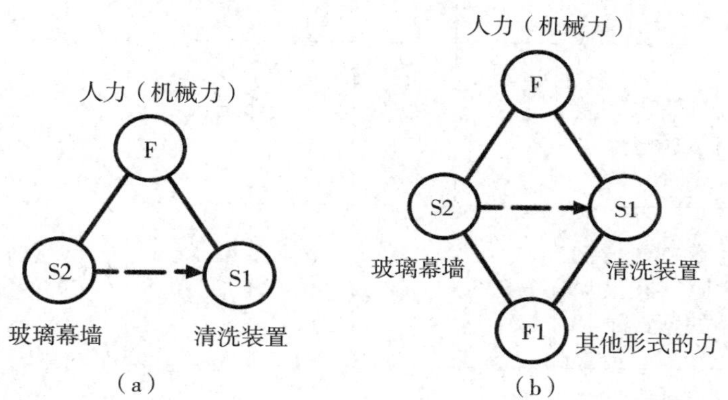

图 3-41　创意 6 物—场分析

创意 8：加装电磁继电器，利用电磁力使清洗装置吸附在玻璃幕墙的垂直平面上。

创意 9：加装吸盘，利用压力差使清洗装置吸附在玻璃幕墙的垂直面上。

创意 10：利用齿条齿轮人工移动吸盘装置。

创意 11：利用电力驱动蜗轮蜗杆实现吸盘爬行。

七、全部技术方案及评价

采用平衡记分卡方法，对上述 11 个创意进行筛选，由于有些创意基本相同，共整理出 7 个创意，见表 3-6。评价指标与评分标准由小组成员集体协商。评分最高的若干创意方案作为实际设计时的重点考虑方案。

表3-6　创意筛选平衡记分卡

创意编号	关键词	评价指标					总评分
		新颖性	实用性	美观性	制造成本	技术难度	
1	登高平台与清洗装置有效组合	7	5	5	3	7	27
2	利用电能替代人工清洗	5	7	8	7	4	31
3	抹布与储水装置有效融合	7	7	8	7	7	36
4	用电磁力使清洗装置固定在玻璃幕墙的垂直面上	3	7	5	7	6	28

续　表

创意编号	关键词	评价指标					总评分
		新颖性	实用性	美观性	制造成本	技术难度	
5	用压力差使清洗装置固定在玻璃幕墙的垂直面上	3	9	5	5	5	27
6	人工摇动齿轮、齿条，实现清洗装置的爬行（移动）	5	6	4	3	5	23
7	用电力驱动蜗轮蜗杆实现吸盘爬行	7	9	6	7	7	36

经过筛选，得出如下方案：

方案 1：吸盘式十字交叉轨道玻璃幕墙清洗装置。

方案 2：电磁式链条传动玻璃幕墙清洗装置。

八、最终确定方案

最终采用方案 1：吸盘式十字交叉轨道玻璃幕墙清洗装置，具体如下：

（1）在清洗装置上安装吸附爬行机构，真正做到登高平台与清洗装置的有效组合，体积小，造价低。

（2）采用蜗轮蜗杆传动，运动灵活，实现清洗无死角。

（3）抹布与储水、喷水系统组合在一起。

（4）用电力替代人工劳动，降低清洁工人的劳动强度，提高工作效率。

第四节　电钻防尘降噪孔深可视装置创新设计

一、项目来源

电钻是建筑与装修业广泛使用的钻孔工具，但是电钻在使用过程中存在一些问题：首先，电钻工作时会产生大而刺耳的噪声，影响周围人的生活和工作，而且会给施工人员的健康带来损害；其次，电钻打孔的地方会产生大量粉尘，尤其是对砖、水泥、灰墙和硬木等材料进行钻孔时，产生的粉尘更多，容易进入现场施工人员的眼睛以及呼吸道，对其身体造成损害。

为了解决上述问题，现有技术多是在电钻钻头处安装一个可伸缩的防尘降噪套。但是，该装置的降噪效果一般，而且只能对尘土进行阻挡，不能完全对尘土进行吸收和清除，在移动过程中也会造成尘土的泄露，从而影响室内环境。一般的防尘降噪套为不透明结构，不能对钻头进度和深度进行及时观察，影响作业效率。因此，开发一种电钻防尘降噪易观察装置来解决以上问题，不但具有较高的研究价值，也具有良好的经济效益和实际应用潜力。

二、问题描述

（1）一般的防尘降噪套降噪效果一般。

（2）使用简单的防尘降噪套只能在钻孔时对粉尘进行阻挡，不能对粉尘进行收集，电钻移动时，套中的粉尘可能散落在周围，影响作业环境。

（3）一般的防尘降噪套为不透明结构，工人师傅不能及时对钻头的工作状态进行观察，都是凭感觉钻孔，经常导致钻孔过深或钻孔过浅，影响工作质量。

三、发明问题初始形势分析

（一）工作原理

常用的电钻的工作原理为电动机的电机转子做磁场切割从而达到做功的目的，通过传动机构驱动作业装置，带动齿轮加大钻头的动力，从而使钻头刮削物体表面，洞穿物体。一般的电钻在使用时存在噪音大、灰尘多、钻孔精度控制不准等问题。

（二）存在的主要问题

（1）如何将降噪装置、吸尘装置、便于控制观察钻孔深度的装置融为一体？

（2）要兼顾功能和美观，实现三项装置与电钻主体的合理布局存在一定的难度。

（三）限制条件

目前将降噪、吸尘、便于控制观察钻孔深度三项辅助功能融为一体的电钻还没有。

（四）目前的解决方案、类似产品的解决方案存在的问题和不足

我们查阅相关文献资料发现，将降噪与吸尘融为一体的设计的共性缺陷体现为挡住了钻孔观察视线，不利于控制钻孔深度。单独解决便于控制钻孔深度问题的设计的共性缺陷体现为结构过于复杂，不适合一次性完成钻不同深度的孔，较适合钻同一深度的系列孔。以下列举几种目前常用的为电钻增加辅助功能的装置。

1. 降噪吸尘电钻

（1）西安树正电子科技有限公司 2015 年的一项专利：一种具有防尘降噪功能的电钻。该发明提供了一种具有防尘降噪功能的电钻，如图 3-42 所示，其结构包括钻头、钻头安装部、电钻主体和手柄。钻头安装部连接着隔音罩，隔音罩前端设有吸盘，电钻主体内部设有吸尘器，串接在电钻的电源电路中。该电钻上设有防尘降噪装置，降低了工作人员被尘土和噪声污染影响身心健康的可能性。

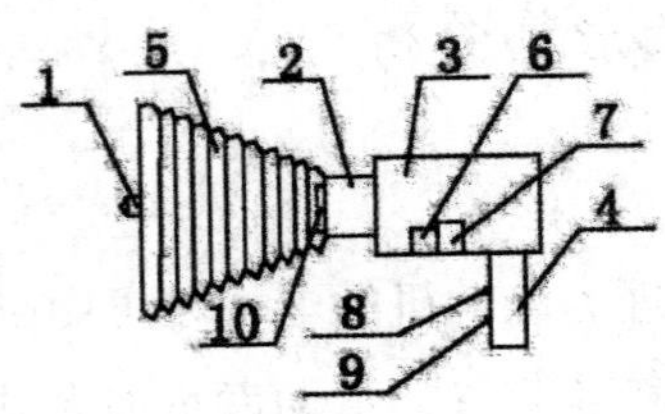

1—钻头；2—钻头安装部；3—电钻主体；4—手柄；5—隔音罩；6—吸尘器；7—集尘盒；8—电钻开关；9—吸尘器开关；10—吸尘口

图 3-42　一种具有防尘降噪功能的电钻结构示意图

该方案的不足：隔音罩挡住了钻孔观察视线，安装小型吸尘器吸灰尘成本过高，吸尘器和集尘盒的布局不合理。如果将其内置于电钻主体内部，会导致电钻成本增加；如果外置于电钻主体，图 3-42 所示位置不是最佳位置。

（2）泉州信息工程学院 2019 年的一项专利：一种降噪防尘罩。该降噪防尘罩如图 3-43 所示，其结构包括通过卡箍连接在冲击电钻端部的罩体，罩体内壁设有弹簧；还包括一端连接在罩体上、另一端定位在冲击电钻和卡箍之间的用于容纳尘屑的腔体。腔体平面投影后的最大外缘尺寸 A 大于腔体与罩体连接处的外径尺寸 B。腔体不但能够收集、容纳更多的尘屑，而且比罩体的体积大，形成近似 T 形的结构，当尘屑进入腔体时，腔体与罩体连接处能够形成阻挡，起到防止尘屑由罩体处掉落的作用，使得冲击电钻能够连续地钻更多的孔，操作更加方便。

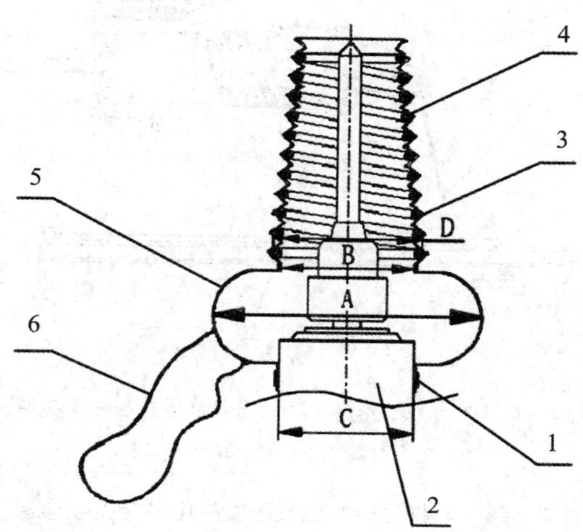

1—卡箍；2—冲击电钻；3—罩体；4—弹簧；5—腔体；6—袋体

图 3-43　一种降噪防尘罩结构示意图

该方案的不足：隔音罩挡住了钻孔观察视线；没有辅助吸尘装置，吸尘效果不佳。

2. 可控制钻孔深度的电钻

永康市晓诚电器有限公司 2020 年的一项专利：一种可控制钻孔深度的电钻。该“可控制钻孔深度的电钻”如图 3-44 所示，通过旋转螺纹杆，使得螺纹杆推动内螺纹管移动，内螺纹管通过第一杆体推动环形活动板移动，然后根据刻度尺上的刻度来判断钻头的钻孔深度，通过推手将盒体按压在墙面上，滑动电钻本体移动。电钻本体在滑块与滑轨的滑动连接下进行移动，对墙体进行钻孔，减少了振动的影响，能够有效防止钻孔移位。当钻孔深度达到预期时，环形活动板碰触墙面，无法继续钻孔，完成目标深度钻孔作业。

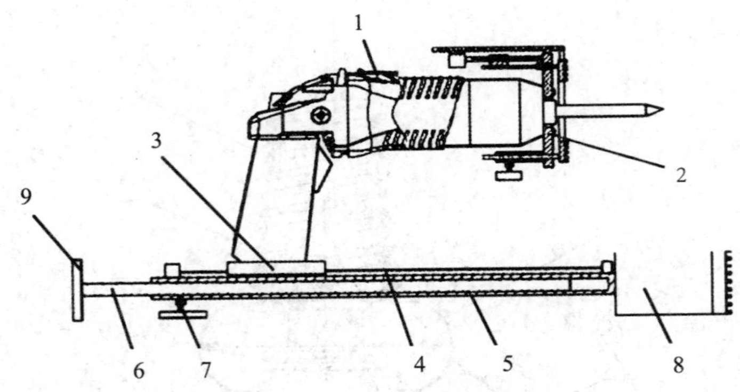

1—电钻本体；2—环形板； 3—滑块；4—滑轨；5—管体；6—活动杆；7—第二手拧螺栓；8—盒体； 9—推手

图 3-44　一种可控制钻孔深度的电钻结构示意图

该方案的不足：一次调整好钻孔深度，通过限位装置准确完成钻孔，所以对于钻同一深度的系列孔来说效率比较高，但对于一次性完成深度不一、数量较多的孔来说不方便，且效率很低。而且，这类控制钻孔深度的设计所需结构过于复杂。

四、系统分析

（一）最终理想解

（1）系统的最终目的是什么?

避免使用电钻钻孔的时候有尘土飞扬。

（2）最终理想解是什么?

钻孔的时候没有尘土飞出。

（3）达到理想解的障碍是什么?

墙壁钻孔时水泥、沙石会碎裂，大块物质会掉落，钻头高速运转产生的风力会使灰尘飞起。

（4）为什么会成为障碍?

重力、钻头高速运转产生的 3600m/s 的风力造成尘土四面飞溅。

（5）如何使障碍消失?

用支持力抵消重力，使碎物“悬浮”，钻头高速运转形成一个方向的吹力或吸力使灰尘改变运动方向。

（6）什么资源可以帮助你？

钻头转速、电能、机械能。

（7）在其他领域或用其他工具可以解决这个问题吗？

吸尘器：电机高速旋转，从吸入口吸入空气，使尘箱内产生一定的真空，灰尘通过地刷、接管、手柄、软管、主吸管进入尘箱中的滤尘袋，并被留在滤尘袋内，过滤后的空气再经过一层过滤片进入电机后流出。

结论：设计一款手电钻，配以具有自吸尘功能的防尘罩。

（二）资源分析

表3-7　资源分析

资源类型	系统内	系统外
物质资源	钻头、电钻主体	墙体，施工人员的手臂、眼睛
能量资源	钻头旋转产生的风能、电钻冲击动能	电能、机械能
空间资源	钻头与电钻主体连接处	钻头夹头与墙体之间的空间
信息资源	钻头长度、钻孔深度、钻头转速	光线
时间资源	钻孔时间	闲置时间
功能资源	钻孔、冲击	收集

结合资源分析与最终理想得出以下创意：

创意1：从空间角度考虑，在待钻墙体与钻头夹头之间加装防尘罩。

创意2：从利用时间角度考虑，防尘罩应可拆卸，便于存放。

创意3：从信息角度考虑，在钻头夹头上安装扇叶，利用钻头高速旋转时在防尘罩内形成的负压吸尘。

五、TRIZ 工具

（一）技术矛盾

加装防尘罩避免了灰尘飞扬，但是手电钻的体积也增大了，施工人员操作使用时不方便。同时，钻头被罩住，遮挡了光线，施工人员无法直接通过钻头判断钻孔深度。

想改善“物体产生的有害作用”，但不能，因为这样做会使“静止物体的体积”“照度”产生恶化，构成了两对技术矛盾，如表 3-8。

表3-8 部分矛盾矩阵表

改善的参数	恶化的参数	
	静止物体的体积	照度
物体产生的有害作用	柔性壳体或薄膜 机械振动 物理或化学参数改变 增加不对称性	周期性作用 借助中介物 惰性环境 颜色改变

创意 4：根据创新原理“柔性壳体或薄膜”，可得出防尘罩使用柔性材料（如橡胶），或使刚性结构部分柔性化。

创意 5：根据创新原理“增加不对称性”，将防尘罩制成非对称结构——对应电钻转轴上下偏心，增大防尘罩集尘容量——只增大集尘箱体积。

创意 6：根据创新原理“借助中介物”，可得出钻孔深度可借助其他物体长度的变化直接表现，如防尘罩外观尺寸。

创意 7：根据创新原理“颜色改变”，可得出防尘罩采用透光材料，保证光线充足，以便于观察钻孔深度。

（二）物理矛盾

为确保防尘效果，防尘罩一定要与墙壁紧密接触。刚开始钻孔时，钻头夹头与待钻墙壁之间的距离较长，但随着钻头深入墙内，这个距离会变得越来越短，这就需要防尘罩既能变得很长又能变得很短。

第一步：定义物理矛盾。

参数：静止物体的长度。

要求 1：长。

要求 2：短。

第二步：如果想实现技术系统的理想状态，这个参数的不同要求在什么时间得以实现？

时间 1：没开始钻孔的时候。

时间 2：钻孔结束的时候。

第三步：以上两个时间段是否交叉？

不交叉，应用时间分离。

四大分离与发明原理见表 3-9。

表3-9　四大分离与发明原理

分离原理	创新原理（按使用频率排序）
空间分离	分割，抽取，局部质量，嵌套，增加不对称性，一维变多维
时间分离	动态特性，抛弃或再生，预先作用，预先反作用，事先防范
条件分离	复合材料，多孔材料，改变颜色，局部质量，周期性作用，一维变多维
整体与部分分离	分割，组合，同质性，等势

采用时间分离方法解决问题。

创意 8：由创新原理“动态特性”得出将防尘罩分成几个部分。

创意 9：由创新原理“预先作用”得出防尘罩预先做成可压缩、拉伸的结构，如波纹管、弹簧等。

（三）物—场分析

功能定义：钻孔时灰尘黏着在防尘罩内壁上。

完成功能的三个元件如下：被动元件——防尘罩 S1；主动元件——灰尘 S2；场——黏着力 F1。

利用物—场符号建立物—场模型，如图 3-45（a）。灰尘对防尘罩产生了有害作用，引入抵消有害作用的场 F2，向并联式复合物—场模型转换。并联式复合物—场模型如图 3-45（b）所示。

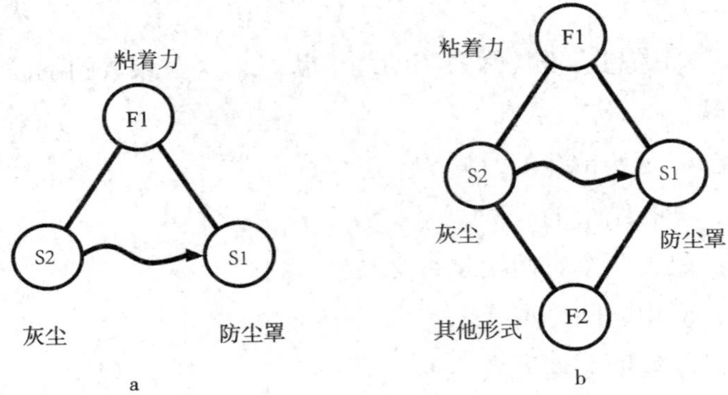

图 3-45　物—场模型

创意 10：引入高压气体吹落灰尘。

创意 11：引入高压液体冲洗灰尘。

六、全部技术方案及评价

采用平衡记分卡方法，对上述 11 个创意进行评价筛选。评价指标与评分标准由小组成员集体协商。评分最高的若干创意方案作为实际设计时的重点考虑方案。

表3-10　创意筛选平衡记分卡

方案编号	关键词	评价指标					总评分
		新颖性	实用性	美观性	制造成本	技术难度	
1	在待钻墙体与钻头夹头之间加装防尘罩	5	9	6	8	9	37
2	防尘罩应可拆卸，便于存放	5	8	5	7	8	33
3	在钻头夹头上安装扇叶	9	9	8	7	8	41

续　表

方案编号	关键词	评价指标					总评分
		新颖性	实用性	美观性	制造成本	技术难度	
4	波纹管式防尘罩	3	6	5	7	6	27
5	弹簧式防尘罩	8	9	4	5	6	32
6	可视材料	5	8	6	5	5	29
7	防尘罩外围带有刻度标尺	8	9	7	5	6	35
8	偏心不对称结构	5	6	6	6	7	30
9	轴对称加集尘箱（盒）	5	8	6	7	7	33
10	加高压气体	6	6	7	7	7	33
11	加高压水流	6	8	7	8	8	37

经整合筛选得出以下方案：

方案 1：偏心不对称橡胶波纹管式高压气冲刷自吸防尘罩。

方案 2：弹簧可伸缩高压水冲洗可视自吸防尘装置。

七、最终确定方案

最终采用方案 2：弹簧可伸缩高压水冲洗可视自吸防尘装置。

（1）防尘罩分为固定罩和伸缩罩两部分，伸缩罩与固定罩的前端弹性伸缩配合。

（2）固定罩后端的腔体内设有隔离滤网，隔离滤网的中部设有与电钻主体的钻头直径相适配的通孔，隔离滤网将固定罩后端的腔体分为有尘腔和无尘腔，在无尘腔内设置涡轮扇叶。

（3）在有尘腔的底部设置集尘口，集尘口上安装储尘容器。利用隔离滤网将涡轮扇叶与有尘腔隔离开来，灰尘被集中抽入储尘容器，实现灰尘的快速抽吸收集，并且灰尘和钻孔碎屑不会影响涡轮扇叶的工作，结构设计简单合理，吸尘实用性强。

（4）伸缩罩与固定罩主体采用透明隔音材料，降噪效果更加突出。

（5）伸缩罩上设有刻度，能够直观反映钻孔深度，提高加工精度。

（6）利用清洗机构可在需要时对防护罩进行喷水清洗，便于观察钻孔状况。

电钻防尘降噪孔深可视装置结构示意图如图 3-46 所示，包括固定罩和伸缩罩。固定罩后端具有能够套设在电钻主体上的开口，且在该开口处设置与电钻主体紧固连接的固定夹。伸缩罩与固定罩的前端弹性伸缩配合，固定罩后端的腔体内设有隔离滤网，该隔离滤网的中部设有与电钻主体的钻头直径相适配的通孔。隔离滤网将固定罩后端的腔体分为有尘腔和无尘腔，在无尘腔内设有可拆卸的安装于电钻主体的夹头上用于随转抽吸的涡轮扇叶，且在固定罩的后端设有位于涡轮扇叶后部的排风孔，在有尘腔的底部设有集尘口，储尘容器与集尘口螺纹连接，储尘容器的底部还设有端盖。伸缩罩包括具有空腔的伸缩罩主体、主体前端的喇叭罩和设于伸缩罩主体空腔内的弹簧。固定罩的前端伸入伸缩罩主体的空腔，并能在伸缩罩主体的空腔内前后滑动来压缩、释放弹簧，在固定罩的前端还具有与伸缩罩主体相配合的限位挡边。

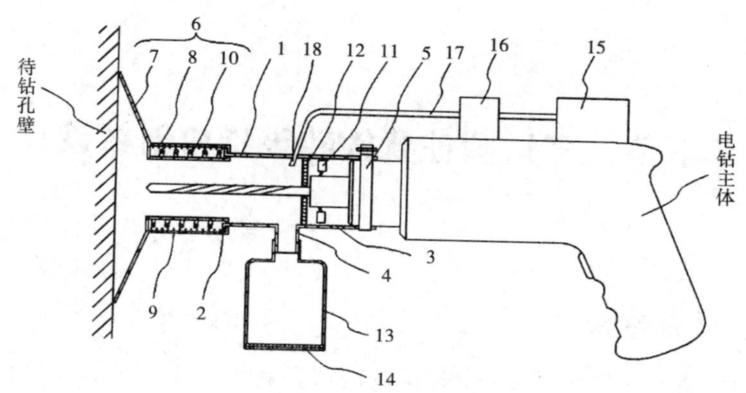

图 3-46　电钻防尘降噪孔深可视装置结构示意图

1—固定罩；2—限位挡边；3—排风孔；4—集尘口；5—固定夹；6—伸缩罩；7—喇叭罩；8—伸缩罩主体；9—刻度；10—弹簧；11—涡轮扇叶；12—隔离滤网；13—储尘容器；14—端盖；15—储水箱；16—微型水泵；17—喷水管；18—喷嘴

伸缩罩和固定罩均采用透明消音材料制作。伸缩罩主体外壁上设有刻度，固定罩的前端设有与上述刻度相配合的位置标记。

清洗机构包括储水箱、微型水泵和喷水管。微型水泵的进水口与储水箱相连接，出水口与喷水管相连接，喷水管的喷嘴伸入固定罩的腔体，用于对固定罩和伸缩罩进行清洗。

本“电钻防尘降噪孔深可视装置”能克服现有电钻辅助功能装置存在的结构设计和功能配合不合理导致的实用性较差等不足，提供了一种新型的技术方案：利用隔离滤网将涡轮扇叶与有尘腔隔离开来，灰尘被集中抽入储尘容器，实现了灰尘的快速抽吸、收集，并且灰尘和钻孔碎屑不会影响涡轮扇叶的工作，结构设计简单合理，吸尘实用性强。伸缩罩与固定罩的主体采用透明隔音材料，降噪效果更加突出；伸缩罩上设有刻度，能够直观地反映钻孔深度，提高加工精度；利用清洗机构可在需要时对防护罩进行喷水清洗，便于观察钻孔状况；各个功能能够协同配合，使用简单方便。

第五节　多层圆柱状旋转售货机创新设计

一、背景技术

自动售货机又被称为24小时营业的微型超市，是商业自动化的常用设备，它不受时间、地点的限制，能节省人力，方便交易，是一种全新的商业零售形式。目前国内常见的自动售货机有饮料自动售货机、食品自动售货机、综合自动售货机、化妆品自动售卖机等。市面上的自动售货机几乎都是矩形结构，通常仅有一面能够展示所售商品，商品的展示效果不佳，且内部空间利用率较低，储货量较少，不易存放尺寸差异较大的商品和出售易碎商品。

（一）问题描述

（1）展示效果不理想，储货量少。

目前，市面上绝大多数自动售货机都是矩形结构，如图3-47所示，通常仅有一面能够展示所售商品，商品的展示效果不理想，且售货机内部空间利用率较低，商品储货量少。

图 3-47　常见的自动售货机

（2）储货单元空间结构单一，无法满足不同商品的存储需求。

常见的自动售货机一般存放及出售固定尺寸的商品，不能灵活调整储货空间以适应尺寸差异较大的货物的存储及出售。

（3）出货方式简单粗暴。

顾客选定商品后，多数自动售货机中的商品直接从原位滑落或掉落至出货口，这样容易损坏商品，易碎商品不适合在此类售货机中出售。

（二）发明问题初始形势分析

1. 工作原理

常见的自动售货机结构如图 3-48 所示，工作流程是：用户选择商品，通过支付渠道付费，售货机识别确定后出货。

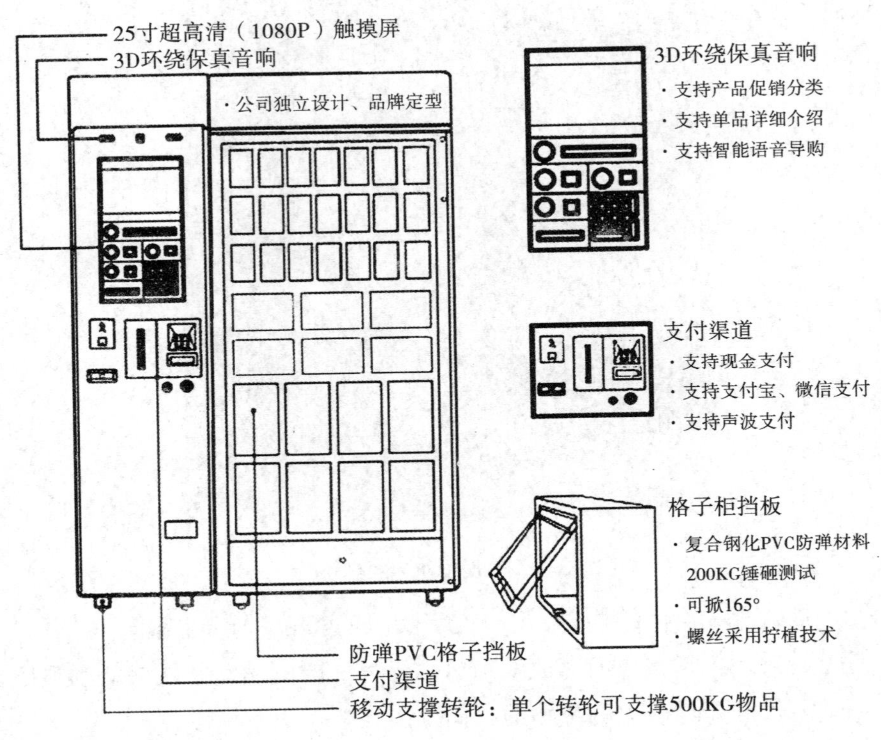

（a）

图 3-48　常见的自动售货机结构图

续 表

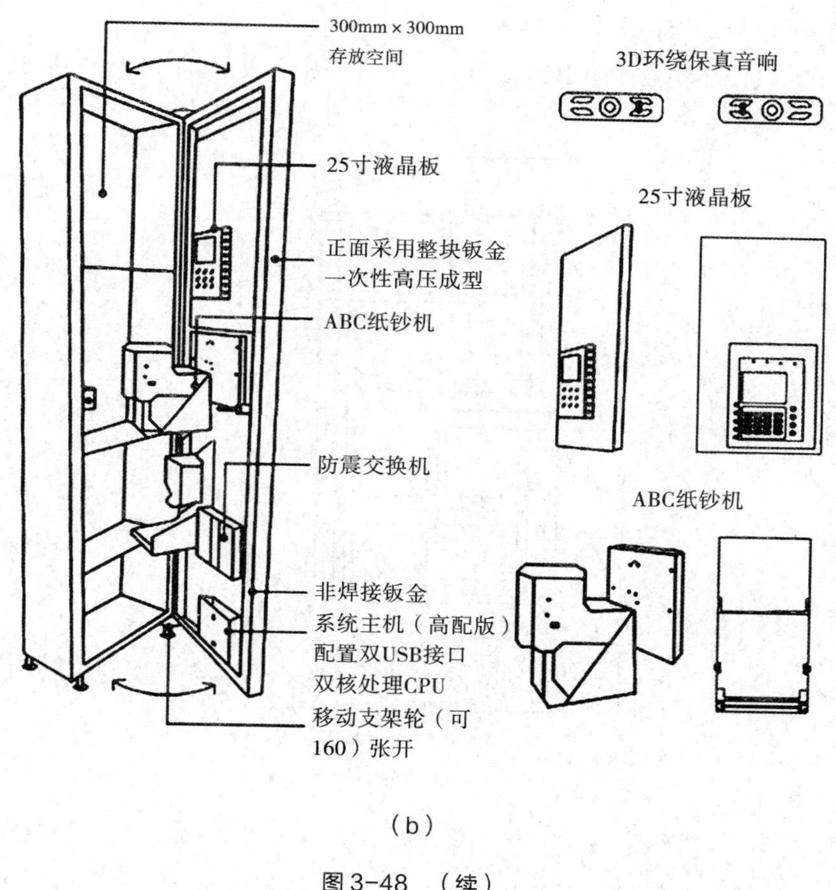

（b）

图3-48 （续）

2. 存在的主要问题

（1）如何提高展示效果，增大储货空间？

（2）如何方便存放尺寸差异较大的货物？

（3）如何实现准确、安全地取货、出货？

3. 目前的解决方案、类似产品的解决方案存在的问题和不足

在中国知网专利栏目中，以“旋转式”及“自动售货机”为主题进行检索，得到了一些相关信息。其中，专利“旋转式防盗取物口装置”的主题是阐述取货口如何防盗，与本项目无关。专利“具有旋转式广告板的自动售货

机”的主题是阐述把售货机上的广告板做成旋转式，与本项目无关。下面我们分析一种与本项目类似的案例：

张家口怀塑塑业股份有限公司的一项专利：一种旋转式自动售货机，如图 3-49 所示。

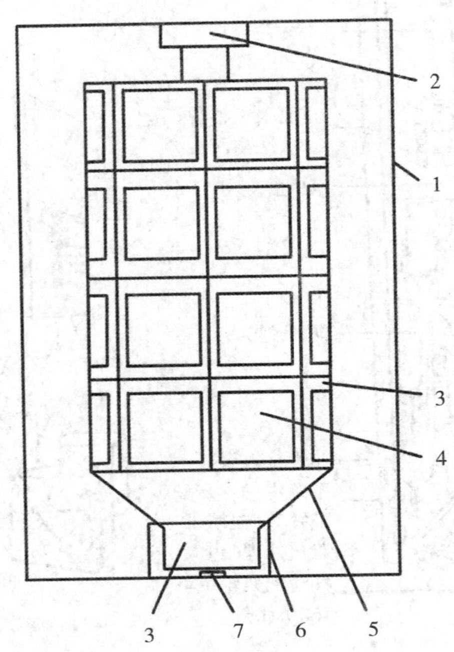

1—机身；2—驱动电机；3—展示外壳；4—展示门；5—出货通道；6—出货挡门；7—提手

图 3-49　一种旋转式自动售货机

该旋转式自动售货机有着圆柱形的机身，机身外部对称设有两个弧形的滑槽，滑槽内滑动连接弧形的扇门。机身的顶部设有驱动电机，驱动电机的输出轴连接棱台状的展示柜，展示柜内设有多个货柜架，货柜架内设有需要出售的商品。展示柜的顶部通过连接板连接展示外壳，展示外壳与展示柜之间的空腔形成了出货腔。展示外壳的底部设有出货通道，出货通道的底部连接出货口，出货口处设有铰接在机身上的出货挡门。该专利在一定程度上提高了自动售货机的商品展示效果和交互性，为自动售货机的升级换代提供了新的思路，但目前还没有能够很好地适用于圆柱形自动售货机的出货机构，商品还是直接滑落至出货口，容易损坏。

二、系统分析

（一）九屏幕分析

结果见表 3-11。

表3-11　对系统进行九屏幕分析

超系统的过去露天广场	超系统车站、地铁口、商业街	超系统的将来绿色城市
当前系统的过去 柜台	当前系统 自动售货机	当前系统的 将来智能型售货机
子系统的过去 隔板、滑道	子系统 置物平台、出货轨道	子系统的将来 可控平台、出货轨道

（1）从超系统方面考虑，得出如下创意：

创意 1：车站、地铁口、商业街等场所四面八方都有人员流动，应使客流人员很方便地从不同角度看到自动售货机内的商品，以增加销售量。售货机展示窗口做成圆形，360 度无死角。

创意 2：自动售货机中的商品应多样化，满足车站、地铁口、商业街等场所的客流人员中不同人群的需求。

创意 3：售货机的占地面积要小，以减轻城市繁华地区空间的负担。

（2）从子系统方面考虑，得出如下创意：

创意 4：自动售货机置物平台可控，利于理货人员按商品类别补放商品。

创意 5：自动售货机出货轨道可控，利于出售玻璃瓶等包装的易碎商品。

（二）资源分析

对技术系统和环境资源进行分析，结果见表 3-12。

表3-12　技术系统和环境资源分析

资源类型	系统内	环 境
物质	柜体、置物平台、出货口	人、建筑物
能量	势能、机械能	人的体能、电能、机械能
空间	柜体内	售货机所处的外部空间
时间	售货时间、补货时间	非使用时间
信息	尺寸大小、出货速度、商品完整性、温度、湿度	需要自动售货机的场所
功能	存储、售卖	拿取、存放

创意 6：从能量角度考虑，采用组合原理，利用机械能与电能完成自动出货。

创意 7：从空间角度分析，柜体内置物平台以外的空间可以充分利用。

创意 8：从空间角度分析，自动售货机所处的外部空间——地面空间不一定很宽敞，但纵向空间可充分利用，所以可以利用多层置物平台增加存储商品的数量。

创意 9：从时间角度考虑，补货时需要置物平台低一些，方便存放商品。

三、TRIZ 工具

（一）物理矛盾

为减少补货次数、减少维护人员的工作量，自动售货机的体积要大，以保证商品存储量充足，但车站、地铁口、商业街等场所客流量大，自动售货机体积庞大加大了拥挤的程度。这就造成了自动售货机体积既要大又要小的一组物理矛盾。对此，可采用空间分离方法解决问题。适合空间分离的发明原理：分割、抽取、局部质量、增加不对称性、嵌套、一维变多维。

创意 10：利用“一维变多维”原理，延长纵向空间，增加置物平台的数量。

创意 11：利用圆柱体中心空间将其他附件嵌入。

（二）技术矛盾

（1）自动售货机纵向尺寸增加，高度增加，整个柜体重心上升，稳定性、强度、可靠性都会受到影响。

创意 12：根据创新原理“曲面化”，将柜体制作成圆柱形。

创意 13：根据创新原理“动态化”，把柜体及置物平台分成几个部分，各部分之间可相对改变位置。

创意 14：根据创新原理“动态化”，将固定不动的柜体、置物平台改为可动的，使售货机可整体旋转。

创意 15：根据创新原理“机械系统替代”，引入电力，替代人力完成柜体的旋转及置物平台相对位置的改变。

（2）为了保证柜体和置物平台旋转及改变相对位置的可靠性，必然要控制旋转速度。提取工程参数：可靠性、速度。查矛盾矩阵表，结果见表 3-13。

表3-13　矛盾矩阵表2

改善的参数	恶化的参数
	速度
可靠性	

创意 16：根据创新原理“事先防范”，给置物平台加装隔板，预防离心力造成的商品向水平方向移动，以免发生撞击、堆积等现象。

（3）物—场分析。

①圆柱形的柜体及带有隔板的置物平台改变相对位置，除了上下移动外还需要转动，转动时圆环形的置物平台内环与中间的柜体支撑柱会有很大的

摩擦，造成平台的磨损。建立物—场模型，如图 3-50 所示。

创意 17：在支撑柱与置物平台内环之间加入轴承，增大润滑效果，保证转动顺畅，减少磨损。

创意 18：引入齿轮传动机构，减小摩擦力的有害作用，使得柜体及置物平台的旋转更为顺畅。

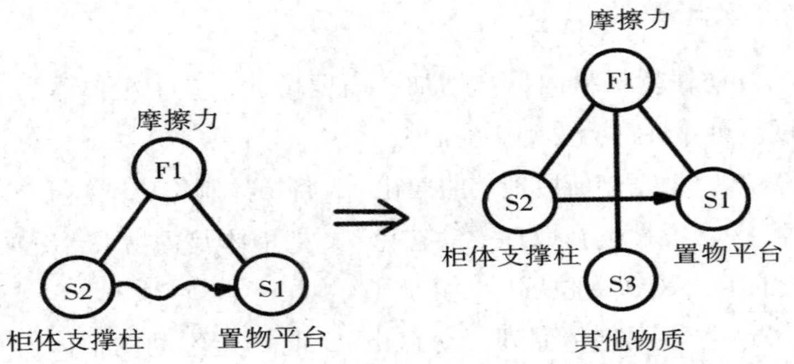

图 3-50　物—场模型 1

②顾客选定商品后，多数自动售货机中的商品直接从原位滑落或掉落至取货口，这样容易损坏商品，不适于出售易碎物品。建立物—场模型，这是一个不完整且有害的物—场模型，增加物质（取货板）进行完善，但由于重力作用取货板无法支撑商品不下落，所以引入电动力增强作用，建立并联增强型物—场模型，如图 3-51 所示。

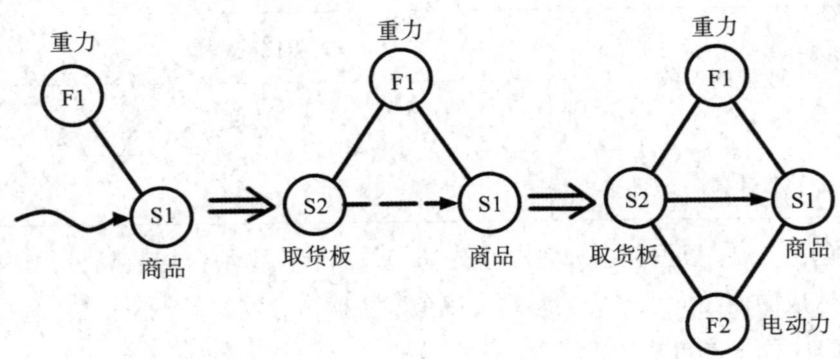

图 3-51　物—场模型 2

创意 19：履带式取货板，电动力驱动履带输送售卖商品至取货口。

创意20：木质取货板，电动力驱动传动机构带动取货板及售卖商品至取货口。

③售卖商品不会从隔板层上自动移动到取货板上，需要有外力推动。建立物—场模型并向串联式复合物—场模型转换，以增加作用，如图3-52所示。

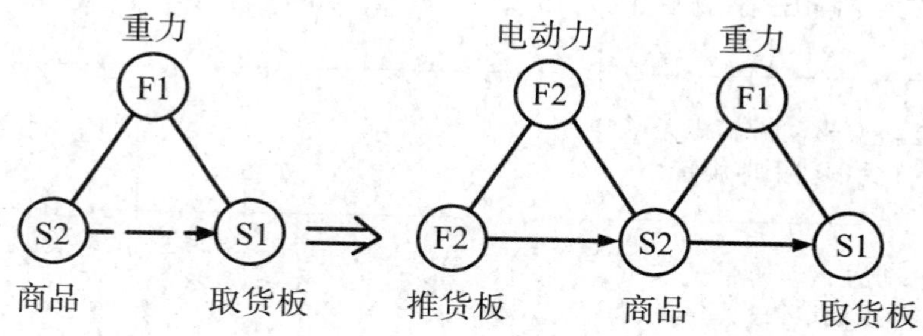

图3-52　物—场模型3

创意21：引入电动力驱动传动机构给推货板向前的推力，推动商品由隔板层移动到取货板上。

创意22：为保证取货的准确性，推货板与取货板同时升降。

四、技术方案整理与评价

（一）全部技术方案及评价

采用平衡记分卡方法，对上述22个创意进行筛选，由于有些创意基本相同，共整理出7个创意，见表3-14。评价指标与评分标准由小组成员集体协商。评分最高的若干创意方案作为实际设计时的重点考虑方案。

表3-14　创意筛选平衡记分卡

创意编号	关键词	评价指标					总评分
		新颖性	实用性	美观性	制造成本	技术难度	
1	圆柱形柜体	9	9	9	9	5	41

续　表

创意编号	关键词	评价指标					总评分
		新颖性	实用性	美观性	制造成本	技术难度	
2	多层带隔板式置物平台	5	8	8	6	8	35
3	电动力驱动齿轮齿条啮合带动柜体旋转	8	8	8	5	4	33
4	电动力驱动履带式取货板输送售卖商品	5	5	5	8	7	30
5	电动力驱动木质取货板在丝杆上升降至不同高度取货	8	8	7	6	5	34
6	电动力驱动推货板与取货板同步升降	9	9	9	6	6	39
7	利用圆柱形柜体中心空间放置支撑柱、电机等附件	6	9	8	8	8	39

经过筛选，得出如下方案：

方案 1：将自动售货机制作成圆柱形，支撑部分放在圆柱中心。

方案 2：制作多层旋转隔板架，分别控制。

方案 3：电动力通过齿轮齿条传动机构带动隔板架旋转。

方案 4：电动力驱动取货板及推货板沿丝杆同时升降。

（二）最终确定方案

（1）本“多层圆柱状旋转售货机”采用圆柱状结构，利用层架分隔为多层，每层通过旋转隔板架构成商品储仓，使商品能够 360° 直观展示，商品存放数量多，空间利用率高。

（2）本“多层圆柱状旋转售货机”的旋转隔板架上设有内齿，采用旋转电机驱动齿轮与内齿配合传动，带动旋转隔板架稳定旋转，结构简单紧凑，动作稳定可靠，便于控制，且可插拔的旋转隔板可根据需求进行调节，以储放不同形状和尺寸的货物。

（3）本“多层圆柱状旋转售货机”的升降驱动机构采用丝杆螺母机构带动取货机构和推货机构升降，且取货机构和推货机构同步升降，升降动作稳定可靠，传动结构简单紧凑，避免了售货时商品直接滑落或掉落至出货口所导致的商品变形和损坏，从而可将自动售货机的售货范围扩大至易碎商品。

（4）本“多层圆柱状旋转售货机”的取货机构采用取货托板和挡板结构，挡板能够在推力作用下以转动方式向侧边打开；推货机构采用前推驱动器和推板结构，且前推驱动器具有两级推出行程。取货机构的挡板能有效防止出货过程中商品滑落的问题，出货稳定可靠。

具体工作原理如下如图 3-53 ～图 3-56 所示。

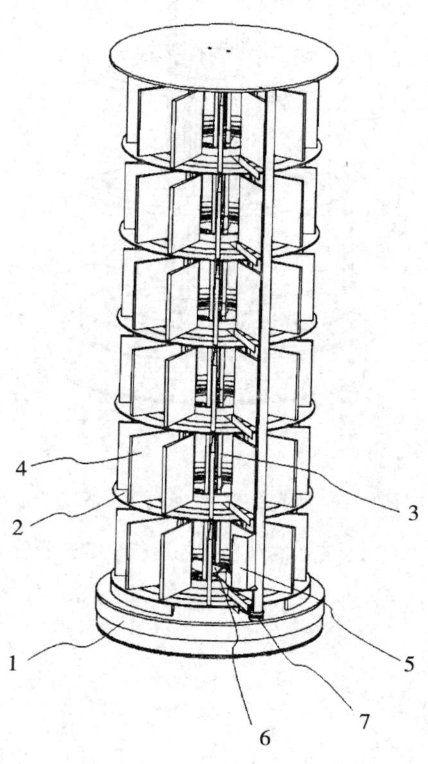

1—底座；2—层架；3—支架；4—旋转隔板架；5—取货机构；6—推货机构；7—升降驱动机构

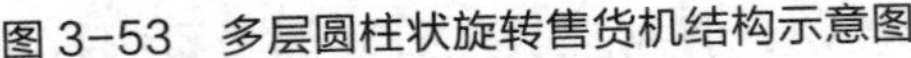

图 3-53　多层圆柱状旋转售货机结构示意图

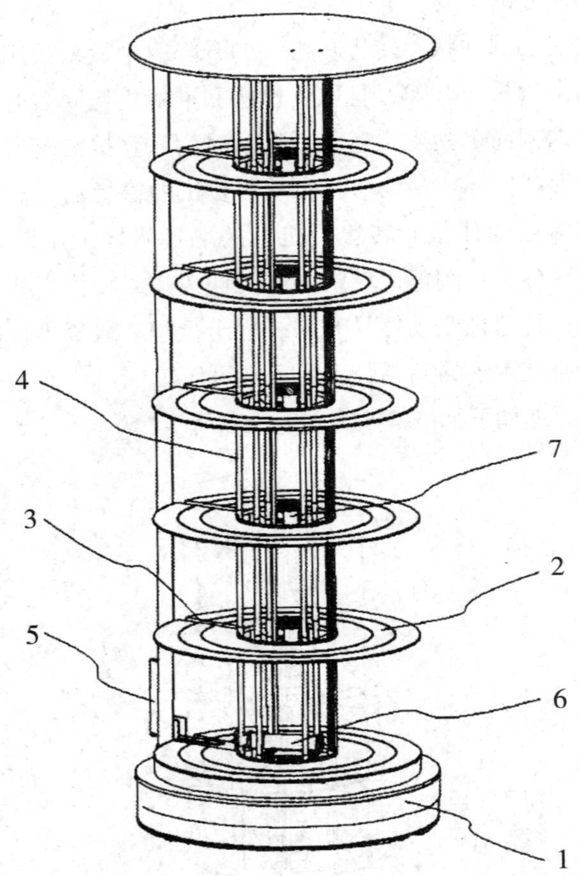

1—底座；2—层架；3—缺口；4—支架；5—取货机构；6—推货机构；7—旋转驱动机构

图 3-54　无旋转隔板架的售货机结构示意图

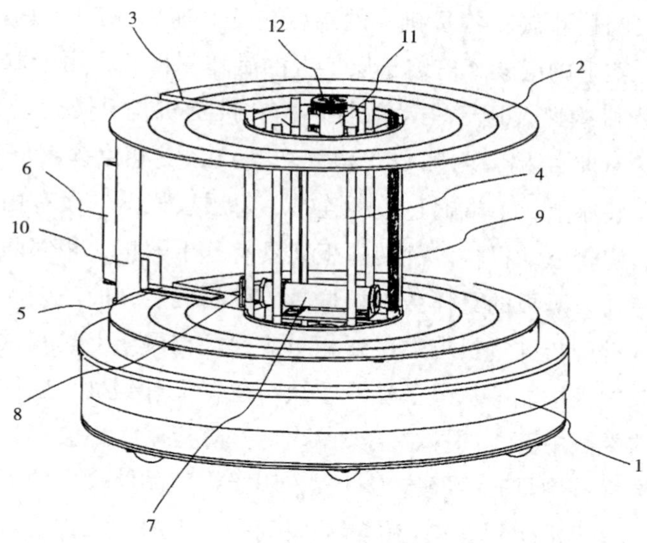

1—底座；2—层架；3—缺口；4—支架；5—取货托盘；6—挡板；7—前推驱动器；8—推板；9—第一丝杆；10—第二丝杆；11—旋转电机；12—电机齿轮

图 3-55　取货机构和推货机构结构示意图

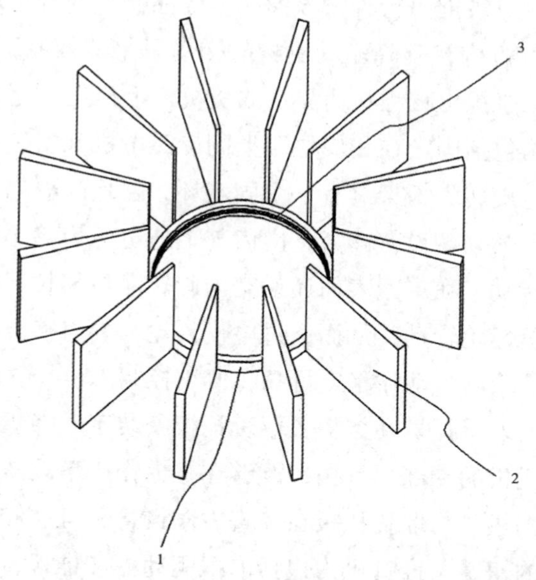

1—固定环；2—隔板；3—内齿

图 3-56　出货机构中的旋转隔板架结构示意图

本“多层圆柱状旋转售货机”的结构包括底座、固定于底座上的支架、间隔安装于支架上的层架、安装于层架上的旋转隔板架、用于取出商品的取货机构和推货机构以及用于驱动取货机构和推货机构升降运动的升降驱动机构。层架为环形结构，内侧与支架固定连接，支架由多根竖杆构成，竖杆下端固定在底座上，上端通过盖板连接，每层层架上均设有用于带动旋转隔板架转动的旋转驱动机构。旋转隔板架具有若干隔板，相邻两个隔板和层架围成商品储仓，隔板的具体数量根据具体商品确定，商品较大，则隔板数量较少。取货机构与推货机构的位置相对应，且在层架上具有供取货机构通过的缺口，取货机构能够从最下端沿着缺口位置上升到最上层位置。推货机构位于层架的内侧中部，同样在层架的内侧升降运动，不会产生运动之间的干涉，并且推货机构具有两级推出行程，用于将商品储仓内的商品推到取货机构上，并在取货机构到达指定位置后将商品推出取货机构进行出货。出货时，用户选定对应的商品，系统控制该商品所在层上的旋转隔板架转动，带动用户指定的商品旋转到取货机构升降位置，然后升降驱动机构带动取货机构和推货机构一起上升到该商品所在层的高度，推货机构刚好位于该指定商品的后部，利用第一级推出行程将该商品从商品储仓内推至取货机构上，之后取货机构和推货机构在升降驱动机构的带动下带着商品下降到出货位置，推货机构利用第二级推出行程将商品从取货机构上推出，完成商品的出货。

旋转驱动机构包括固定在相应层架上的旋转电机和安装在旋转电机输出轴上的电机齿轮。旋转隔板架具有一个固定环，隔板间隔均匀地固定于固定环的外周，固定环的内侧设有内齿，内齿与上述电机齿轮相啮合。为了保证旋转隔板架稳定转动，在层架表面还设有与旋转隔板架相配合的滑槽。利用旋转电机驱动电机齿轮转动，从而通过电机齿轮与内齿啮合来带动旋转隔板架旋转，结构简单紧凑，动作稳定可靠，便于控制。

取货机构包括取货托板和挡板，取货托板安装于升降驱动机构上，挡板活动安装于取货托板的端部，且挡板能够在推力作用下以转动方式向侧边打开。具体来讲，挡板可与取货托板在竖直方向铰接，且在铰接处设有控制挡板处于关闭状态的扭簧。推货机构包括前推驱动器和推板，前推驱动器安装于升降驱动机构上，推板安装于前推驱动器的驱动端，且推板朝取货托板所在的位置移动。前推驱动器可采用电动推杆等。取货机构的挡板有效避免了出货过程中商品滑落的问题，出货稳定可靠。另外，升降驱动机构包括驱动电机、传动机构、第一丝杆和第二丝杆，第一丝杆和第二丝杆竖向安装在底座上。推货机构安装于第一丝杆上，随第一丝杆的旋转进行升降运动，取货机构安装于第二丝杆上，随第二丝杆的旋转进行升降运动。驱动电机安装在底座内，通过传动机构分别连接第一丝杆和第二丝杆，用于带动第一丝杆和第二丝杆同步转动。传动机构采用同步带传动机构，升降动作可靠稳定，且传动结构简单紧凑。

第六节 多功能折叠凳创新设计

一、项目概述

（一）项目来源

人们出门钓鱼或者进行其他户外活动时，往往需要使用遮阳伞、水杯、折叠凳等用品，而零散携带这些物品有些不便。折叠凳是一种轻便、具有折叠功能的凳子，可以节约空间、随身携带，使用起来方便快捷。目前，市面上销售的折叠凳种类繁多，但通常只具有坐具的功能，而普通的折叠凳已经不能满足使用者的需求。鉴于此，设计一种多用途、便携式的折叠凳，具有一定的创新性、实用性，具备一定的市场推广前景。

（二）问题描述

1.折叠凳折叠后不够紧凑

目前，市场上的折叠椅子一般易折叠、材质轻便、便于携带，但是该种折叠椅子不能够完全折叠，折叠以后部分方向的尺寸没有太大变化。

2.折叠凳功能单一，不兼顾其他功能

目前，一般的折叠凳只具有坐具的功能，而当人们进行钓鱼、郊游等户外活动时，往往还需要使用遮阳伞、水杯等用品，零散携带这些物品有些不便。

3. 遮阳伞安装固定需要其他配件，不方便

一般情况下，人们进行钓鱼等户外活动时，折叠凳和遮阳伞是分开使用的，尤其是使用遮阳伞时，往往需要与一定的配件配合使用。

（三）发明问题初始形势分析

1. 工作原理

折叠凳在折叠过程中利用了四边形的不稳定性，可以随意折叠，使用其功能的时候利用了三角形的稳定性。

2. 存在的主要问题

（1）如何使折叠凳完全折叠后形状更加紧凑、所占空间更小？

（2）如何能将遮阳伞、水杯等用品的存储空间设计在凳子上？

（3）如何将遮阳伞直接安装在凳子上来遮阳避雨？

3. 目前的解决方案、类似产品的解决方案存在的问题和不足

为满足使用者的需求，现已出现多功能折叠凳。在中国知网进行专利查询，以“折叠椅”及“伞”为条件进行检索，检索结果如图 3-57 所示。

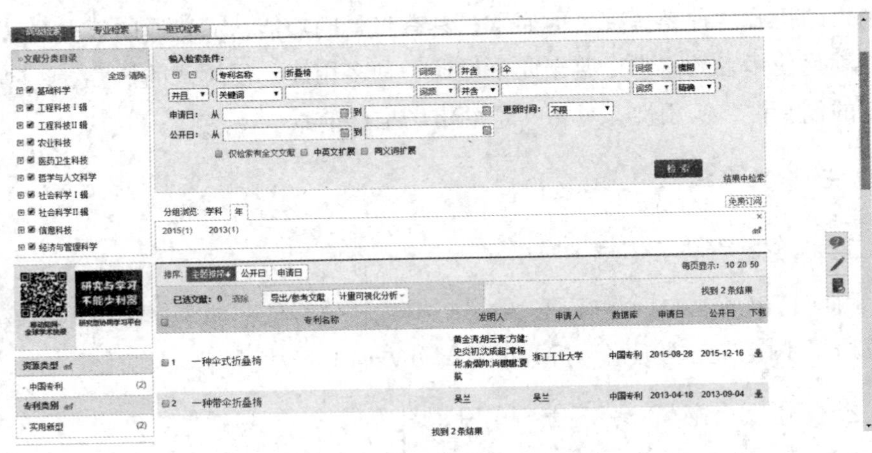

图 3-57　相关专利检索结果图

（1）申请号为 CN201520656437.0，名称为“一种伞式折叠椅”的专利，包括软质椅面、支撑腿、主杆。支撑腿铰接于主杆下方，主杆为中空结构，内部安装有连接杆，相对于连接杆上端开设有竖向的通槽。主杆与连接杆铰接，椅面支撑连杆一端与椅面支撑杆铰接，另一端与主杆铰接，支撑腿连杆一端与支撑腿铰接，另一端与连接杆下端铰接，软质椅面与椅面支撑杆固定连接。该专利通过安装在主杆内部的连接杆的上下移动实现椅面支撑杆与支撑腿的收折，收折时为杆状，展开后放置到地面上，通过机械结构自身的连接，不需要另外的锁紧固定装置即可变为撑开状态，方便易用。该专利突出的是椅子展开和收拢的方便性，没有过多其他用途。

（2）申请号为 CN201320207431.6，名称为“一种带伞折叠椅”的专利，包括折叠椅、折叠伞，结构如图 3-58 所示。折叠椅和折叠伞之间通过固定锁块进行连接，折叠椅的一端设有底座，另一端设有伸缩支架，折叠伞的一端设有伞布，另一端设有立杆，伸缩支架的一侧连接有脚垫，另一侧设有固定支点。在折叠椅的一个支点处设有一个立杆，立杆上面设有一个可以随意拆卸或者固定折叠伞的固定锁块，方便在使用折叠椅的同时享受折叠伞带来的乐趣，实用性强、使用灵活、设计新颖，是一种较好的创新方案，有市场推广前景。但是，该折叠椅不能完全折叠，折叠以后所占据的空间仍然较大，并且该折叠椅虽然能够安装遮阳伞，但遮阳伞以及水杯等物品需要单独携带，比较杂乱，使用起来不方便。

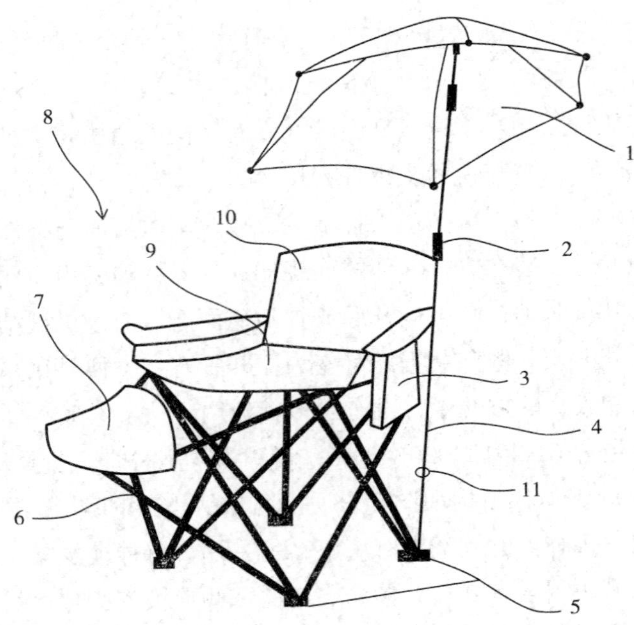

1—折叠伞；2—固定锁块；3—座椅袋；4—立杆；5—固定支点；6—伸缩支架；7—脚垫；8—折叠椅；9—底座；10—靠背；11—伸缩块

图 3-58　一种带伞折叠椅结构示意图

在中国知网进行专利查询，以“折叠凳”及“伞”为条件进行检索，没有检索到相关专利，如图 3-59 所示。

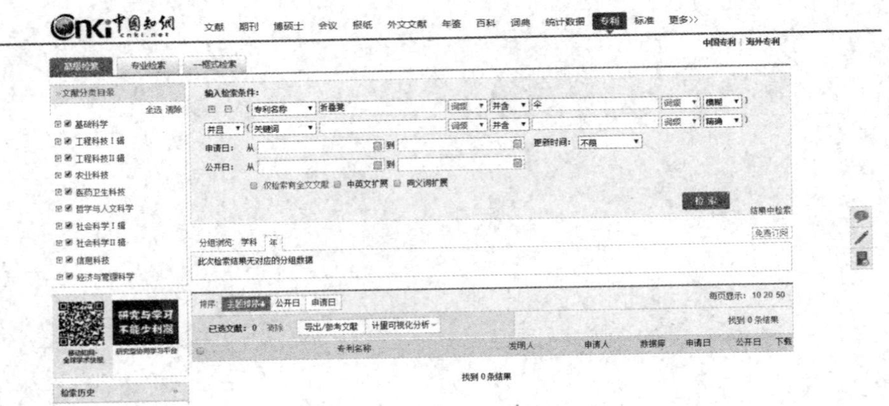

图 3-59　相关专利检索结果图

二、系统分析

用鱼骨图进行因果分析，如图 3-60 所示。

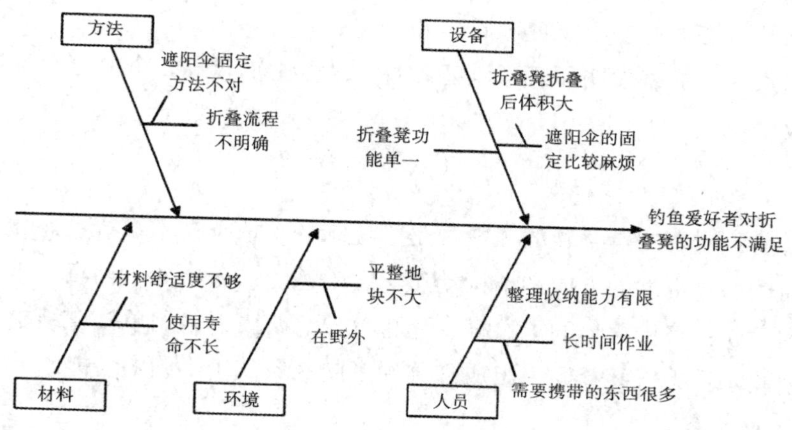

图 3-60　用户抱怨折叠凳功能原因分析鱼骨图

经过分析图 3-60 所示信息，发现产生问题的主要原因有以下几点：

（1）折叠凳折叠后不够紧凑。

（2）折叠凳功能单一。

（3）遮阳伞安装固定需要其他配件，不方便。

（4）钓鱼爱好者需要携带的东西多，比较凌乱。

因此，需要设计一种体积小、用途多，能收纳水杯、遮阳伞等物品，并能方便地安装遮阳伞，实现遮阳、避雨的折叠凳。

三、运用 TRIZ 工具解决问题

1. 技术系统进化法则（提高理想度）

技术系统沿着提高理想度向最理想系统方向进化。系统能量消耗为零，实现的功能数量无限大。

创意 1：增加系统的功能，在折叠凳提供的支撑功能的基础上增加收纳箱的收纳功能。

2. 物理矛盾

凳子是钓鱼时必不可少的休息用具，能提供合适高度的支撑，便于垂钓者休息，但凳子要方便携带。由此就造成了携带时需要凳子很小，使用时又需要凳子足够大的一组物理矛盾。

创意 2：根据发明原理“动态特性”，将凳子分成几个部分，各部分之间可改变位置。

3. 技术系统进化法则（动态化）

目前，所有的折叠凳的凳腿都是刚性结构，依据技术系统动态化进化法则，向增加自由度的方向和结构动态化方向进化，得出如下创意：

创意 3：将折叠凳的支撑杆（凳腿）分为两段，采用单铰链结构。

创意 4：为折叠凳同一组成部分的不同区域赋予不同的性能。

4. 技术矛盾

（1）折叠凳打开后要有足够的高度和支撑面积，这样垂钓者坐上去才会舒适，但折叠后体积小巧才更便于携带。折叠后很小，打开后又要足够大，必然会使凳子的结构复杂化。提取工程参数：静止物体的体积、可操作性和装置的复杂性。

创意 5：根据创新原理“分割”，将折叠凳分割成多个组成部分。

创意 6：根据创新原理“多孔材料”，将部分结构制成空腔。

创意 7：根据创新原理“多维化”，将物体的运动由一维变为二维或由二维变为三维，将单一垂直方向的折叠变为水平、垂直两个方向的折叠。

（2）将折叠凳的部分结构制成空腔，其强度会受到影响。提取工程参数：形状和强度。

创意 8：根据创新原理“柔性外壳或薄膜”，凳面采用柔性材料。

创意 9：根据创新原理“曲面化”，凳子上的横杆做成圆柱形。

创意 10：根据创新原理“预先作用”，凳子底座预先留出凹槽。

创意 11：根据创新原理“复合材料”，折叠凳由用单一材料“木材或钢材”制作转换为用多种复合材料制作。

四、技术方案整理与评价

方案 1：利用凹槽及铰链机构，实现横向、纵向双向折叠。

两横杆沿长边方向分别设置凹槽，两底座也沿长边方向分别设置凹槽，两凹槽在同一侧的横杆和底座拼接后形成完整的容纳腔。折叠时，每组支撑单元的支撑杆连接端由滑槽滑移到位于同一侧的底座和横杆上，并收缩折叠到上述容纳腔内。两底座长边上还设有能够互相配合的卡接部，卡接部采用凸起与凹槽相配合的方式，装配好，折叠后，体积更小。

方案 2：在横杆上设置容腔，增加收纳功能。

第一横杆上设有用于放置折叠伞的容腔一，容腔一上设有折叠伞安装开口，第二横杆上设有用于放置水杯的容腔二，容腔二上设有便于取出水杯的取杯口，便于存储、拿取物品（伞、水杯），如图 3-61 所示。

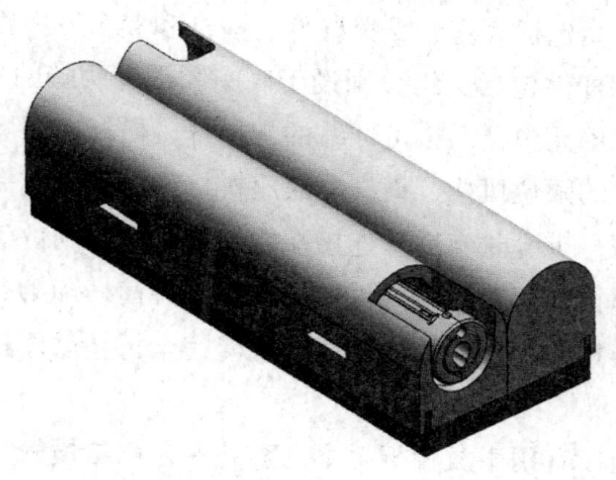

图 3-61　折叠凳收拢图

方案 3：在第一容腔上嵌套折叠伞安装槽，方便折叠伞的安装固定。

第一横杆上设有与折叠伞伞柄相配合的折叠伞安装槽，便于插接、固定撑开的折叠伞，同时适当配置配重块以增加牢固性，如图 3-62 所示。

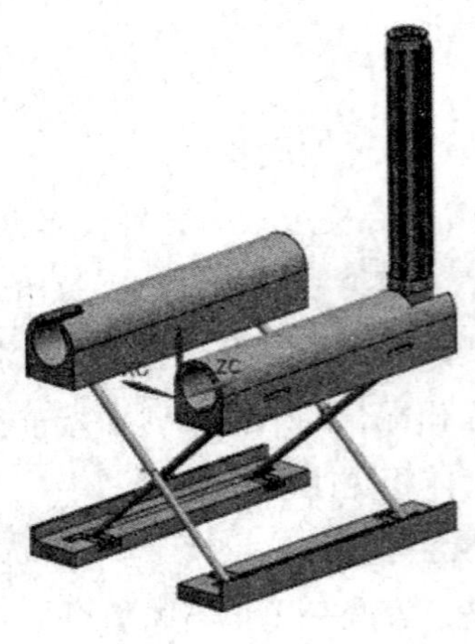

图 3-62　折叠凳展开及折叠伞撑开图

专利预案：

多功能折叠凳包括底座、支撑杆件、横杆和凳布。底座包括第一底座和第二底座，支撑杆件包括两组分别设于底座和横杆两端的呈“X”形的支撑单元，每组支撑单元包括两根可伸缩的支撑杆，横杆或底座上设有能够限制支撑杆转动角度的限位机构，横杆和底座拼接后能够形成完整的容纳腔。底座上还设有滑槽，折叠时支撑杆连接端能由滑槽滑移到位于同一侧的底座和横杆上，并收缩折叠到容纳腔内。横杆包括第一横杆和第二横杆，凳布上设有能够与横杆连接的凳布连接机构。折叠凳完全折叠后体积很小，且整齐美观，便于携带。

第一横杆上设有用于放置折叠伞的容腔一，第二横杆上设有用于放置水杯的容腔二，使用者可将水杯和折叠伞收纳在横杆内，不占用其他空间。第一横杆上还设有能够插接折叠伞的安装槽，便于折叠伞安装在第一横杆上，从而方便使用者在钓鱼等情况下使用折叠伞，不需自己撑伞。第一横杠上设有折叠伞安装开口，第二横杆上设有取杯口，便于使用者放置和取出折叠伞和水杯，实用性强。

五、最终确定方案

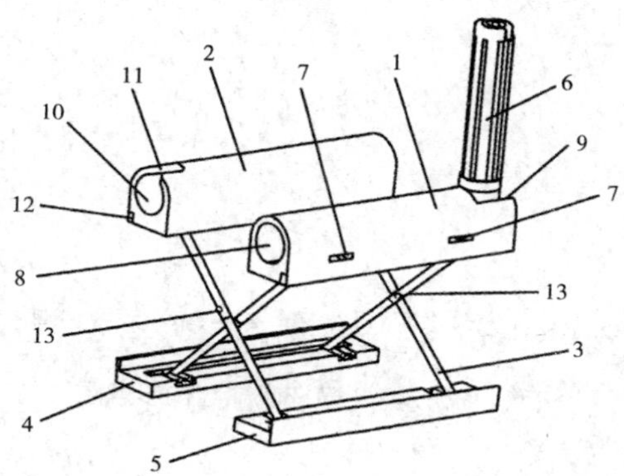

1—第一横杆；2—第二横杆；3—支撑杆；4—第二底座；5—第一底座；6—折叠伞；7—第一卡槽；8—容腔一；9—折叠伞安装开口；10—容腔二；11—取杆口；12—第二安装槽；13—定位支撑球

图 3-63　整体结构示意图

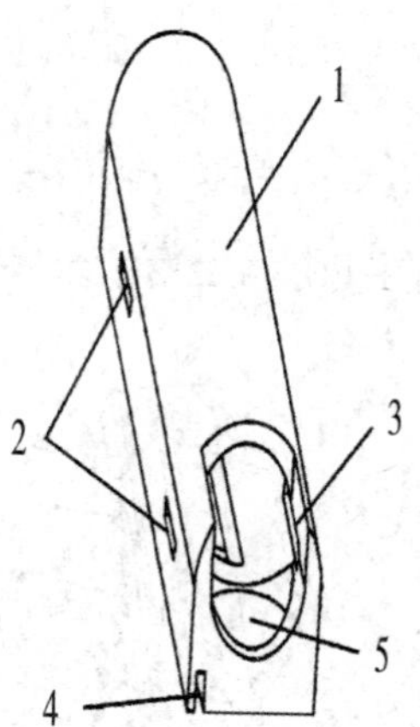

1—第一横杆；2—第一卡槽；3—折叠伞安装开口；4—第一安装槽；5—折叠伞安装槽

图 3-64　第一横杆结构示意图

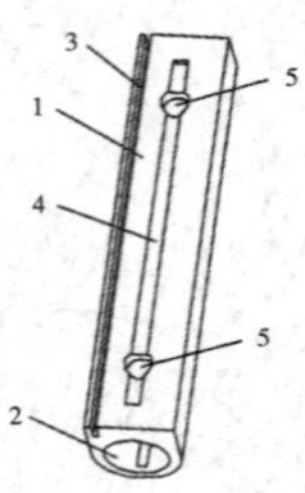

1—第一横杆；2—容腔一；3—第一安装槽；4—右半第一凹槽；5—球头固定槽一

图 3-65　第一横杆底部结构示意图

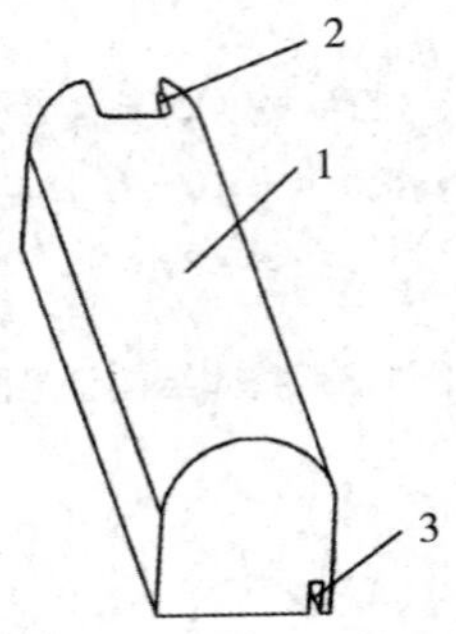

1—第二横杆；2—取杆口；3—第二安装槽

图 3-66　第二横杆结构示意图

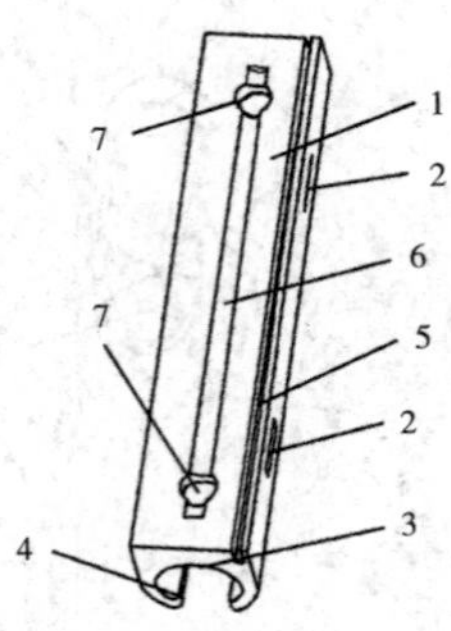

1—第二横杆；2—第二卡槽；3—容腔二；4—取杆口；5—第二安装槽；6—左半第一凹槽；7—球头固定槽二

图 3-67　第二横杆底部结构示意图

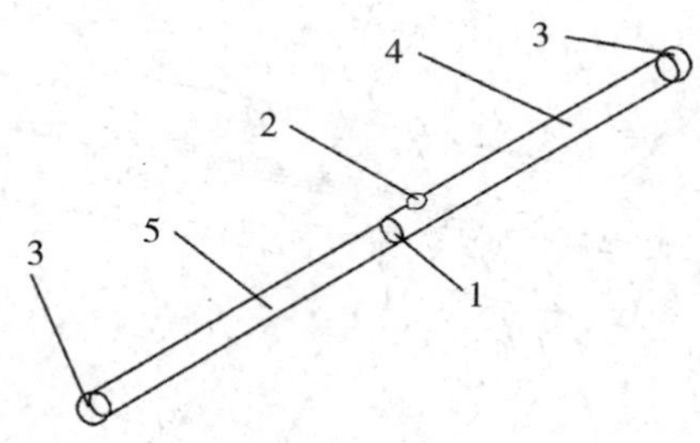

1—支撑杆；2—定位支撑球；3—球头；4—连接杆一；5—连接杆二

图 3-68　支撑杆结构示意图

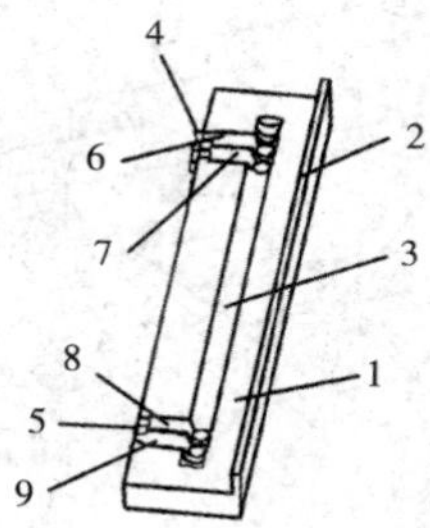

1—第一底座；2—第三凸起；3—右半第二凹槽；4—第四凸起；5—第二插接槽；6—滑道五；7—滑道六；8—滑道七；9—滑道八

图 3-69　第一底座结构示意图

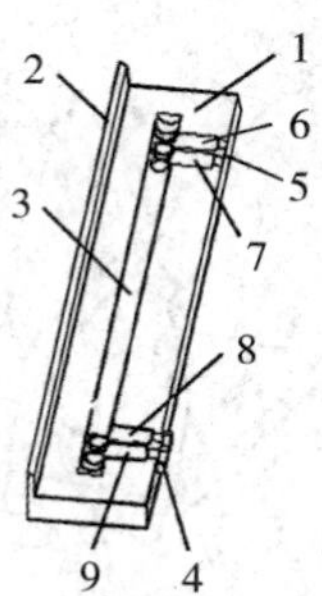

1—第二底座；2—第一凸起；3—左半第二凸槽；4—第二凸起；5—第一插接槽；6—滑道一；7—滑道二；8—滑道三；9—滑道四

图 3-70　第二底座结构示意图

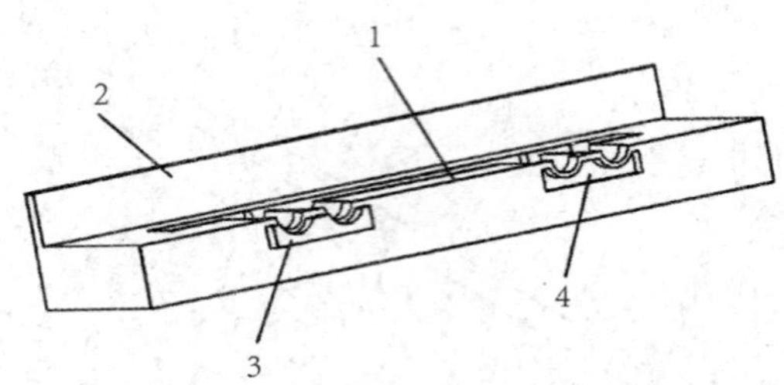

1—第二底座；2—第一凸起；3—第二凸起；4—第一插接槽

图 3-71　第二底座侧面结构示意图

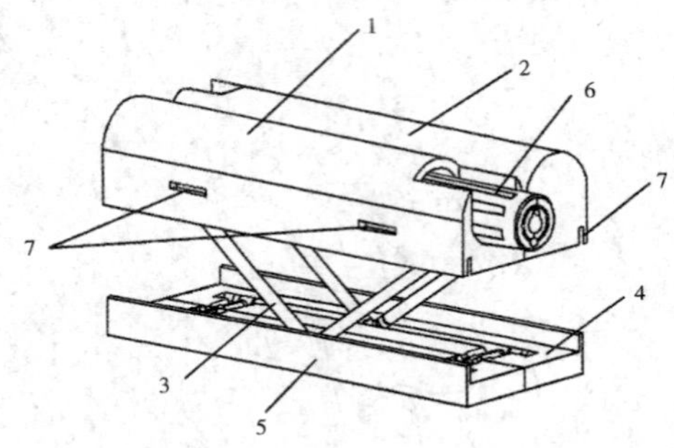

1—第一横杆；2—第二横杆；3—支撑杆；4—第二底座；5—第一底座；6—折叠伞；7—第二卡槽

图 3-72　半折叠状态示意图

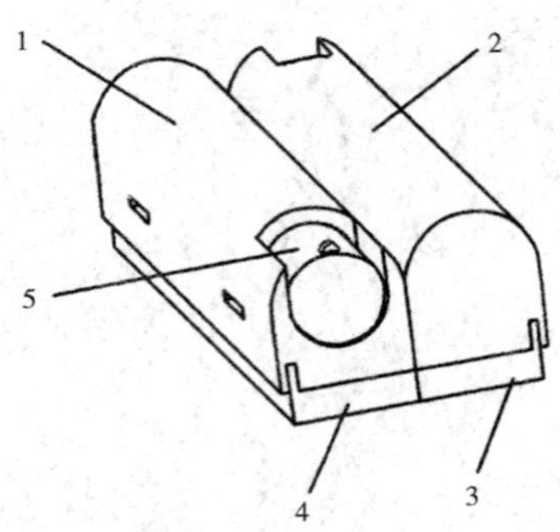

1—第一横杆；2—第二横杆；3—第二底座；4—第一底座；5—折叠伞

图 3-73　完全折叠状态示意图

如图 3-63 ～至图 3-73 所示，该多功能折叠凳的结构包括底座、支撑杆件、横杆以及凳布。其中，横杆包括相平行的第一横杆和第二横杆，凳布上设有能够分别与第一横杆和第二横杆连接的可拆卸的凳布连接机构，凳布连接机构包括分别设于第一横杆和第二横杆上的卡槽以及设于凳布上的卡扣，该卡扣能够分别与卡槽卡合，卡槽包括设于第一横杆上的第一卡槽和设于第二横杆上的第二卡槽，且第一卡槽和第二卡槽均至少设有一个。

底座包括相平行的第一底座和第二底座。第一底座和第二底座的长边上设有能够互相配合的卡接部，卡接部采用凸起与凹槽相配合的方式，如图 3-71 ～图 3-73 所示。卡接部包括设于第二横杆上的第二凸起和第一插接槽，以及设于第一横杆上的第四凸起和第二插接槽。第二凸起和第一插接槽沿第二横杆的长边方向布置，并且设于第二横杆的两端，第四凸起和第二插接槽沿第一横杆的长边方向设置，且第二凸起与第二插接槽插接配合，第一插接槽和第四凸起插接配合。

如图 3-67 所示，支撑杆件包括两组分别设于底座和横杆两端的呈 X 形的支撑单元，每组支撑单元均包括两根相互独立且可伸缩的支撑杆，每根支撑杆上均设有伸长固定机构，每组支撑单元的支撑杆均分别与对应的横杆和底座转动连接。伸长固定机构包括能够弹性伸缩的支撑球，且支撑杆包括至少两根连接杆，该支撑球设于相邻的两根连接杆之间，用于将两个连接杆固定在伸长状态，支撑球在两根连接杆之间的工作原理与现有的伸缩杆类似，如折叠雨伞的伸缩伞柄结构。在本作品中，连接杆设有两根，为连接杆一和连接杆二。此外，支撑杆两端还设有球头，其中一端的球头转动连接在横杆上，另一端的球头连接在底座上，该球头能够在横杆上转动，且能够在底座上滑动，同时支撑杆两端的球头均不能脱离横杆与底座。

第一横杆和第二横杆沿长边方向分别设有第一凹槽，同时第一底座和第二底座沿长边方向分别设有第二凹槽，该第一凹槽和第二凹槽在同一侧的横杆和底座拼接后形成完整的容纳腔。如图 3-63 ～图 3-65 所示，第一凹槽包括设于第一横杆底部的右半部分的第一凹槽和设于第二横杆底部的左半部分的第一凹槽，上述两个凹槽均开口向下，截面为半圆形。同时，如图 3-69、图 3-70 所示，第二凹槽包括设于第一底座上的右半部分的第二凹槽和设于第二底座上的左半部分的第二凹槽，右半部分的第二凹槽和左半部分的第二凹槽截面同样为半圆形，与前面两个凹槽不同的是，这两个凹槽均开口向上。当第一横杆与第一底座拼接后，右半部分的第一凹槽和右半部分的第二凹槽能够形成完整的容纳腔，该容纳腔可用于放置支撑杆。同样，当第二横杆与第二底座拼接后，左半部分的第一凹槽和左半部分的第二凹槽也能够形成完整的容纳腔。

如图 3-63 ～图 3-65 所示，第一底座和第二底座上还设有能够在第一底座和第二底座拼接后连通第二凹槽的滑槽，折叠时，每组支撑单元的支撑杆连接端由上述滑槽移动到位于同一侧的底座和横杆上，并收缩折叠到上述容纳腔内。滑槽设有四条，包括第一滑槽、第二滑槽、第三滑槽和第四滑槽。第一滑槽和第二滑槽设于第一底座上，且沿第一底座的长边方向设置在第一底座的两端，同时上述两个滑槽均与右半部分的第二凹槽连通；第三滑槽和第四滑槽相对应地设于第二底座上，且这两个滑槽均与左半部分的第二凹槽连通。第一滑槽和第四滑槽、第二滑槽和第三滑槽在第一底座和第二底座拼接后能够分别拼接成完整滑槽。如图 3-69、图 3-70 所示，第一滑槽包括滑道五和滑道六，滑道五和滑道六之间互不干涉。同样，第二滑槽包括滑道七和滑道八，第三滑槽包括滑道三和滑道四，第四滑槽包括滑道一和滑道二，对应的滑道能够互相配合。第一底座和第二底座拼接后，右半部分的第二凹槽与左半部分的第二凹槽连通，支撑杆能够沿滑槽滑动，便于支撑杆与底座配合的一端能够在第一底座和第二底座中变换位置，以实现展开或折叠的功能。折叠凳折叠后体积较小，占用空间较小，且完全折叠后较为整齐美观，便于携带。

横杆上设有能够限制支撑杆转动角度的限位机构，如图 3-65 和图 3-67 所示，该限位机构包括设于第一横杆底部的球头固定槽一和设于第二横杆底部的球头固定槽二，支撑杆的球头能够在上述两个凹槽内转动，同时支撑杆的球头的转动角度能够被限制在一定的范围内。采用该种结构能够限制折叠凳打开的角度，避免因折叠凳打开角度过大而不能使用，结构简单，实用可靠。

另外，如图 3-63、图 3-64 所示，该多功能折叠凳还包括折叠伞，且第一横杆上设有用于放置折叠伞的容腔，该容腔上设有折叠伞安装开口。同时，第一横杆上还设有能够插接折叠伞的折叠伞安装槽。此外，第二横杆上设有用于放置水杯的容腔二，容腔二上设有便于取出水杯的取杯口。使用者可将水杯和折叠伞收纳在横杆内，不占用其他空间，整齐便捷。此外，折叠伞能够安装在第一横杆上，方便使用者在钓鱼等情况下使用折叠伞，不需要自己撑伞；第二横杆上还设有取杯口，便于使用者放置和取出水杯，实用性高。

如图 3-63 ～图 3-70 所示，位于折叠凳同一侧的第一横杆与第一底座、位于折叠凳同一侧的第二横杆与第二底座之间还分别设有能够相互配合的横杆连接机构。横杆连接机构包括设于第一横杆上的第一安装槽、设于第二横杆上的第二安装槽、设于第一底座上的第三凸起和设于第二底座上的第一凸起。第一安装槽能够与第三凸起配合，第二安装槽能够与第一凸起配合，当折叠凳完全折叠时，该横杆连接机构能够使横杆和底座紧密连接在一起，使折叠后的折叠凳成为一个整体，便于携带。

折叠时，可先将凳布及折叠伞取下，再将支撑杆沿滑槽滑动到位于同一侧的底座和横杆上，然后按下定位支撑球，将支撑杆收缩，折叠成如图 3-72 所示的状态，最后将横杆下压即可完全折叠。最终折叠状态如图 3-73 所示。

底座上设有能够限制支撑杆转动角度的限位机构，该限位机构包括分别设于第一底座和第二底座上的球头固定槽，该球头固定槽同样能够将支撑杆的球头的转动角度限制在一定的范围内。

横杆和底座上均设有能够限制支撑杆转动角度的限位机构，该限位机构包括设于第一横杆底部的球头固定槽一、设于第二横杆底部的球头固定槽二和设于第一底座与第二底座之间的连接绳，该连接绳一端可拆卸地连接在第一底座上，另一端可拆卸地连接在第二底座上。该种限位机构能够进一步限制折叠凳打开的角度，安全可靠且结构简单、生产成本低。

第七节 空气微生物双腔多皿连续采样器创新设计

一、项目概述

（一）项目背景

我们日常呼吸的空气中含有大量的微生物，这些微生物多数属于无害微生物，少数为致病性微生物，对人体有害。当这部分具有致病性的微生物在空气中达到一定的浓度时，就会给人类的健康带来威胁。2020 年年初全球爆发的新型冠状病毒肺炎，以及以往的 SARS、H1N1 流感等，给人类的健康带来了严重的危害，给社会经济带来了巨大的损失。

（二）问题描述

（1）传统的空气微生物采样方法是人工将培养皿放到采样平台上进行采样。采样完成后，人工将培养皿取出，然后送入培养箱培养，实现对空气微生物的单次采样。多次采样时需更换一个新的采样头或培养皿再进行下一次采样，而且在多次采样过程中需要安排专人值守，整个过程复杂、不连贯，需要人员介入，效率和安全性低，而且监测的真实性较低。

（2）采样器的培养皿储存部分和采样头部分处于同一操作空间，温度相同，但是微生物采样和储存的最适宜温度存在差异，导致微生物采样和储存不能同时处于最佳状态，影响采样结果。

（三）发明问题初始形势分析

1. 工作原理

常用的空气微生物采样器有撞击式采样器、沉降式采样器、过滤式采样器等，可以在规定时间内对空气中的微生物进行采样，用于后续的培养及分析。目前，空气微生物采样仪器的种类较多，这些采样器可以实现对空气微生物的单次采样，但每次采样完成后都需要有专人将采样头或培养皿取出，换一个新的采样头或培养皿后才可以进行下一次采样，在多次采样过程中还需要安排专人值守。

2. 存在的主要问题

现有技术存在需要专人看守且只能单次采样的问题。

3. 目前的解决方案、类似产品的解决方案存在的问题和不足

利用中国知网进行专利查询，以“空气微生物采样器”为条件进行检索，结果如图 3-74 所示。

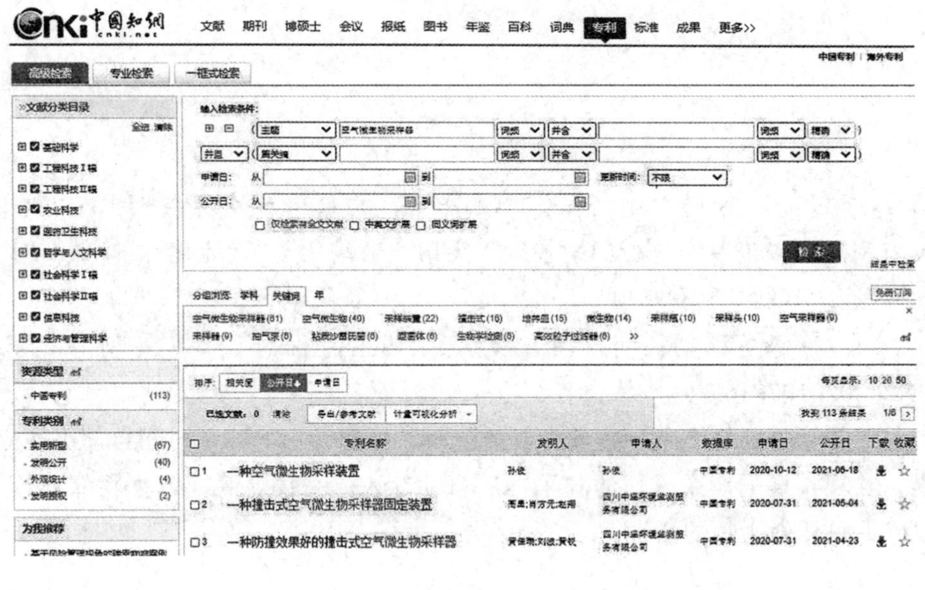

（a）

图 3-74　“空气微生物采样器”检索结果

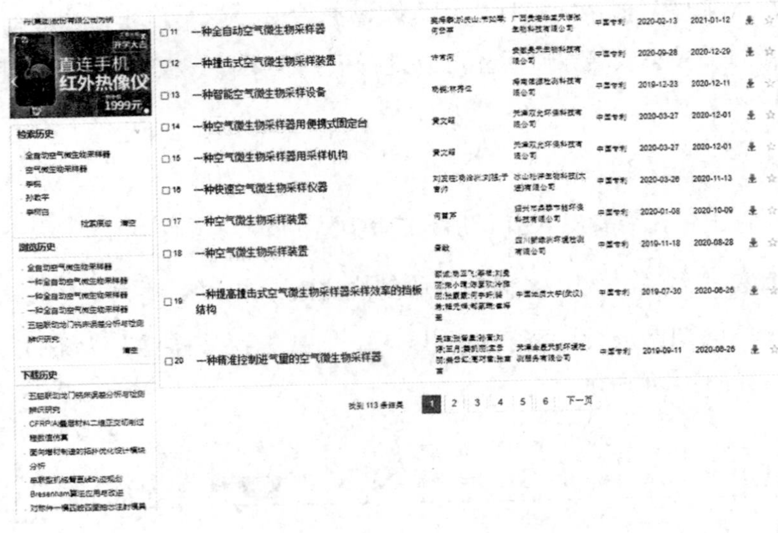

（b）

图 3-74 （续）

结果显示，关于“空气微生物采样器”的专利不多，共查到 113 项相关专利。对以上专利进行归纳整理，突出“自动化”“智能化”“高效”“快速”“连续”的专利有 9 项。

（1）一种可移动长期自动连续空气中微生物采样设备（专利申请号：CN202020187916.3）。

如图 3-75，该专利预置多个新鲜滤膜，根据设定的测试时间自动更换滤膜，实现长期连续采样。滤膜采样后自动存入已采集滤膜存放生物保存箱，以确保采样微生物的活性。

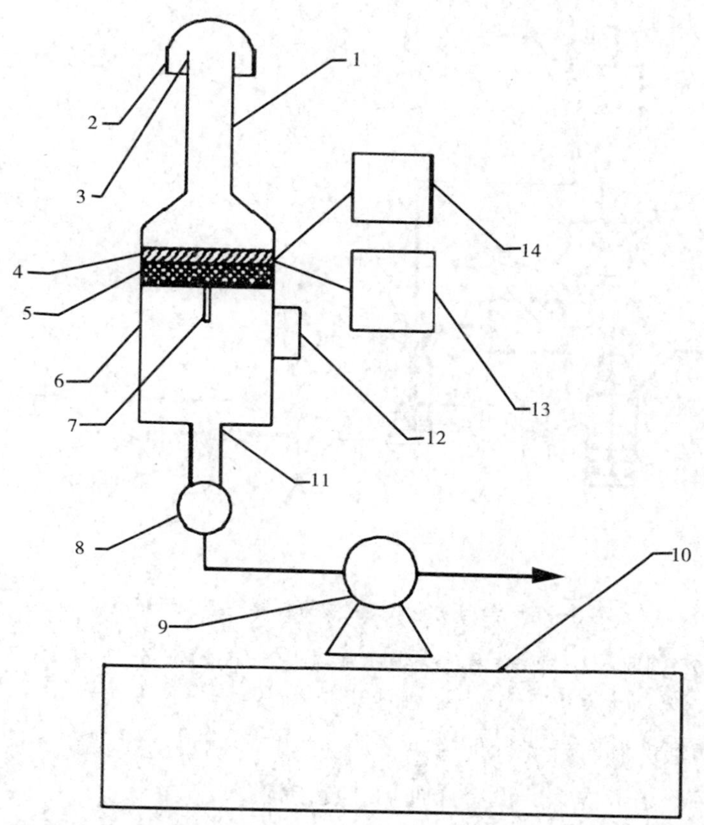

1—过滤器；2—过滤帽；3—气体入口；4—过滤膜；5—过滤膜支架；6—采样筒；7—补水装置；8—流量计；9—风机；10—移动平台；11—气体出口；12—温度控制器；13—已采集滤膜存放生物保存箱；14—新鲜滤膜储存箱

图 3-75　可移动长期自动连续空气中微生物采样设备的结构示意图

（2）全自动空气微生物采样器（专利申请号：CN201110436202.7）。

如图 3-76 所示，该专利实现了从样品采集到样液分配、保存的全自动控制，通过预设采样时间和采样间隔，采集不同时间点的环境空气样品，然后经过精密传动装置对不同时间采集到的样品进行分配，控制系统记录样品位置与采集时间，从而实现对一段时间内环境空气的检测分析。

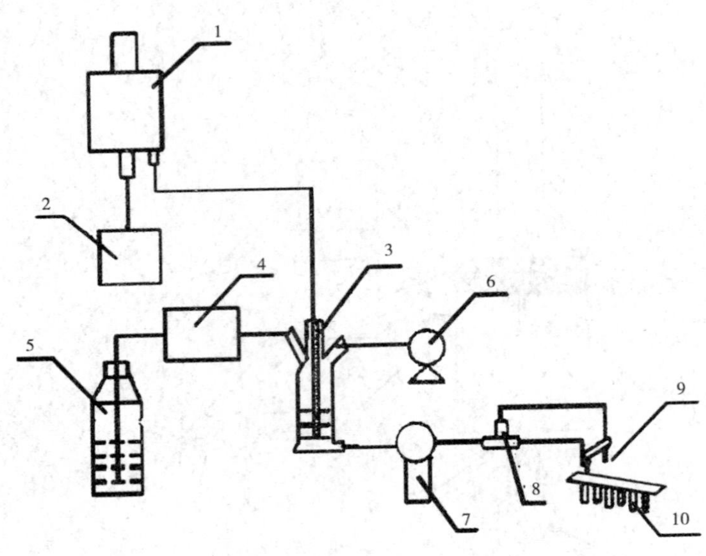

图 3-76　全自动空气微生物采样器的结构示意图

1—采样头；2—风机；3—冲击采样瓶；4—注射泵；5—储液瓶；6—采样泵；7—蠕动泵；8—三通电磁阀；9—双注射针头；10—样品液收集管

以上两项专利有针对性地解决了如何提高检测自动化程度、检测效率的问题，但只给出了方案，没有详细的装置结构图。

其他几项专利，如一种高效率空气微生物采样器（专利申请号：CN202020577013.6）、一种快速空气微生物采样仪器（专利申请号：CN202020411474.6）、一种全自动空气微生物采样器（专利申请号：CN202020166991.1）、一种智能空气微生物采样设备（专利申请号：CN201922322828.X）等，其申请案大多增加了局部配置以优化采样效率，但整体效果不明显。

二、系统分析

（一）鱼骨图因果分析

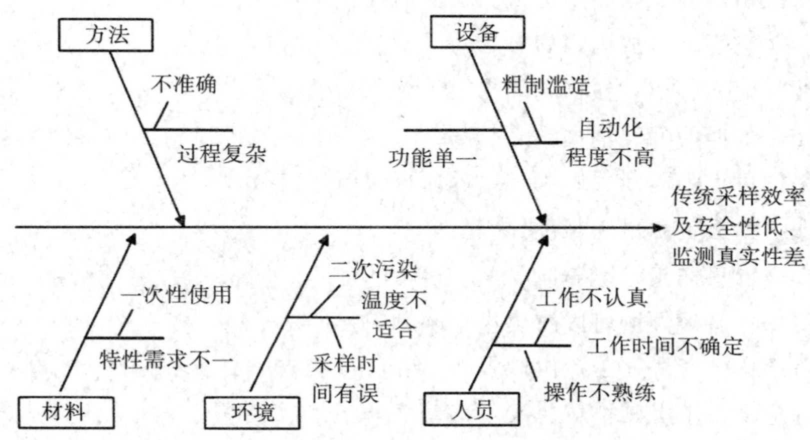

图 3-77 采样效率及安全性低、监测真实性差原因分析

分析图 3-77 中的信息我们发现，产生问题的主要原因有以下几点：

（1）采样器功能单一，不能存储培养皿，采样结束后必须将培养皿移至适合存放的地方。

（2）过滤式采样法中的滤膜属于一次性使用产品，用过后必须替换掉。虽然采样头可以安装多个滤膜，但无法实现采样头的无限次使用。

（3）采样结束后培养皿的移动相当于在露天环境下进行，受环境影响，可能造成二次污染。

（4）培养皿的移动需人工完成，受操作人员操作过程及工作态度等的影响，活性微生物的安全性得不到可靠的保证。

因此，需要设计一种减少人工介入，既可以采样又可以就地存储培养皿且与外界环境隔离的能实现无限次连续采样的设备。

（二）最终理想解

（1）设计的目的是什么？

方便、快捷、连续地采集空气中的微生物。

（2）理想解是什么？

连续多次采样，采样后培养皿就地存放。

（3）达到理想解的障碍是什么？

每次采样后滤膜需要更换，培养皿需要移至他处。

（4）它为什么成为障碍？

滤膜更换、培养皿移动均需人工介入。

（5）如何使障碍消失？

采样过程中不换采样头，培养皿可以就地存放。

（6）什么资源可以帮助你？

空气、采样头、培养皿、人。

（7）在其他领域可以解决这个问题吗？

自动化生产线、工业机械手。

创意 1：用机械手替代人工移动培养皿，减少人工介入。

三、运用 TRIZ 工具解决问题

（一）整体设计

1. 动态性进化法则

依据动态性进化法则，向功能增加方向进化，一机多用，采样器也可以作为培养皿存放器。

创意 2：机构设置同时具备采样及培养皿存放功能。

2. 技术矛盾

采样器的培养皿储存部分和采样头部分处于同一操作空间，温度相同，但是微生物采样和储存的最适宜温度存在差异，导致微生物采样和储存不能同时处于最佳状态，影响采样结果。

提取技术矛盾：想提高系统的“适应性和多用性”，但恶化了“温度”参数，同时造成了“控制和测量的复杂性”参数恶化，形成两对技术矛盾。

创意 3：依据创新原理“分割”，可得出将一个物体分割为相互独立的几个部分。

创意 4：依据创新原理“抽取”，从物体中抽取必要的部分或特性。

创意5：依据创新原理“局部质量”，让物体的不同部分具有不同功能。

3. 物理矛盾

采样与存放空间的温度要有差异，因而采样室与存放室要设为独立的部分，但为便于机械手随时移动培养皿，又需要采样室与存放室是联通的。这就造成了一对物理矛盾：两个空间既要独立又要联通。

由于两种需求的操作时间不同，可利用时间分离方法进行分析，见表3-15。

表3-15　四大分离与发明原理

分离原理	创新原理及编号（按使用频率排序）
空间分离	分割、抽取、局部质量、嵌套、增加不对称性、一维变多维
时间分离	动态特性、抛弃或再生、预先作用、预先反作用、事先防范
条件分离	复合材料、多孔材料、改变颜色、局部质量、周期性作用、一维变多维
整体与部分分离	分割、组合、同质性、等势

创意6：依据创新原理“预先作用”，将分割板预先制成门一样的结构，需要移动时打开，不需要时关闭。

综上，将整个采样器利用“门”分割成两个部分（采样室与培养皿存储室），且设计成不同的形状。

（二）培养皿存放室设计

1. 资源分析

表3-16　资源分析

资源种类	注意事项
物质资源	培养皿、空气、细菌、人

续　表

资源种类	注意事项
空间资源	培养皿内外部、存储室
时间资源	采样时间间隔、采样前、采样后
信息资源	培养皿尺寸、形状
功能资源	存储、黏附
能量资源	冲击力、黏着力、机械力

创意 7：从时间资源角度考虑，采样前与采样后培养皿内介质不同，需分别存放，培养皿存储室分为有菌存储区和无菌存储区两个部分。

创意 8：从信息资源角度考虑，培养皿皿盖直径大于皿底直径，高度有限，完全可以叠放。（表 3-17）

表3-17　培养皿尺寸

规格	皿底直径 / mm	高度 /mm	皿盖直径 / mm	重量 /g	生长面积 / cm^2	建议上液 / 量 mL
35	35	10	38	10	8	3
60	60	15	65	14	21	5
90	90	18	95	16	40	10
100	100	20	108	18	55	30
120	120	25	130	22	70	50

创意 9：从空间资源角度考虑，培养皿存储室的横向与径向尺寸远大于一个培养皿的尺寸。因此，培养皿不仅可以纵向叠放，也完全可以横

向摆放多个。

2. 技术矛盾

（1）无论采样前还是采样后，人们都希望能大量地存放培养皿，这势必会造成存储室过大，由此造成一对技术矛盾：

想大量地存放培养皿，但不能，因为这样做会使存储室过大。

创意 10：依据创新原理“抽取性”，结合培养皿大多是圆形结构，抽取其圆形特性，将培养皿存储室制成圆柱形结构。

创意 11：依据创新原理“增加不对称性”，培养皿存储室不对称地分割为有菌区与无菌区。

（2）此设计的目标为减少人工介入，设计出能多次采样的多功能采样器，也就是增加普通采样器的自动化程度，但此设计无论在结构上还是控制上都使系统变得很复杂。提取工程参数：自动化程度、系统的复杂性，见表 3-18。

表3-18　部分矛盾矩阵表3

改善的参数	恶化的参数
	系统的复杂性
自动化程度（38）	15、24、10

创意 12：依据创新原理“动态特性”，使系统的状态变成可移动的、可调整的、具有弹性的或可变化的，将培养皿存储室设计成可动的。

创意 13：依据创新原理“借助中介物”，把一物体与另一极易分开的物体暂时结合起来，将叠放的若干培养皿放置在一个托盘内。

创意 14：依据创新原理“预先作用”，在真正执行某种作用之前，预先执行该作用或该作用的某一部分，在水平移动培养皿之前使其先升至一定的高度。

3. 物—场分析

（1）功能：使培养皿能够上下移动。

完成功能的三个元件如下：被动元件 S1——培养皿；主动元件 S2——

托盘；场——机械力 F1。

托盘对培养皿只能起支撑作用，避免不了重力使培养皿上下移动。构建如图 3-78（a）所示的物—场模型，引用另一种场向并联式复合物—场模型转换，以增强作用，如图 3-78（b）所示。

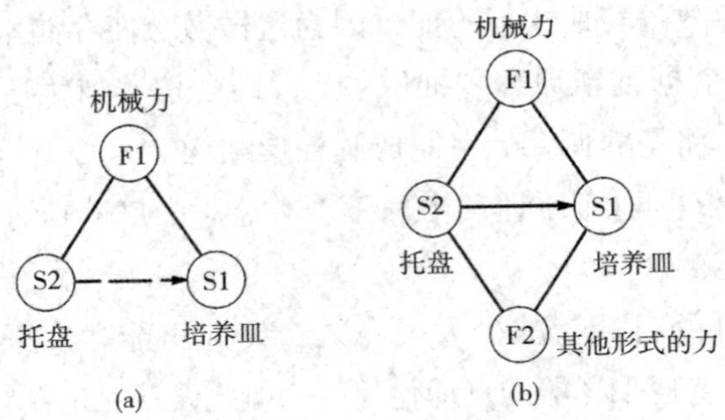

图 3-78　物—场模型 1

创意 15：引入其他形式的场（如液压场、气压场、机械场、电场），推动托盘带动培养皿上下移动。

（2）功能：使培养皿能够水平移动

完成功能的两个元件如下：被动元件 S1——培养皿、主动元件 S2——托盘。

由于托盘只能克服培养皿的重力，将其支撑在一定的高度，因而整个功能只有工具 S2（托盘）以及作用对象 S1（培养皿），相互之间没有水平方向作用力，是一个不完整的物—场模型，如图 3-79（a）所示。引入电动力完善物—场模型，如图 3-79（b）所示。

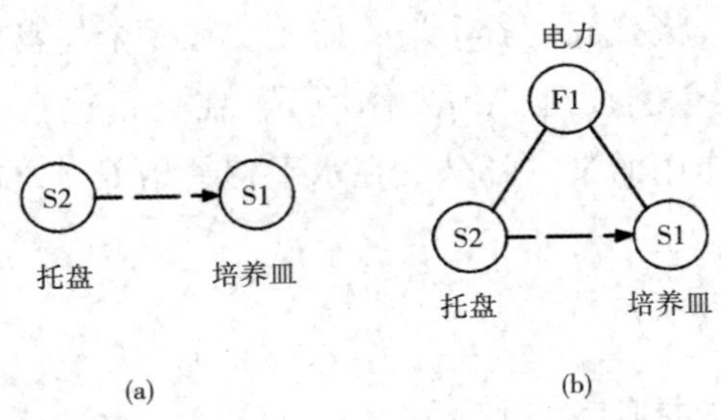

图 3-79　物—场模型 2

创意 16：引入电动力，推动托盘带动培养皿水平移动。

（三）机械手设计

1. 协调性进化法则

（1）设计初期将整个装置分隔为采样室与存储室，培养皿的移动在两室之间进行，且存储室为圆柱形结构。依据协调性进化法则中的“节律协调”，机械手臂的运动应为圆周运动。

创意 17：机械手臂的运动为圆周运动。

（2）本采样装置的设计理念为用机械手替代人工进行培养皿的移动，机械手夹持部位的作用对象是培养皿。依据协调性进化法则中的“形式协调”，机械手夹持部位合拢后的形状应为圆形。

创意 18：机械手夹持部位合拢后的形状为圆形。

2. 技术矛盾

机械手夹持部位设计为圆形结构，为了提高其夹持力，其尺寸要与培养皿尺寸严格匹配。而培养皿尺寸大小不一，造成了机械手夹持部位要有多个尺寸。

创意 19：依据创新原理“动态特性”（将物体分成彼此相对移动的几个部分、自动调节夹持力，使其在各动作、阶段的性能最佳），圆形的机械手夹持部分分为两个半圆弧形状。

创意 20：依据创新原理“物理或化学参数改变”（改变柔性），刚性的夹持部分变为柔性，如弹簧。

四、技术方案整理与评价

（一）全部技术方案及评价

对 20 个创意进行梳理，得出以下几个方案：

方案 1：液压式双腔多皿连续采样器。

方案 2：气压式双腔多皿连续采样器。

方案 3：电动式双腔圆柱式存储室多皿连续采样器。

用 Pugh 矩阵分别对以上 3 个方案进行比较和评价，见表 3-19。

表3-19　Pugh矩阵

判断准则	权重	方案 1	方案 2	方案 3
成本	7	+	–	+
复杂程度	5	+	–	+
操作方便性	5	+	+	+
与 IFR 的接近程度	9	–	+	+
总和	–	10	0	20

注：1. 权重数字越大越重要。

2. 越复杂得分越低；成本越高得分越低；成本越低得分越高；解越接近 IFR，得分越高。

3. 表格中，“+” = 5，“–” = –5。

4. 通过综合评价，方案 3 得分最高。

5. 专利预案。

工作流程图如图 3-80 所示。

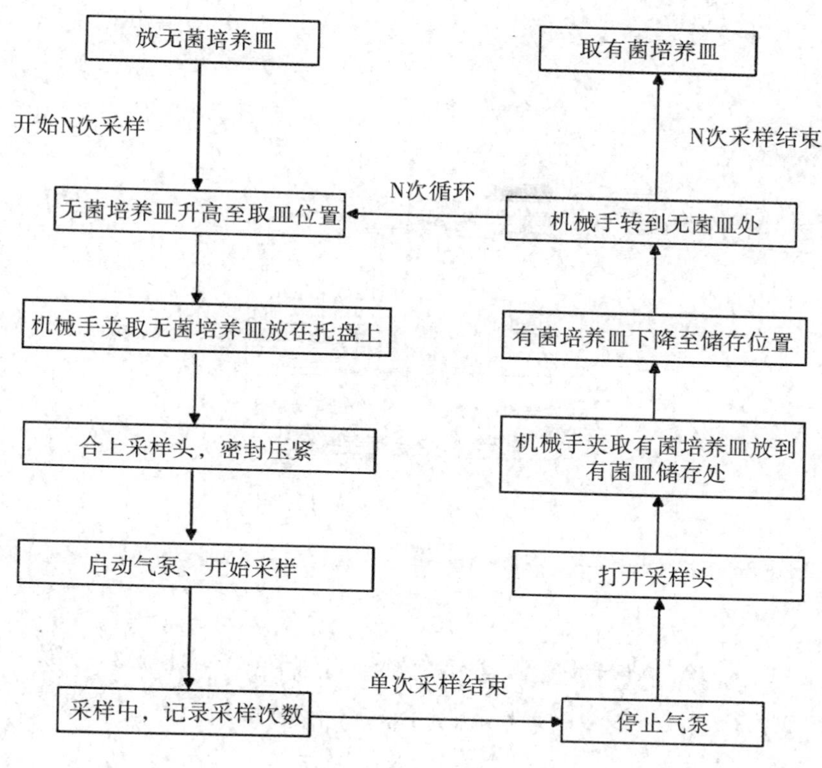

图 3-80　工作流程图

（二）最终确定方案

本作品——“空气微生物双腔多皿连续采样器”的整体及局部结构如图 3-81 ～图 3-88 所示，内部分割为采样室与培养皿存储室。与现有空气微生物采样器相比，本作品的优点在于自动化程度高，可实现无人值守自动换皿、自动连续采样、自动记录采样数据、自动传输数据、远程实时监控。

1. 整体设计

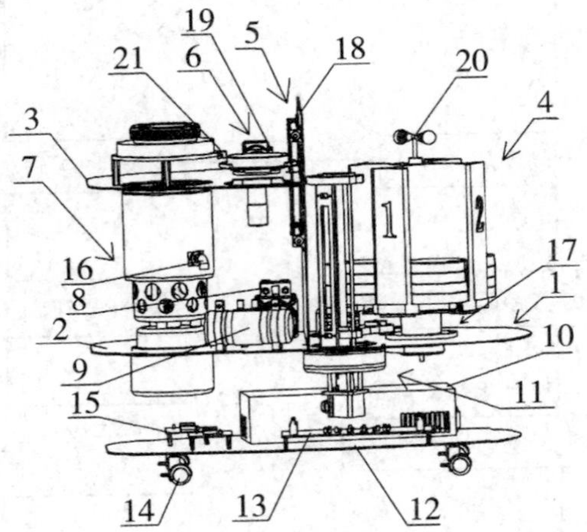

1—安装板；2—下安装板；3—上安装板；4—皿储存机构；5—升降机构；6—机械手机构；7—采样机构；8—空气泵；9—气容；10—开关电源；11—培养皿抬升机构；12—底板；13—电机驱动板；14—万向轮；15—电路板；16—气嘴接口；17—皿储存仓转动机构；18—隔板；19—机械手传感器；20—转动把手；21—采样机构传感器

图 3-81 内部结构示意图

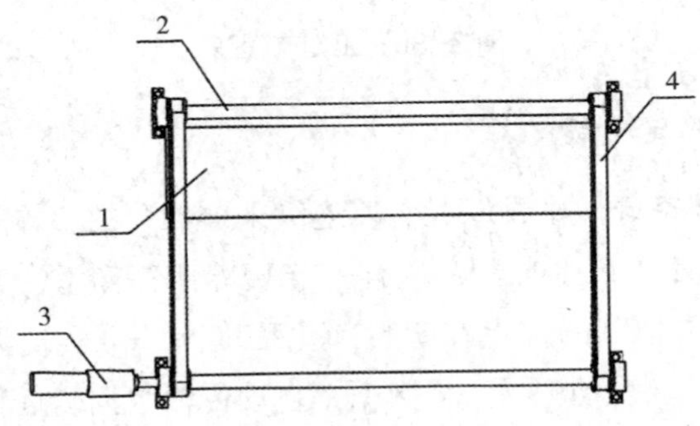

1—侧门；2—轴管；3—升降电机；4—同步带

图 3-82 侧门升降机构结构示意图

如图 3-83～图 3-85 所示，本作品——“空气微生物双腔多皿连续采样器”的结构包括外壳、皿储存机构、采样机构和机械手机构。外壳内设有安装板和隔板，隔板竖直设置在安装板上，并将采样器内部分隔成采样腔和储存腔。皿储存机构通过安装板安装在储存腔内，采样机构通过安装板安装在采样腔内。机械手机构可转动地安装在安装板上部，且位于皿储存机构和采样机构之间，用于夹取培养皿，可在采样腔和储存腔之间移动。隔板上设有用于机械手机构穿过的开口，开口处设有侧门，侧门通过升降机构安装于隔板一侧，升降机构包括轴管、升降电机和同步带。轴管包括上轴管和下轴管，上轴管和下轴管平行设置在隔板的同侧，且上轴管位于开口的上部，下轴管位于开口的下部。同步带安装在上轴管和下轴管上的同步带轮上，侧门安装在同步带上。升降电机的输出轴与上轴管或下轴管传动连接，由升降电机通过同步带驱动侧门升降运动来控制隔板上的开口打开或关闭。具体来讲，隔板竖直设置在安装板中间，优选矩形板，它将采样器内部分割成两个密闭空间。上轴管和下轴管的两端分别通过轴承座转动安装在隔板上，同步带轮固定且对称安装在上轴管和下轴管上，同步带通过同步带轮连接在上轴管和下轴管上，有两根，左右对称地设置在上轴管和下轴管的端部，升降电机安装在下轴管的左端，升降电机的输出轴与下轴管的左端传动连接。升降电机带动下轴管转动，继而带动同步带动作，使侧门在隔板上做垂直升降动作。皿储存机构设置在隔板右侧，采样机构和机械手机构设置在隔板左侧，当机械手机构进行培养皿运输时，侧门向下降落，开口打开，培养皿运输结束，侧门向上升起，开口闭合。

为了方便采样器的运输和摆放，节省大量人力、物力，外壳顶部设有把手，底部设有底板，底板上设有万向轮。

2. 培养皿存放室设计

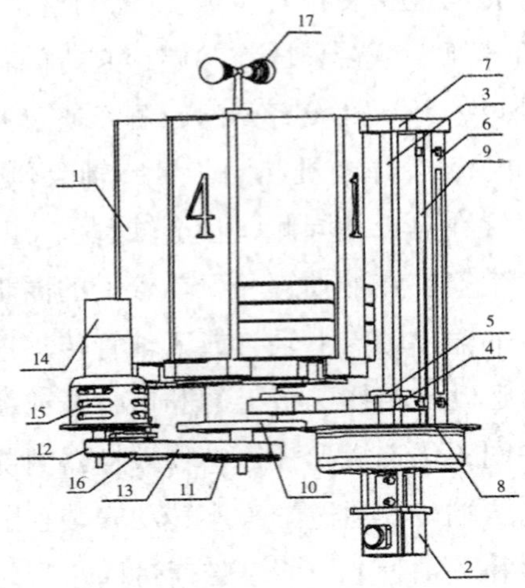

1—皿储存仓；2—抬升步进电机；3—滚珠丝杠；4—承重板；5—丝杠螺母；6—抬升板；7—上法兰；8—下法兰；9—抬升导轨；10—轴承安装盘；11—大带轮；12—小带轮；13—传带轮；14—直流减速电机；15—联轴器；16—张紧轮；17—转动把手

图 3-83　皿储存机构结构示意图

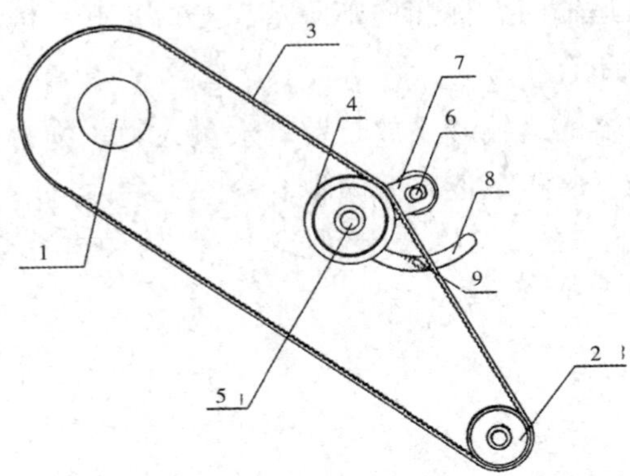

1—大带轮；2—小带轮；3—传动带；4—张紧轮；5—芯轴；6—张紧杆；7—支撑板；8—芯轴滑槽；9—弹簧

图 3-84　皿储存仓转动机构结构示意图

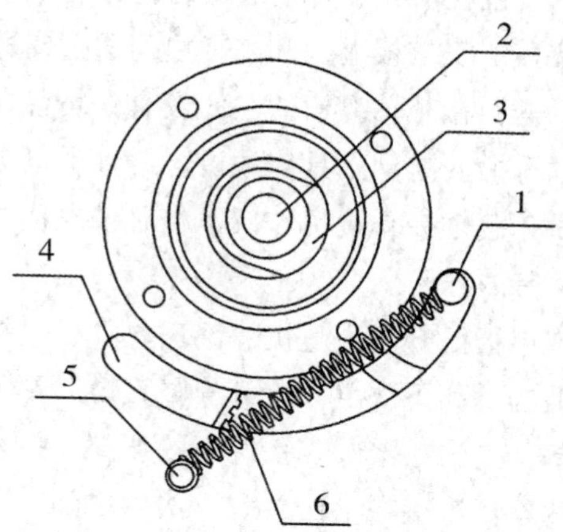

1—芯轴；2—张紧杆；3—支撑板；4—芯轴滑槽；5—弹簧杆；6—弹簧

图 3-85　张紧轮结构示意图

皿储存机构包括皿储存仓、皿储存仓转动机构和培养皿抬升机构。皿储存仓通过皿储存仓转动机构可转动地安装在下安装板上，培养皿抬升机构也安装在下安装板上，且位于皿储存仓一侧，皿储存仓上设有多个与培养皿大小一致的皿储存槽。具体地讲，皿储存槽设置为 4 个，皿储存仓顶部还设有转动把手，通过皿储存仓转动机构实现水平旋转，对培养皿进行分类放置和选择，通过培养皿抬升机构将培养皿抬升至指定位置，并通过机械手进行运输。

皿储存仓转动机构包括轴承安装盘、大带轮、小带轮、传动带、联轴器和直流减速电机。直流减速电机安装在下安装板上，皿储存仓也通过轴承安装盘转动安装在下安装板上，小带轮通过联轴器安装在直流减速电机的输出轴上，大带轮安装在轴承安装盘的底部且与轴承安装盘同轴传动连接，小带轮通过传动带与大带轮传动连接。具体地讲，小带轮和大带轮均与传动带通过齿形啮合，直流减速电机的输出轴带动小带轮，小带轮带动传动带动作，进而带动大带轮转动，大带轮上方的轴承安装盘转动，带动皿储存仓进行转动。

为了保证传动带稳定地在小带轮和大带轮之间运行，小带轮和大带轮之间设有张紧轮，且张紧轮外侧与传动带抵接。

张紧轮通过芯轴安装在下安装板的底部，芯轴一侧设有张紧杆，张紧杆通过轴承安装座安装在下安装板上，和芯轴之间通过支撑板固定连接。下安装板上还设有芯轴滑槽，在芯轴滑槽的一侧设有弹簧杆，芯轴通过弹簧与弹簧杆连接，并在芯轴滑槽内滑动。具体地讲，芯轴滑槽为半圆弧槽，当传动带的松紧发生改变时，芯轴在弹簧的作用下在芯轴滑槽内移动，根据传动带自身的变化调节传动带的松紧。

培养皿抬升机构包括抬升步进电机、滚珠丝杠、丝杠螺母、承重板、抬升板、抬升导轨、上法兰和下法兰。抬升板竖直设置在下安装板上，下法兰安装在抬升板的底部，上法兰安装在抬升板的顶部，抬升导轨安装在上法兰和下法兰之间，滚珠丝杠连接在上法兰和下法兰之间，下法兰底部安装有抬升步进电机，抬升步进电机的输出轴与滚珠丝杠固定连接，丝杠螺母套设在滚珠丝杠上，承重板一端套设在抬升导轨上并通过丝杠螺母连接在滚珠丝杠上，另一端向外延伸并设有抬架，抬架为圆形，用于抬升培养皿。具体地讲，抬升导轨有两根，抬升步进电机转动带动丝杠螺母，丝杠螺母带动承重板上升，承重板通过抬架带动培养皿上移。

3. 机械手设计

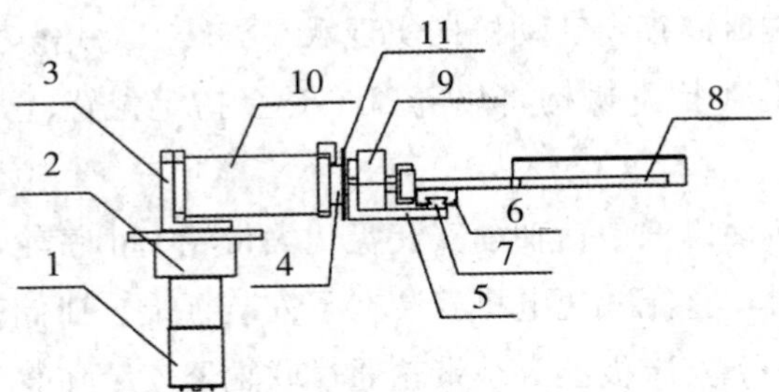

1—转动电机；2—转动电机支撑底座；3—机械手旋转座；4—翻转电机；5—机械手翻转支撑座；6—滑块；7—滑轨；8—夹头；9—凸轮旋转电机；10—电机座；11—计数码盘

图 3-86　机械手机构侧视图

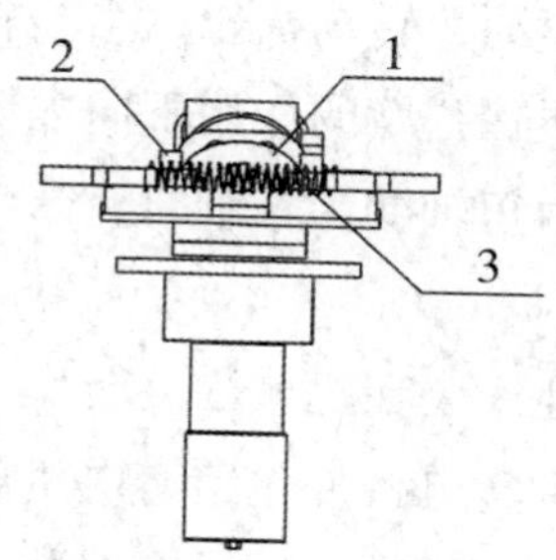

1—凸轮；2—导板；3—弹性件

图 3-87　机械手机构正视图

安装板包括上安装板和下安装板。机械手机构包括机械手转动部和机械手夹持部。机械手转动部包括转动电机、转动电机支撑底座、机械手旋转座、翻转电机和机械手翻转支座。转动电机支撑底座安装在上安装板上，转动电机安装在转动电机支撑底座上，机械手旋转座与转动电机的输出轴连接。翻转电机安装在机械手旋转座上，机械手翻转支座安装在翻转电机的输出轴上，机械手夹持部安装在机械手翻转支座上。具体地讲，机械手旋转座和机械手翻转支座均为 L 形，转动电机的输出轴与机械手旋转座底部连接，翻转电机水平安装在机械手旋转座上。通过转动电机带动机械手旋转座，进而带动机械手夹持部在水平方向转动，通过翻转电机带动机械手翻转支座，进而带动机械手夹持部在竖直方向转动，实现机械手夹持部的水平摆动和垂直翻转。翻转电机的输出轴上还设有计数码盘，计数码盘一侧设有机械手传感器，通过计数码盘和机械手传感器记录翻转电机的翻转角度，保证机械手按照预设的工作进程动作。

机械手夹持部包括夹头和弹性件。夹头包括左夹臂、右夹臂、凸轮、导板、凸轮旋转电机、滑块和滑轨。滑轨横向固定安装在机械手翻转支座上，滑块左右对称各一个，可滑动地安装在滑轨上，左夹臂和右夹臂分别通过滑块安装在滑轨两侧，弹性件设于左夹臂和右夹臂之间，凸轮设置在两组滑块之间，且可转动地安装在凸轮旋转电机的输出轴上，两组滑块上左右对称地设有导板，导板抵接在凸轮上，凸轮旋转电机安装在机械手翻转支座上。具体地讲，左夹臂和右夹臂通过螺钉固定在滑块上，左夹臂和右夹臂均为半圆弧形，弹性件优选弹簧，导板通过螺钉固定在滑块上，凸轮为椭圆形。凸轮的长轴和短轴之间的距离不同，转动凸轮，当凸轮由长轴变为短轴时，导板与凸轮之间出现空隙，滑块在弹簧的作用下向内侧滑动，此时夹头夹紧，导板抵接在凸轮上，当凸轮由短轴变为长轴时，凸轮撑开导板，导板带动滑块向外侧滑动，此时夹头松开。

为了在翻转电机稳定地安装在机械手旋转座上的同时，使翻转电机与机械手翻转支座稳定连接，翻转电机外包覆有电机座，翻转电机通过电机座固定安装于机械手旋转座上。电机座一侧设有安装孔位，通过安装孔位与螺钉将翻转电机固定在机械手旋转座上，同时保护翻转电机不受损。

4.采样室设计

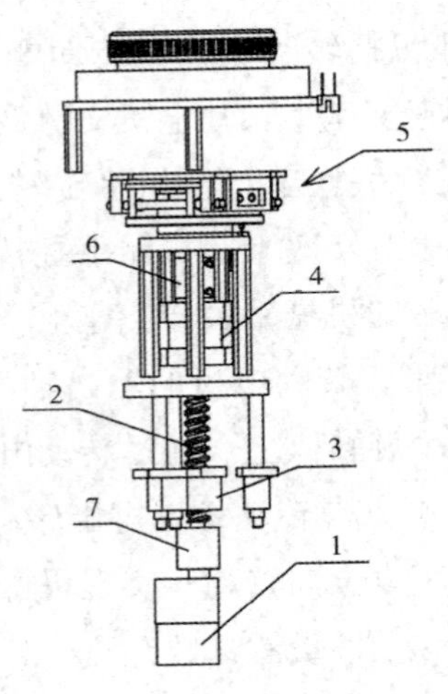

图 3-88　采样机构结构示意图

1—采样减速电机；2—丝杠；3—丝母；4—采样步进电机；5—夹紧机构；6—采样步进电机联轴器；7—采样减速电机联轴器

为了提供采样机构所需采样环境，气路部分包括进气口、气嘴接口、气容和空气泵。进气口安装于外壳顶部，气嘴接口安装在采样机构上，气容、空气泵和气嘴接口依次连接，形成导通气路。

为了形成采样器的内部导通电路，电路部分包括开关电源、电路板、电机驱动板、显示屏、电源开关、电源插座。显示屏安装在外壳顶部，电源插座安装在外壳后部，电源开关安装在外壳前部，底板设置在安装板下方，电路板、电机驱动板和开关电源均安装在底板上。

采样机构包括采样减速电机、丝杠、丝母、采样步进电机联轴器、采样减速电机联轴器、采样步进电机和夹紧机构。采样减速电机通过电机托架安装在下安装板上，采样减速电机的输出轴与采样减速电机联轴器连接，采样减速电机联轴器的另一端与丝杠连接，丝杠上套设有丝母，丝母与采样头壳体相连接，采样头壳体上部设有培养皿托盘，培养皿托盘上安装有夹紧机构，夹紧机构通过采样步进电机联轴器与采样步进电机的输出轴连接，采样步进电机与夹紧机构的具体结构类似于机械手夹持部，均采用凸轮传动实现培养皿的夹持。当机械手输送培养皿至培养皿旋转托盘上时，采样机构上的采样机构传感器感应，采样减速电机动作，丝杠通过丝母顶出培养皿托盘，带动培养皿旋转托盘上升。采样步进电机驱动夹紧机构夹住培养皿，采样减速电机反向旋转动作，带动培养皿托盘下移至指定位置，同时空气泵运作，向采样机构内输送空气，进行培养皿采样。

采样机构、气路部分和电路部分的具体工作原理均与现有空气微生物采样器相同。

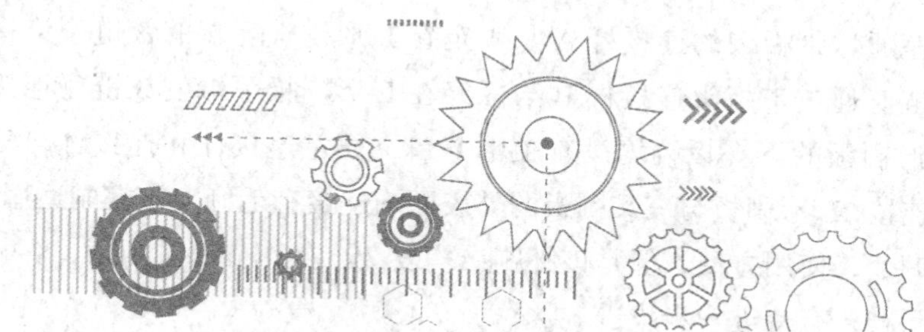

第四章　基于其他创新方法的机电产品创新设计典型案例

第一节　可调节清洗半径的新型杯刷创新设计

一、技术背景

杯刷是人们生活中常见的一种用来清洗杯子的工具。生活中人们所使用的杯子一般具有口窄、杯深的特点，而现有技术中用于清洗杯子的刷子只适合大口径的杯子。除此之外，传统的杯刷长度也是固定的，不能调节。因此，人们使用的传统杯刷并不能方便快捷地清洗杯口较小、深度较大的杯子或窄口瓶。

为了解决上述问题，相关技术人员做了相应的改进，如中国专利号为ZL201520427789.9，授权公告日为2015年12月30日，发明创造名称为“一种可调节杯刷”的申请案。该申请案涉及一种可调节杯刷，这种杯刷在旋转轴上的轴螺纹上连接有带滑片的滚花螺母，带滑片的滚花螺母与带凹槽的连接圈转动连接，在带凹槽的连接圈下面三等分连接的三个带孔连接片通过销轴与带叉头连接杆一端连接，带叉头连接杆的另一端通过销轴与带板头连接杆A的中间孔连接。在旋转轴的中部和下部分别三等分连接铰链座，中部的铰链座通过带板头的连接杆 A 与固定在 L 形刷板上端的铰链座连接，下部的铰链座通过带板头连接杆 B 与固定在 L 形刷板下端的铰链座连接。在三个 L 形刷板的下平板端均设有 T 形开口，通过连接柱和连接环与三叉刷板滑动连接，L 形刷板与三叉刷板的外表面均连接有毛刷。该杯刷适用性强，尺寸可调节，使用方便，但是该杯刷结构复杂，操作步骤较烦琐，容易出现卡顿的问题，有待进一步改进。

二、发明内容

（一）实用新型要解决的技术问题

本实用新型的目的在于克服现有可调节杯刷存在的结构复杂、操作烦琐、使用费时费力等不足，提供了一种利用连杆机构调节清洗半径的新型杯刷。采用本实用新型的技术方案，上下拉动手柄就能够让连杆机构带动毛刷收拢或张开，从而改变杯刷清洗半径，进而使杯刷能够轻松地从杯口进出，并与杯壁或瓶壁紧密接触。转动手柄，整个杯刷便能对杯子或瓶子进行清理，整体结构简单轻便，功能简单，易操作。

（二）技术方案

本实用新型是一种利用连杆机构调节清洗半径的新型杯刷，包括手柄、毛刷、第一连接杆和第二连接杆。第一连接杆和第二连接杆通过第一铰接点相连接，手柄与第一铰接点转动连接。毛刷包括第一毛刷和第二毛刷，第一毛刷的一端设有延伸臂一，第二毛刷的一端设有延伸臂二，第一毛刷和延伸臂一的连接点通过第四铰接点与第二毛刷和延伸臂二的连接点相铰接，延伸臂一通过第二铰接点与第一连接杆相铰接，延伸臂二通过第三铰接点与第二连接杆相连接，第一连接杆、第二连接杆、延伸臂一和延伸臂二组成平面四连杆机构，上下拉动手柄，平面四连杆机构带动毛刷张开或缩合。

进一步，毛刷表面设有刷毛或海绵。

更进一步，手柄顶部设有柄座。

（三）有益效果

本实用新型提供的技术方案与已有的公知技术相比，具有如下有益效果：

（1）上下拉动手柄能够让连杆机构带动毛刷收拢或张开，从而改变杯刷清洗半径，进而使杯刷轻松从杯口进出，并与杯壁或瓶壁紧密接触。转动手柄，整个杯刷便能对杯子或瓶子进行清理，整体结构简单轻便，功能简单，易操作。

（2）在平面四连杆机构的作用下，毛刷紧贴瓶壁或杯壁，转动手柄，杯刷便能对瓶壁或杯壁进行清洗，清洗效率高，实用性较强。

（3）毛刷表面设有刷毛或海绵，有利于提高清洗的效果和效率。

（4）本实用新型手柄顶端设有柄座，便于操作者手持，操作更加方便。

三、设计图及说明

图 4-1 为本实用新型毛刷缩合的结构示意图；

图 4-2 为本实用新型毛刷张开的结构示意图。

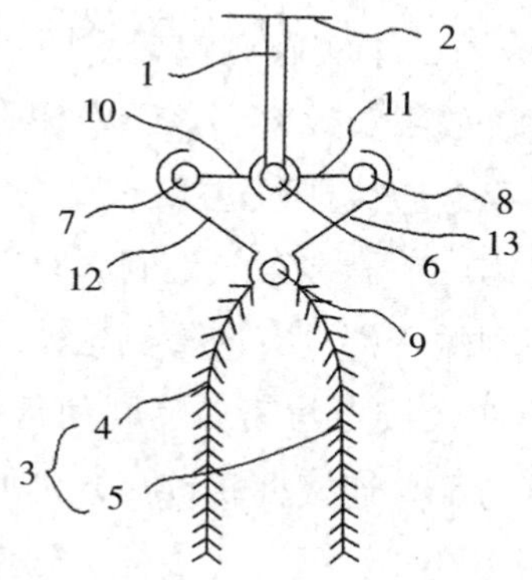

1—手柄；2—柄座；3—毛刷；4—第一毛刷；5—第二毛刷；6—第一铰接点；7—第二铰接点；8—第三铰接点；9—第四铰接点；10—第一连接杆；11—第二链接杆；12—延伸臂一；13—延伸臂二

图 4-1　利用连杆机构调节清洗半径的新型杯刷的毛刷缩合结构示意图

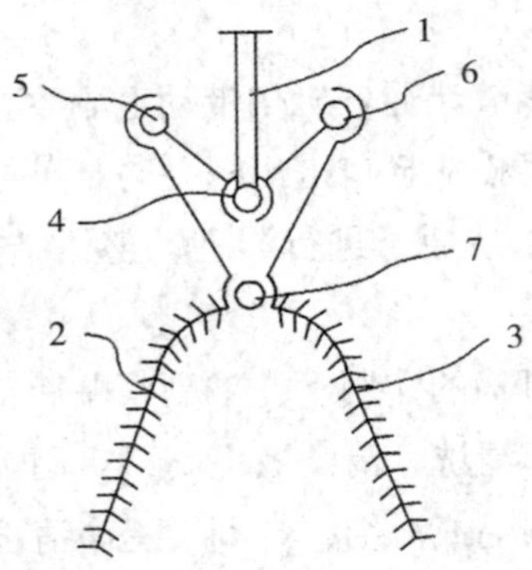

1—手柄；2—第一毛刷；3—第二毛刷；4—第一铰接点；5—第二铰接点；6—第三铰接点；7—第四铰接点

图 4-2　利用连杆机构调节清洗半径的新型杯刷的毛刷张开结构示意图

为进一步了解本实用新型的内容，结合附图和实施例对本实用新型做详细描述。

结合图 4-1 和图 4-2 来看，本实施例包括手柄和毛刷。毛刷表面设有刷毛或海绵，有利于提高清洗效果和效率。该新型杯刷还包括第一连接杆和第二连接杆，第一连接杆和第二连接杆通过第一铰接点相连接，手柄与第一铰接点转动连接。毛刷包括第一毛刷和第二毛刷，第一毛刷的一端设有向外侧延伸的延伸臂一，第二毛刷的一端设有向外侧延伸的延伸臂二，第一毛刷和延伸臂一的连接点通过第四铰接点与第二毛刷和延伸臂二的连接点相铰接，延伸臂一通过第二铰接点与第一连接杆相铰接，延伸臂二通过第三铰接点与第二连接杆相连接，第一连接杆、第二连接杆、延伸臂一和延伸臂二组成平面四连杆机构。上下拉动手柄，平面四连杆机构带动毛刷张开或缩合。手柄带动第一铰接点上下运动，从而控制延伸臂一和延伸臂二向内收缩或向外展开。当延伸臂一和延伸臂二间的夹角变大时，相应地第一毛刷和第二毛刷之间的距离会减小。各个铰接点可以采用销钉铰接而成，连接稳定可靠，转动方便流畅，不易出现卡顿现象。上下拉动手柄能够让连杆机构带动毛刷收拢或张开，从而改变杯刷清洗半径，进而使杯刷轻松从杯口进出，并与杯壁或瓶壁紧密接触。握住手柄或两侧的延伸臂一和延伸臂二转动整个杯刷便能对杯子或瓶子进行清理，整体结构简单轻便，功能简单，易操作，实用性较强。本实施例中，手柄顶部设有柄座，便于操作者手持，操作更加方便。

将手柄向上拉动，在力的作用下，第二铰接点在手柄的带动下向上移动，延伸臂一和延伸臂二之间的夹角变大进而张开，与第四铰接点连接的毛刷便会相互靠近，待小于瓶口时，杯刷便能进入瓶身。当杯刷进入瓶身后，将手柄用力向下压或向上拉，第二铰接点便会向下或向上移动，延伸臂一和延伸臂二之间的夹角变小进而相互靠近，与第四铰接点连接的毛刷便会张开，开始调节半径，直至贴紧瓶壁。转动手柄，整个杯刷便会转动，对瓶子或杯子进行清洗。清洗完毕后，将手柄向上拉动，第二铰接点向上移动，延伸臂一和延伸臂二之间的夹角便会变大，毛刷便会合拢，待半径小于瓶口半径时杯刷便可退出。

以上内容示意性地对本实用新型及其实施方式进行了描述，该描述没有限制性，附图中所示的内容也只是本实用新型的实施方式之一，实际的结构并不局限于此。因此，如果本领域的普通技术人员受其启示，在不脱离本实用新型创造宗旨的情况下，不经创造地设计出与该技术方案相似的结构方式及实施例，均应属于本实用新型的保护范围。

第二节　卧式双面多轴镗孔组合机床创新设计

一、背景技术

镗孔是零件加工的常用工序，尤其是在多孔类零件的加工中，镗孔更加常见。镗削加工一般都在镗床上进行，现有的镗床多为单轴式结构，单轴式的镗床每次只能完成一个孔的加工，并且加工完一个孔以后需要对零件进行重新装夹，然后再继续加工另一个孔洞。多次装夹大大影响了加工的精度和效率。

为解决上述问题，出现了多轴式的镗床，如专利申请号为CN201220612850.3，授权公告日为2013年5月29日，实用新型名称为“一种对头镗孔专用机床”的申请案。该申请案涉及一种对头镗孔专用机床，包括底座、滑台A、滑台B、动力装置、镗刀杆、随行夹具装置、控制面板和刀具。所述的滑台A和滑台B左右对称地设置在底座上面，与滑台座活动连接，底座右侧设有控制面板，滑台A和滑台B上面均安装有动力装置，动力装置上安装有镗刀杆，镗刀杆上安装有刀具。随行夹具装置固定在底座中部，位于滑台A和滑台B之间。该申请案中的镗孔专用机床采用多轴、双向动力装置，加工效率高，制造成本低；该申请案中的镗孔专用机床采用随行夹具，减少了机床的待机时间，提高了生产效率。但是，该申请案中的随行夹具装置是固定在底座中部的，不能移动，刀具只能加工工件上几个固定的位置，不能够加工不同的位置。如果需要加工工件的其他位置，则需要重新装夹工件，影响了加工精度。并且，采用该申请案中的镗床时，如果需要进行精镗，就需要更换刀具，更换刀具则需要重新对刀，浪费了时间，大大降低了加工效率。

二、发明内容

（一）实用新型要解决的技术问题

针对现有技术中的镗床存在的上述不足，本实用新型提供一种使用方便的镗孔机床技术方案。该镗孔机床的随行夹具装置通过滑动装置可滑动地安装在底座上，工件装夹一次就能够完成不同位置的多个孔洞的加工，加工精度高；该镗孔机床不需要拆卸、更换刀具就能够进行粗镗和精镗，不需要重新对刀，加工效率高；该镗孔机床的滑动装置结构简单，易于加工制造，且滑动装置运行平稳、可靠。

（二）技术方案

本实用新型是一种使用方便的镗孔机床，包括底座、动力装置一、动力装置二、刀具和随行夹具装置。动力装置一和动力装置二分别位于底座的左右两侧，均可左右滑动地安装在底座上，相对侧上均设有刀具，待加工工件装夹在随行夹具装置上。随行夹具装置通过滑动装置可前后滑动地安装在底座上，滑动装置包括固设在底座上的支撑块、滑动连接在支撑块上的滑动块和用于驱动滑动块滑动的驱动机构。驱动机构对称设置在支撑块的两个相对的侧壁上，包括固设在支撑块侧壁上的直线驱动器、固连在直线驱动器的伸缩杆上并与伸缩杆同步运动的卡块和能够与卡块卡合的拉板，滑动块与拉板固连。

进一步，驱动机构还包括与滑动块固连的导向板，导向板上设有导向槽，导向板通过插接在导向槽内并固定在支撑块侧壁上的销钉可滑动连接在支撑块的侧壁上。

进一步，导向板有两块，两块导向板相背设置，分别与滑动块的两端固连。

进一步，支撑块有翻边，拉板位于翻边的下方，上端面设有凹槽一，凹槽一内设有耐磨条。

进一步，支撑块上端面上设有向下凹陷的凹槽二，凹槽二底部两端设有用于限制滑动块滑动距离的限位块。

进一步，限位块上还连接有防撞块一，滑动块上对应设有防撞块二。

更进一步，卡块上设有凸起，拉板的底部设有能够与凸起卡合的凹口。

（三）有益效果

本实用新型提供的技术方案与已有的公知技术相比，具有如下有益效果。

1. 本实用新型的随行

随行夹具装置通过滑动装置可以滑动地安装在底座上。随行夹具装置能够进行移动，刀具能加工工件的不同位置，一次装夹即能够完成不同位置的多个孔洞的加工，加工精度高。同时，该镗孔机床不需要更换刀具即能进行精镗，不需要重新对刀，加工效率高。

2. 本实用新型的滑动

滑动装置包括固设在底座上的支撑块、滑动连接在支撑块上的滑动块和用于驱动滑动块滑动的驱动机构，还包括固设在支撑块侧壁上的直线驱动器、固连在直线驱动器的伸缩杆上并与伸缩杆同步运动的卡块和能够与卡块卡合的拉板。直线驱动器的伸缩杆运动能够带动卡块运动，卡块能够带动拉板运动，从而实现滑动块的运动。该滑动装置结构简单，易于加工制造。

3. 本实用新型的驱动

驱动装置还包括与滑动块固连的导向板，该导向板上设有导向槽，导向板通过插接在导向槽内并固定在支撑块侧壁上的销钉可滑动地连接在支撑块的侧壁上。该导向板对滑动块起导向作用，使得滑动块能够平直地进行滑动，并使滑动块的滑动更加平稳可靠。同时，该导向板的导向槽能够对滑动块起到限位作用，避免滑动块滑动的距离过大。

4. 本实用新型的支撑

滑动块设有翻边，滑动装置的拉板位于翻边的下方，同时该拉板的上端面上设有凹槽一，凹槽一内设有耐磨条。该耐磨条能够降低支撑块与拉板之间的磨损，延长滑动装置的使用寿命。

5. 本实用新型的防撞

滑动块的上端面上设有向下凹陷的凹槽二，该凹槽二底部两端设有用于限制滑动块滑动距离的限位块。同时，该限位块上还连接有防撞块一，滑动块上对应设有防撞块二，防撞块一和防撞块二能够避免滑动块直接撞击到支撑块的限位块上，起到了一定的缓冲作用，进一步延长了滑动装置的使用寿命。

三、设计图及说明

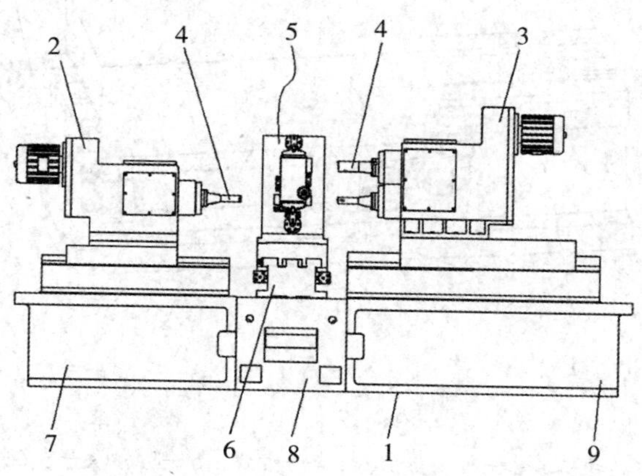

1—底座；2—动力装置一；3—动力装置二；4—刀具；5—随行夹装置；6—滑动装置；7—底座一；8—底座二；9—底座三

图 4-3　该实用新型的整体结构示意图

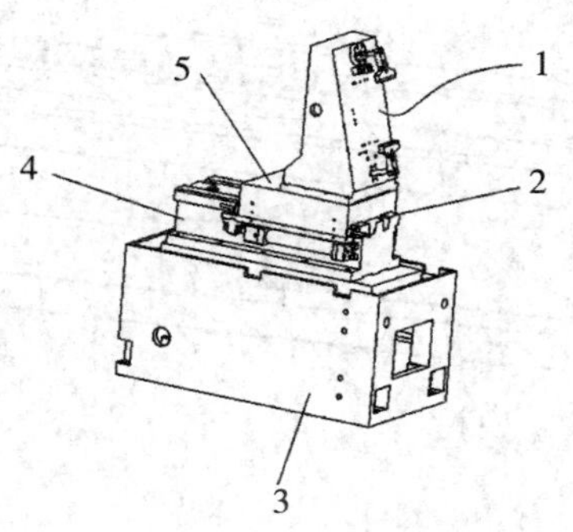

1—随行夹具装置；2—滑动装置；3—底座二；4—支撑块；5—滑动块

图 4-4　底座、滑动装置和随行夹具装置的连接关系示意图

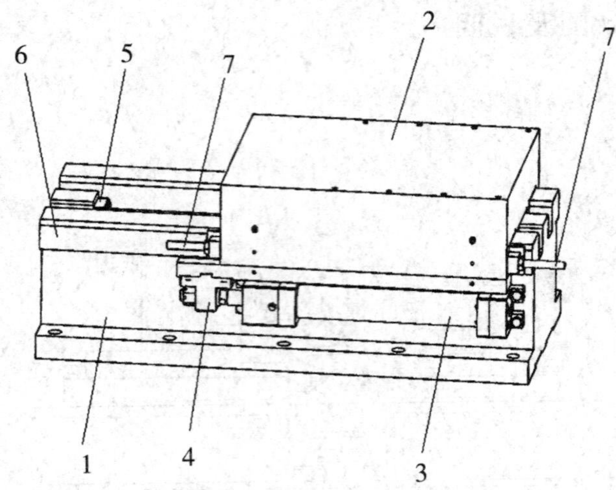

1—支撑块；2—防撞块二；3—直线驱动器；4—卡块；5—防撞块一；6—翻边；7—固定栓

图 4-5 滑动装置的整体结构示意图

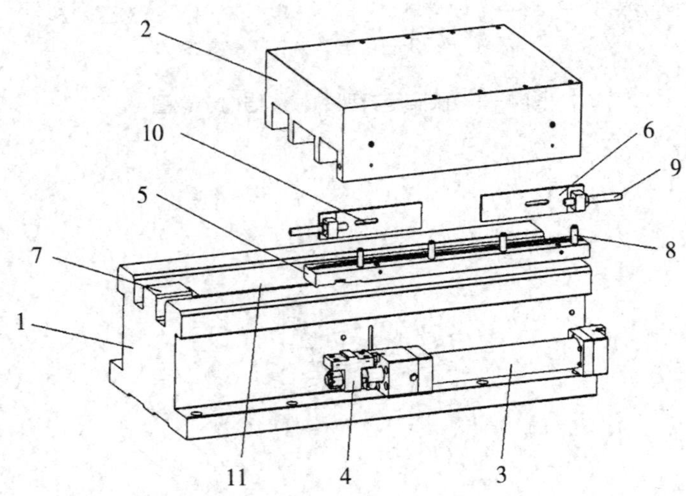

1—支撑块；2—滑动块；3—直线驱动器；4—卡块；5—拉板；6—导向板；7—限位块；8—固定栓一；9—固定栓二；10—导向槽；11—凹槽

图 4-6 滑动装置的爆炸结构示意图

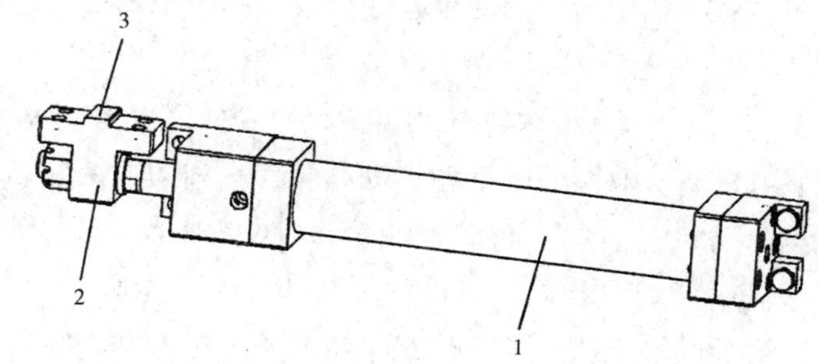

1—直线驱动器；2—卡块；3—凸起

图 4-7　直线驱动器与卡块的连接关系示意图

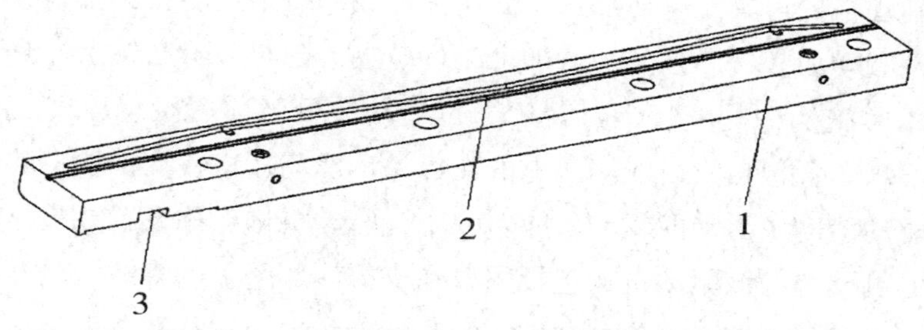

1—拉板；2—凹槽一；3—凹口

图 4-8　拉板的整体结构示意图

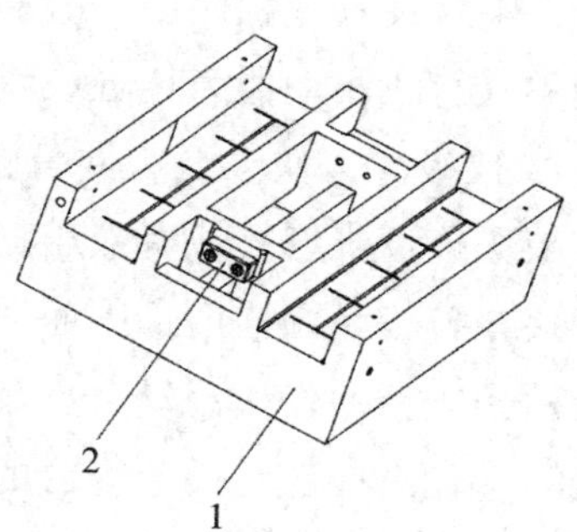

1—滑动块；2—防撞块

图 4-9　滑动块的底部结构示意图

为进一步了解本实用新型的内容，结合附图和实施例对本实用新型做详细描述。

如图 4-3 ～图 4-9 所示，本实施例的结构包括底座、动力装置一、动力装置二、刀具和随行夹具装置。其中，动力装置一和动力装置二分别位于底座的左右两侧，且动力装置一和动力装置二均可左右滑动地安装在底座上。同时，动力装置一和动力装置二的相对侧上均设有刀具（镗刀），刀具通过镗刀杆与动力装置一、动力装置二连接。本实施例中的动力装置一和动力装置二均设有多根输出轴，每根输出轴上均连接有镗刀杆，每根镗刀杆上均连接有刀具。在动力装置一和动力装置二的作用下，多根镗刀杆同时转动，从而带动刀具同时加工工件的不同部位。此外，本实施例中的多根镗刀杆能够连接不同规格的刀具，以便加工不同尺寸的孔洞。上述随行夹具装置位于动力装置一和动力装置二之间，待加工工件装夹在随行夹具装置上。需要说明的是，本实施例中的随行夹具装置通过滑动装置可前后滑动地安装在底座上。该滑动装置包括固设在底座上的支撑块、滑动连接在支撑块上的滑动块和用于驱动滑动块滑动的驱动机构。其中，驱动机构对称设置在支撑块的两个相对的侧壁上。该驱动机构包括固设在支撑块侧壁上的直线驱动器、固连在直线驱动器的伸缩杆上并与伸缩杆同步运动的卡块和能够与卡块卡合的拉板。上述滑动块与拉板固连。

具体地讲，底座包括底座一、底座二和底座三。底座二设于底座一和底座三之间，动力装置一安装在底座一上，动力装置二安装在底座三上，上述滑动装置固设在底座二上，随行夹具装置固设在滑动装置的滑动块上。作为一种优选方案，本实施例中的直线驱动器为气缸或者液压缸，卡块套设在气缸或者液压缸的伸缩杆上。拉板与卡块卡合，并且拉板上固连有固定柱一，滑动块通过固定柱一与拉板固连。当气缸或者液压缸带动卡块移动时，拉板同步发生移动。由于滑动块与拉板是固连的，因而滑动块在气缸或者液压缸的作用下发生移动，即相对于支撑块发生滑动。更具体地讲，本实施例中的卡块上设有凸起，拉板的底部设有能够与凸起卡合的凹口，位于直线驱动器和卡块的上方，卡块上的凸起卡合到凹口内后就能够可靠地带动滑动块移动。本实施例中的滑动装置结构简单，易于加工制造。此外，本实施例中的支撑块设有翻边，拉板位于翻边和直线驱动器之间，即位于翻边的下方、直线驱动器的上方。该拉板的上端面上设有凹槽一，凹槽一沿拉板长度方向设置，且凹槽一内设有耐磨条，该耐磨条能够减轻支撑块的翻边与拉板之间的磨损，延长滑动装置的使用寿命。滑动块的两侧还设有与翻边滑动配合的配合部，滑动块可通过配合部和翻边进行引导滑动，避免滑动块在滑动时发生歪斜。

进一步地，驱动机构还包括与滑动块固连的导向板，该导向板上设有导向槽，导向板通过插接在导向槽内并固定在支撑块侧壁上的销钉可滑动连接在支撑块的侧壁上。此外，该导向板上通过固定座连接有固定柱二，导向板通过固定柱二与滑动块固定连接。本实施例中的导向板有两块，两块导向板相背设置，分别通过固定柱二与滑动块的两端固连。安装好后，导向板位于翻边的外侧壁和滑动块的外侧壁之间，固定柱二连接在滑动块的两端。在销钉的作用下，导向板仅能够沿平行于导向槽的长度方向相对于支撑块的侧壁进行滑动，而不能够发生上下歪斜。由于滑动块既与拉板固定连接，又与导向板固定连接，因而滑动块既能够在拉板的作用下进行滑动，也能够在导向板的作用下沿直线运动。本实施例中的导向板能够对滑动块起到导向作用，使得滑动块平直地进行滑动，并使滑动块的滑动更加平稳可靠。同时，该导向板的导向槽能够对滑动块起到限位作用，避免滑动块的滑动距离过大。

上述支撑块的上端面上设有向下凹陷的凹槽二，凹槽二底部两端设有用于限制滑动块滑动距离的限位块。同时，限位块上还连接有防撞块一，滑动块上对应设有防撞块二，防撞块一和防撞块二能够避免滑动块直接撞击到支撑块的限位块上，起到了一定的缓冲作用，进一步延长了滑动装置的使用寿命。

本实施例中的刀具包括精镗刀和粗镗刀，精镗刀和粗镗刀安装在不同的位置。当工件进行粗镗时，将装有工件的随行夹具装置移动到粗镗刀的位置进行加工。粗镗完成后，控制随行夹具装置移动到精镗刀的位置进行精镗。本实施例中的镗孔机床的随行夹具装置通过滑动装置可滑动地安装在底座上。随行夹具装置能够进行移动，刀具能加工工件的不同位置，一次装夹即能够完成不同位置的多个孔洞的加工，加工精度高；该镗孔机床不需要更换刀具即能够进行精镗，不需要重新对刀，加工效率高。

以上内容示意性地对本实用新型及其实施方式进行了描述，该描述没有限制性，附图中所示的内容也只是本实用新型的实施方式之一，实际的结构并不局限于此。因此，如果本领域的普通技术人员受其启示，在不脱离本实用新型创造宗旨的情况下，不经创造地设计出与该技术方案相似的结构方式及实施例，均应属于本实用新型的保护范围。

第三节　一种手摇撑开的伞形晾衣架创新设计

一、背景技术

衣架是人们常用的衣物晾晒工具，但是现有的衣架大多只能悬挂在晾衣杆上，很多不具有阳台的家庭只能采用室内晾衣架晾晒衣物。现有的落地式晾衣架大多是 X 形和 K 形的，有体积较大、晾晒衣物较少等缺陷，并且此类晾衣架占用的空间较大，折叠收纳较为不便。

目前，市面上出现了一种伞形晾衣架，这种晾衣架利用雨伞的折叠和撑开原理，在伞架上晾晒衣物，晾晒衣物数量多，并且折叠收纳后占用的空间小，如中国专利申请号为 CN201110268713.2，申请公布日为 2012 年 3 月 28 日，发明创造名称为“折叠式伞状晾衣架”的申请案。该申请案涉及一种折叠式伞状晾衣架，包括底座、支撑杆和支架。支撑杆底部插接在底座表面的插槽内，顶部连接圆盘形顶端的中心。支架由多根骨架和支杆组成，骨架顶部活动连接圆盘形顶端的插槽，支撑杆一端活动连接在骨架上，另一端与套接在支撑杆上的套管活动连接。支撑杆上端插槽内设有弹性凸起，套管一侧设有开口，开口处设有弹性挡片，骨架表面等距离设有挡块。支撑杆由两段杆体嵌套组成，两者对应侧面分别设有螺纹通孔，螺纹通孔处插接螺杆。又如，中国专利申请号为 CN201210532677.0，申请公布日为 2014 年 6 月 11 日，发明创造名称为“一种可收缩扇形晾衣架”的申请案。该申请案涉及一种可收缩扇形晾衣架，该晾衣支架撑起后呈伞状，每一个支架上有若干个衣钩，可用来挂衣物或衣撑，内部的小型支架上的软皮圆环也可挂衣物，竖直的立杆可以伸缩。

上述专利中的伞形晾衣架具有节省空间、晾衣量大、使用方便等优点，但由于向外呈辐射状的挂杆为悬臂杆，为了满足强度需要和晾晒衣物数量方面的要求，挂杆较长且较重，因而衣架的撑开和收纳较为吃力，尤其对于女性来说，操作更加麻烦。

二、发明内容

（一）实用新型要解决的技术问题

本实用新型的目的在于克服现有伞形晾衣架存在的撑开和收纳费力等不足，提供一种手摇撑开的伞形晾衣架。采用本实用新型的技术方案，利用手摇机构驱动旋转支撑杆旋转，通过挂杆的撑杆与旋转支撑杆的丝杆螺母传动机构即可轻松控制伞形晾衣架的展开或折叠。一手旋转摇柄，一手扶着挂杆部分，操作简单省力，使用灵活方便，并且丝杆螺母传动机构有自锁功能，保证了晾衣架展开或折叠的稳定性，使用起来更加方便可靠。

（二）技术方案

本实用新型是一种手摇撑开的伞形晾衣架，包括固定支撑杆和设于固定支撑杆底部的三角支撑架。固定支撑杆上部的中孔内设有旋转支撑杆，旋转支撑杆的顶部设有顶帽，该顶帽与旋转支撑杆的顶部相对转动连接，同时呈辐射状向外转动连接有若干挂杆，每根挂杆的中部均通过一根撑杆与套设在旋转支撑杆上的伸缩套相连。旋转支撑杆的中部具有一段丝杆，伸缩套上固定连接有与丝杆相配合的螺母，固定支撑杆与旋转支撑杆之间还设有用于驱动旋转支撑杆在固定支撑杆上旋转运动的手摇机构。

手摇机构包括箱体、手摇柄、主动锥齿轮和从动锥齿轮。箱体固定于固定支撑杆上，主动锥齿轮和从动锥齿轮均设于箱体内部，且从动锥齿轮安装于旋转支撑杆上，主动锥齿轮与从动锥齿轮相啮合，主动锥齿轮与设于箱体外侧的手摇柄相连接。

进一步，伸缩套或螺母上还连接有用于防止挂杆随旋转支撑杆的转动而转动的手持把。

进一步，顶帽与旋转支撑杆的顶部之间通过轴承连接，旋转支撑杆的底部与固定支撑杆之间也通过轴承连接。

进一步，挂杆上沿其长度方向间隔设有若干用于挂放衣撑的挂孔或挂槽。

进一步，三角支撑架包括撑脚杆、固定套、连杆和滑动套。固定套固定在固定支撑杆的底部，撑脚杆在固定套上转动安装有三根，每根撑脚杆的中部均通过连杆与套设在固定支撑杆上的滑动套相连接。

（三）有益效果

本实用新型提供的技术方案与已有的公知技术相比，具有如下有益效果：

（1）本实用新型固定支撑杆上部的中孔内设有旋转支撑杆，旋转支撑杆的顶部设有顶帽，该顶帽与旋转支撑杆的顶部相对转动连接，同时呈辐射状向外转动，连接有若干挂杆，每根挂杆的中部均通过一根撑杆与套设在旋转支撑杆上的伸缩套相连。旋转支撑杆的中部具有一段丝杆，伸缩套上固定连接有与丝杆相配合的螺母，固定支撑杆与旋转支撑杆之间还设有用于驱动旋转支撑杆在固定支撑杆上旋转运动的手摇机构。利用手摇机构驱动旋转支撑杆旋转，通过挂杆的支撑杆与旋转支撑杆的丝杆螺母传动机构即可轻松控制伞形晾衣架的展开或折叠。

（2）本实用新型的伸缩套或螺母上还连接有用于防止挂杆随旋转支撑杆的转动而转动的手持把，便于使用者抓握，使得螺母部分能够与丝杆部分相对旋转而达到升降的目的，使得晾衣架的撑开和折叠均更加方便。

（3）本实用新型的顶帽与旋转支撑杆的顶部之间通过轴承连接，旋转支撑杆的底部与固定支撑杆之间也通过轴承连接，这使得旋转支撑杆能够在手摇机构的驱动下稳定顺畅地旋转，提高了晾衣架的结构稳定性，并进一步降低了手摇柄的旋转阻力，使用起来更加省力和方便。

（4）本实用新型的挂杆上沿其长度方向间隔设有若干用于挂放衣撑的挂孔或挂槽，便于衣物挂放，防止滑落。

（5）本实用新型的三角支撑架包括撑脚杆、固定套、连杆和滑动套。固定套固定在固定支撑杆的底部，撑脚杆在固定套上转动安装有三根，每根撑脚杆的中部均通过连杆与套设在固定支撑杆上的滑动套相连接。采用上述三角支撑架不仅收纳方便，而且支撑稳定可靠，能有效防止晾衣架倾倒。

三、设计图及说明

图 4-10 为本实用新型的结构示意图。

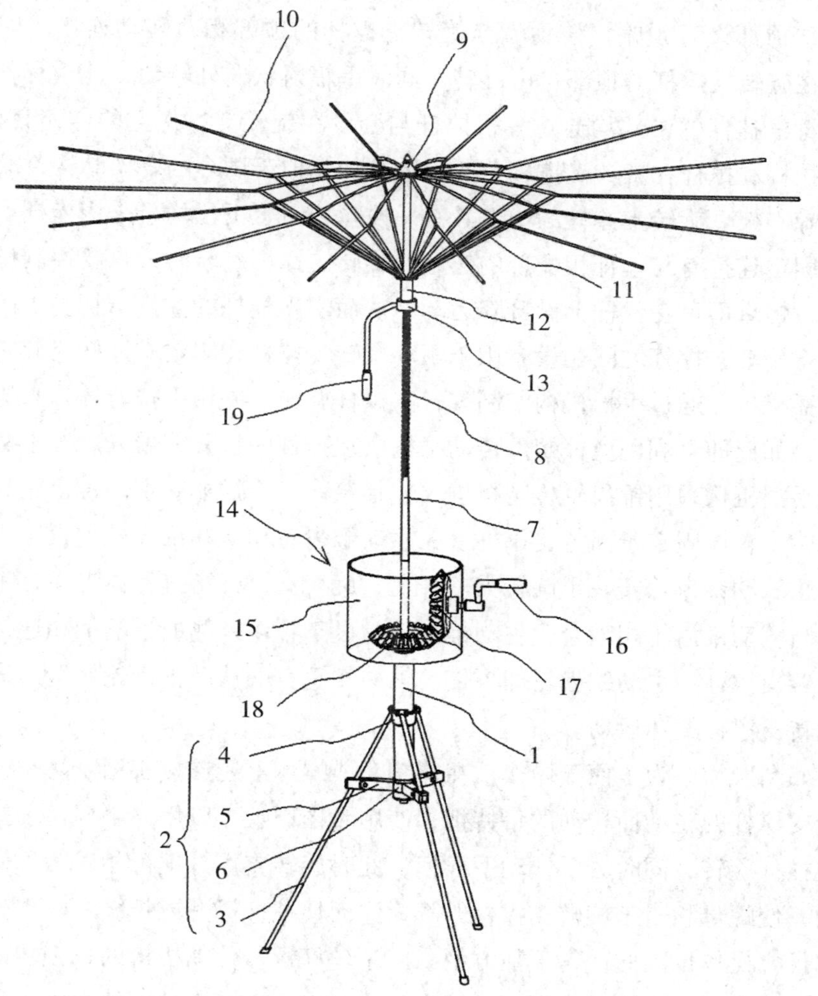

1—固定支撑杆；2—三角支撑架；3—撑脚杆；4—固定套；5—连杆；6—滑动套；7—旋转支撑杆；8—丝杆；9—顶帽；10—挂杆；11—撑杆；12—伸缩套；13—螺母；14—手摇机构；15—箱体；16—手摇柄；17—主动锥齿轮；18—从动锥齿轮；19—手持把

图 4-10　手摇撑开的伞形晾衣架的结构示意图

为进一步了解本实用新型的内容，结合附图和实施例对本实用新型做详细描述。

如图 4-10 所示，本实施例的结构包括固定支撑杆和设于固定支撑杆底部的三角支撑架，三角支撑架用于对整个晾衣架进行支撑。固定支撑杆为空心杆，上部中孔内设有旋转支撑杆，旋转支撑杆能够在固定支撑杆内自由旋转，顶部设有顶帽，该顶帽与旋转支撑杆的顶部相对转动连接，即顶帽能够在旋转支撑杆的顶部自由旋转，同时呈辐射状向外转动，连接有若干挂杆，每根挂杆的中部均通过一根撑杆与套设在旋转支撑杆上的伸缩套相连。若干挂杆和撑杆在旋转支撑杆上的安装结构类似于雨伞的骨架结构，故称为伞形晾衣架。旋转支撑杆的中部具有一段丝杆，上下段均可采用光杆。伸缩套上固定连接有与丝杆相配合的螺母，旋转支撑杆旋转时，只要控制螺母不转动，螺母即可在丝杆上做升降运动，从而实现挂杆的撑开与折叠。固定支撑杆与旋转支撑杆之间还设有用于驱动旋转支撑杆在固定支撑杆上旋转运动的手摇机构，通过手摇机构控制旋转支撑杆旋转，并用手扶着挂杆来避免其随转，如此即可利用丝杆螺母传动结构实现挂杆的折叠或展开。在本实施例中，手摇机构采用锥齿轮传动机构，包括箱体、手摇柄、主动锥齿轮和从动锥齿轮。箱体固定于固定支撑杆上，主动锥齿轮和从动锥齿轮均设于箱体内部，且从动锥齿轮安装于旋转支撑杆上，旋转支撑杆穿过箱体上端，主动锥齿轮与从动锥齿轮相啮合，主动锥齿轮与设于箱体外侧的手摇柄相连接。摇动旋转支撑杆，主动锥齿轮即可带动轴向相垂直的从动锥齿轮旋转，进而带动旋转支撑杆旋转运动。

如图所示，为了便于操作，在伸缩套或螺母上还连接有用于防止挂杆随旋转支撑杆的转动而转动的手持把，使用时操作者可以用左手握住手持把来防止挂杆旋转，同时右手摇动手摇柄，此时旋转支撑杆即可相对螺母做旋转运动，使螺母相对于旋转支撑杆升降，进而使挂杆撑开或折叠，晾衣架的撑开和折叠操作也因此变得更加方便。由于丝杆螺母传动机构的自锁功能，挂杆撑开后即可被固定在该位置，结构稳定可靠。为了避免户外使用过程中因风吹动衣物带动挂杆转动而导致的挂杆折叠，可在伸缩套上设置一个插销孔，在旋转支撑杆上挂杆处于撑开状态时的对应位置也设置一个销孔，并在伸缩套上通过挂绳悬挂一个销钉，在挂杆撑开后将销钉插入伸缩套和旋转支撑杆上对应的销孔内，从而防止挂杆因外力在旋转支撑杆上发生旋转运动而折叠。将销钉拔出即可通过驱动旋转支撑杆反向旋转来使挂杆折叠。另外，为了保证晾衣架的结构稳定，在本实施例中，顶帽与旋转支撑杆的顶部之间通过轴承连接，旋转支撑杆的底部与固定支撑杆之间也通过轴承连接，使得旋转支撑杆能够在手摇机构的驱动下稳定顺畅地旋转，提高了晾衣架的结构稳定性，并进一步降低了手摇柄的旋转阻力，使用起来更加省力和方便。为了便于放置衣撑，在挂杆上沿其长度方向间隔设有若干用于挂放衣撑的挂孔或挂槽，便于衣物挂放，防止滑落。

本实施例中的三角支撑架的结构包括撑脚杆、固定套、连杆和滑动套。固定套固定在固定支撑杆的底部，撑脚杆在固定套上转动安装有三根，每根撑脚杆的中部均通过连杆与套设在固定支撑杆上的滑动套相连接。通过上下滑动滑动套即可控制三根撑脚杆张开或折叠，并且三根撑脚杆的撑开角度大，不仅收纳方便，而且支撑稳定可靠，能有效防止晾衣架倾倒。

为了进一步阐述本实用新型的结构特点和工作原理，结合图 4-10 简单说明本实用新型的使用过程。

使用时，首先通过滑动滑动套来将三角支撑架撑开，将晾衣架放置于平地上。然后，一手扶着顶部的挂杆，一手摇动手摇柄，通过锥齿轮传动机构带动旋转支撑杆旋转，从而使螺母和伸缩套一起向上移动，通过撑杆的作用将挂杆撑开。在挂杆撑开的过程中，可以将扶着挂杆的手切换到手持把上，以免因挂杆展开后太高而难以抓握。在挂杆完全展开后即可晾晒衣物。若在有风的环境下使用，可在挂杆完全展开后利用销钉将螺母与旋转支撑杆的旋转自由度锁死，防止挂杆在风力作用下发生旋转折叠。收纳时的动作过程相反，即拔出销钉，一手扶着手持把，一手反方向摇动手摇柄，即可通过丝杆螺母传动机构的作用将挂杆折叠起来，最后将三角支撑架折叠起来即可进行收纳。

本实用新型利用手摇机构驱动旋转支撑杆旋转，通过挂杆的撑杆与旋转支撑杆的丝杆螺母传动机构即可轻松控制伞形晾衣架的展开或折叠。使用者一手旋转摇柄，一手扶着挂杆部分，操作简单省力，使用灵活方便。同时，丝杆螺母传动机构的自锁功能保证了晾衣架展开或折叠的稳定性，使用起来更加方便可靠。另外，手摇机构采用锥齿轮传动机构，结构简单，传动稳定，使晾衣架撑开更加轻松省力。

以上内容示意性地对本实用新型及其实施方式进行了描述，该描述没有限制性，附图中所示的内容也只是本实用新型的实施方式之一，实际的结构并不局限于此。因此，如果本领域的普通技术人员受其启示，在不脱离本实用新型创造宗旨的情况下，不经创造地设计出与该技术方案相似的结构方式及实施例，均应属于本实用新型的保护范围。

第四节　防插头间“打架”的滑动旋转式拖线板创新设计

一、背景技术

随着人民生活水平的提高，家用电器、办公电子设备在各个家庭、单位等地方的用量越来越多，这对电源插座提出了更高的要求。例如，在某一电子设备集中的区域，要求各不同位置的设备的电源线插在同一插座上。目前的电源插孔一般处于拖线板的同一平面上，引入不同方向的电源线势必会造成某些电源线产生较大的弯折，甚至有时无法顺利插入。有的电子设备的电源插头体积过大，插上后会影响邻近插孔的使用，导致插头“打架”（相互干涉）的现象时常发生，降低了拖线板的使用效率。另外，当插头都插在一边时，经常会使拖线板往一个方向发生整体偏转，存在不安全的因素。这些都对拖线板的使用产生了不利的影响。

二、发明内容

（一）实用新型要解决的技术问题

本实用新型的目的在于克服上述不足，提供一种防插头间相互干涉的滑动旋转式拖线板。采用本实用新型的技术方案，拖线板的结构简单，设计巧妙，插孔位置可以移动和旋转，避免了插头间发生相互干涉，继而提高了拖线板插孔的利用率，同时使拖线板受力平衡，提高了安全性。

（二）技术方案

本实用新型包括由多个单段插座组合而成的拖线板本体。单段插座的前后端面上分别有卡座结构和与卡座结构相配合的卡合结构，卡合结构包括单段插座后端面上的卡孔，卡孔的圆周壁上向着卡孔圆心的方向有第一弧形凸起；卡座结构包括单段插座前端面上向前凸出的套筒，套筒的外圆周壁上远离套筒圆心的方向有第二弧形凸起。其中，套筒的外圆周直径等于第一弧形凸起的直径，第二弧形凸起的外圆周直径等于卡孔的直径。在套筒的前端，除去第二弧形凸起的部分，还套设有用于防止单段插座脱落后内部线路外露的限位圆环。在套筒的后端，第二弧形凸起的两侧凸出，形成防止单段插座之间首尾贴合后易散落的弧形限位台。套筒位于限位圆环与弧形限位台之间的部分为用于单段插座之间相对滑动的滑动段。

进一步，弧形限位台的后端有便于单段插座之间首尾完全贴合的凹槽。

进一步，弧形限位台与凹槽之间和弧形限位台与滑动段之间均通过圆角平滑过渡。

进一步，第二弧形凸起和第一弧形凸起均为45°所对应的圆弧段。

更进一步，弧形限位台还包括插座头部和插座尾部，插座头部的后端面上有卡合结构，插座头部设有拖线板控制开关和指示灯，插座尾部的前端面有卡座结构，插座尾部设有挂孔。

（三）有益效果

本实用新型提供的技术方案与已有的公知技术相比，具有如下有益效果：

（1）本实用新型单段插座的前后端面上分别有卡座结构和与卡座结构相配合的卡合结构。卡座结构与卡合结构相配合能实现单段插座的移动和旋转，避免插头间发生干涉，继而提高拖线板插孔的利用率，同时使拖线板受力平衡，提高安全性。

（2）本实用新型的卡合结构包括单段插座后端面上的卡孔，卡孔的圆周壁上向着卡孔圆心的方向有第一弧形凸起。卡座结构包括单段插座前端面上向前凸出的套筒，套筒的外圆周壁上远离套筒圆心的方向有第二弧形凸起。其中，套筒的外圆周直径等于第一弧形凸起的直径，第二弧形凸起的外圆周直径等于卡孔的直径。在套筒的前端，除去第二弧形凸起的部分，还套设有用于防止单段插座脱落后内部线路外露的限位圆环，套筒通过限位圆环卡固在卡孔内，在第一弧形凸起和第二弧形凸起的作用下对单段插座的旋转进行限制，避免旋转圈数过多造成内部线路扭转或松脱，带来危险。

（3）在本实用新型的套筒后端上，第二弧形凸起的两侧凸出，形成防止单段插座之间首尾贴合后易散落的弧形限位台，弧形限位台的后端有便于单段插座之间首尾完全贴合的凹槽。

（4）本实用新型的弧形限位台与凹槽之间和弧形限位台与滑动段之间均通过圆角平滑过渡，使拖线板在滑动和收起来时所需的力小，易于卡位，为力量小的老人和孩子提供了便利。

三、设计图及说明

图 4-11 为本实用新型的结构示意图，图 4-12 为本实用新型中单段插座的前视三维图，图 4-13 为本实用新型中单段插座的侧视图，图 4-14 为本实用新型中单段插座的后视三维图。

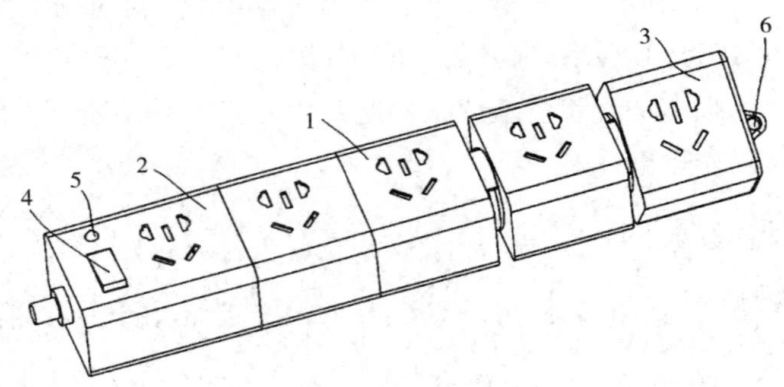

1—单段插座；2—插座头部；3—插座尾部；4—拖线板控制开关；5—指示灯；6—挂孔

图 4-11　防插头间相互干涉的滑动旋转式拖线板的结构示意图

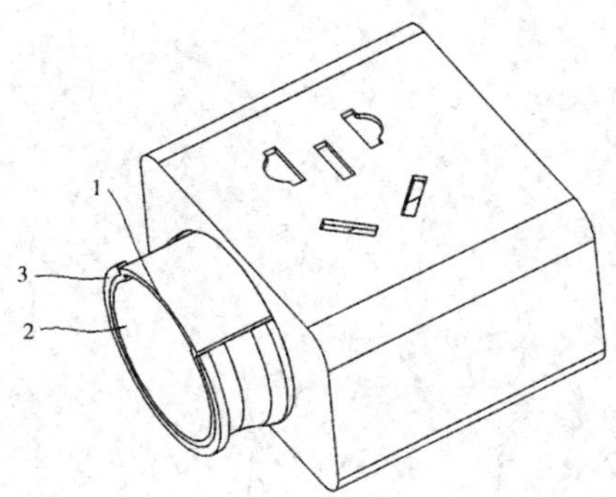

1—套筒；2—第二弧形凸起；3—限位圆环

图 4-12　防插头间相互干涉的滑动旋转式拖线板的单段插座的前视三维图

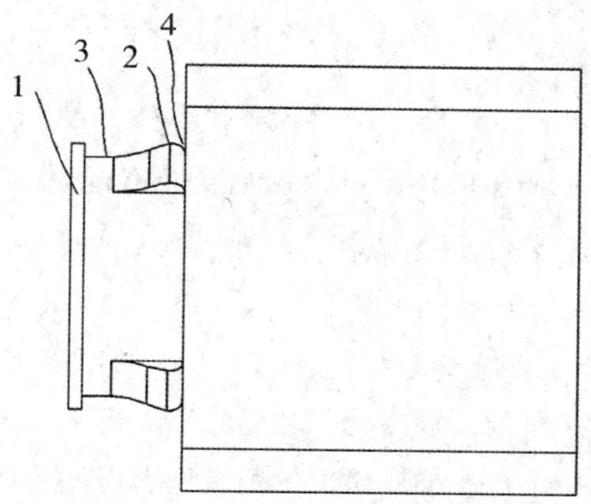

1—限位圆环；2—弧形限位台；3—滑动段；4—凹槽

图 4-13　防插头间相互干涉的滑动旋转式拖线板的单段插座的侧视图

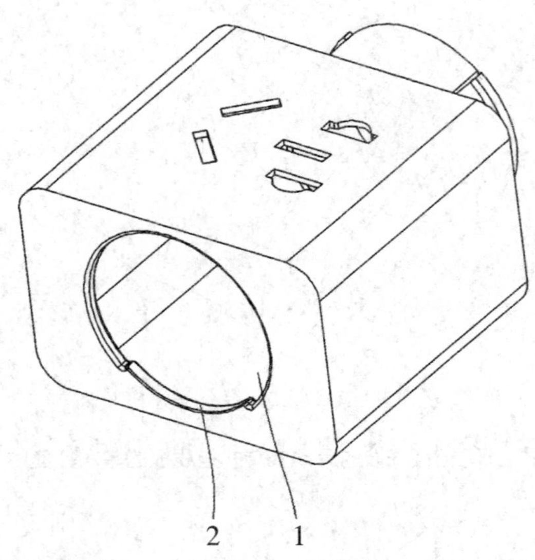

1—卡孔；2—第一弧形凸起

图 4-14　防插头间相互干涉的滑动旋转式拖线板的单段插座的后视三维图

为进一步了解本实用新型的内容，结合附图和实施例对本实用新型做详细描述。

如图 4-11 所示，本实施例包括拖线板本体，拖线板本体包括多个单段插座、插座头部和插座尾部。插座头部的后端面上有卡合结构，插座头部设有拖线板控制开关和指示灯；插座尾部的前端面有卡座结构，插座尾部设有挂孔。单段插座的前后端面上分别有卡座结构和与卡座结构相配合的卡合结构，卡座结构与卡合结构相配合后能实现单段插座的移动和旋转，避免插头间相互干涉，继而提高拖线板插孔的利用率，同时使拖线板受力平衡，提高安全性。

结合图 4-12 ～图 4-14，卡合结构包括单段插座后端面上的卡孔，卡孔的圆周壁上向着卡孔圆心的方向有第一弧形凸起；卡座结构包括单段插座前端面上向前凸出的套筒，套筒的外圆周壁上远离套筒圆心的方向有第二弧形凸起。其中，套筒的外圆周直径等于第一弧形凸起的直径，第二弧形凸起的外圆周直径等于卡孔的直径，第二弧形凸起和第一弧形凸起均为 45° 所对应的圆弧段。在套筒的前端，除去第二弧形凸起的部分，还套设有用于防止单段插座脱落后内部线路外露的限位圆环，套筒通过限位圆环固定在卡孔内，在第一弧形凸起和第二弧形凸起的作用下对单段插座的旋转进行限制，避免旋转圈数过多造成内部线路扭转或松脱，带来危险。在套筒的后端，第二弧形凸起的两侧凸出，形成防止单段插座之间首尾贴合后易散落的弧形限位台。为了保证单段插座之间尾部和头部能够完全贴合，弧形限位台的后端有便于单段插座之间首尾完全贴合的凹槽。弧形限位台与凹槽之间和弧形限位台与滑动段之间均通过圆角平滑过渡使拖线板在滑动和收起来时所需的力小，易于卡位，为力量小的老人和孩子提供了便利。套筒上位于限位圆环与弧形限位台之间的部分为用于单段插座之间相对滑动的滑动段。

本实用新型结构简单，设计巧妙，插孔位置可以移动和旋转，避免了插头间相互干涉，继而提高了拖线板插孔的利用率，同时使拖线板受力平衡，提高了安全性。

以上内容示意性地对本实用新型及其实施方式进行了描述，该描述没有限制性，附图中所示的内容也只是本实用新型的实施方式之一，实际的结构并不局限于此。因此，如果本领域的普通技术人员受其启示，在不脱离本实用新型创造宗旨的情况下，不经创造地设计出与该技术方案相似的结构方式及实施例，均应属于本实用新型的保护范围。

第五节　一种具有球形电动机的球形万向轮创新设计

一、背景技术

当今社会经济日益发展，人们的物质生活水平不断提高，燃油汽车、电动汽车、混合动力汽车成为人们的主要代步工具，此外还有用于生产、旅游的各种四轮车。然而，四轮车存在一个普遍的不足，即转弯时有一定的转弯半径，不能自由转向，给停车、作业等带来了不便。例如，停车时，如果位置较窄，转向就完全依靠驾驶员的技术。又如，遇到紧急情况时，需及时避让，如果转弯半径过大，就会造成不可挽回的后果。因此，为了解决上述问题，急需对车轮本身进行改进。

二、发明内容

（一）实用新型要解决的技术问题

本实用新型的目的在于克服上述不足，提供一种具有球形电动机的球形万向轮。采用本实用新型的技术方案，结构简单，连接方便，可自由转向，通过控制水平轴绕轴线转动和水平轴在水平面旋转，即通过两个旋转自由度的配合，来实现球形轮子前行及前行方向任意改变的目的。

（二）技术方案

本实用新型的结构包括球形轮子和球形电动机。所述的球形轮子设置在由左瓣壳和右瓣壳相卡合而成的高度大于半径的球冠形外壳内，固设在水平轴上，且水平轴的轴线穿过球形轮子的球心。水平轴的两端分别通过轴承与外壳内腔侧壁上的一圈T字形滑槽相连，以使水平轴沿着滑槽在水平面内旋转。球形电动机包括呈球形的转子和与转子相配合的呈球面状的定子。转子设置在球形轮子内，固设在水平轴上，且水平轴的轴线穿过转子的球心；定子卡装在外壳内腔上部的定子安装腔内，且定子罩在球形轮子上方。转子和定子相配合，能控制水平轴绕其轴线转动，并能控制水平轴在水平面内旋转。

进一步，转子与球形轮子的两个端盖之间均设有固设在水平轴上的散热扇，球形轮子的两个端盖均开设有第一散热孔，外壳下部侧壁上开设有与外壳内腔连通的散热环孔，且外壳下部底壁上均匀分布有多个与外壳内腔连通的第二散热孔。

进一步，滑槽内固设有相对设置的两个转向环，轴承设置在两个转向环之间。

进一步，定子包括固定盘和八个定子铁芯。固定盘的圆周壁上沿着同一周向均匀分布有八个铁芯卡装槽，八个定子铁芯的固定端分别卡装在八个铁芯卡装槽内，构成球面状结构。八个定子铁芯上均设有定子线圈，八个定子线圈分为四组，每组包括相对设置的两个定子线圈，且每组均可独立控制电流通断。当四组定子线圈中的三组同时通电时，能控制球形轮子稳定运行；当同时通电的三组定子线圈中相对设置的两组定子线圈的电流大小和频率改变时，能控制球形轮子的运行方向小角度改变；当同时通电的三组定子线圈中相对设置的两组定子线圈中的一组断电，并且使未通电的一组定子线圈通电时，能控制球形轮子的运行方向旋转 45°。

进一步，转子包括圆环、多片衔铁和相对设置的两个用于卡固在水平轴上的衔铁固定端盖。衔铁固定端盖的端面上沿着周向均匀布有多个衔铁卡装槽，相邻两个衔铁卡装槽之间开设有第三散热孔。多片衔铁套装在圆环上，设置在两个衔铁固定盘之间，并将每个衔铁的固定端盖均卡在衔铁卡装槽内，构成球状结构。

进一步，左瓣壳的拼接面上部及下部均有向外延伸的卡块，右瓣壳的拼接面上部及下部均向内凹陷形成与卡块相卡合的卡槽。

更进一步，左瓣壳和右瓣壳上均设有相对设置的两个安装座。

（三）有益效果

本实用新型提供的技术方案，与已有的公知技术相比，具有如下有益效果：

（1）本实用新型结构简单，连接方便，通过电流控制定子和转子带动水平轴转动，从而带动固设在水平轴上的球形轮子转动前行，进而通过控制电流通断情况以及电流大小和频率来使水平轴沿滑槽在水平面内旋转，改变球形轮子的前行方向，实现任意方向前行的目的。

（2）本实用新型的转子与球形轮子的两个端盖之间均设有固设在水平轴上的散热扇，球形轮子的两个端盖均设有第一散热孔，外壳下部侧壁上设有与外壳内腔连通的散热环孔，且外壳下部底壁上沿着周向均匀分布有多个与外壳内腔连通的第二散热孔。水平轴绕其轴线转动带动散热扇旋转，进而将产生的热量通过第一散热孔、散热环孔以及第二散热孔散出，散热效果好。

（3）本实用新型的滑槽内固设有相对设置的两个转向环，上述轴承设置在两个转向环之间，使得轴承在滑槽内的运动更为稳定。

图 4-15 为本实用新型的结构示意图，图 4-16 为本实用新型的球形万向轮拆分外壳后的结构示意图，图 4-17 为本实用新型的球形万向轮拆分外壳

及球形轮子后的结构示意图，图 4-18 为本实用新型的球形万向轮中定子的拆分图，图 4-19 为本实用新型的球形万向轮中的转子的拆分图。

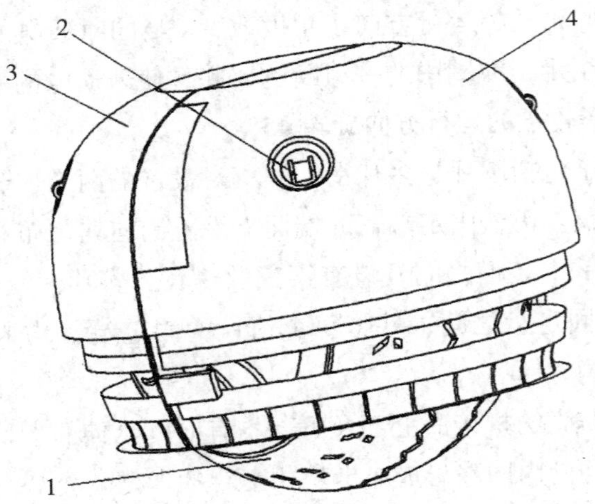

1—球形轮子；2—安装座；3—卡块；4—左瓣壳

图 4-15　具有球形电动机的球形万向轮的结构示意图

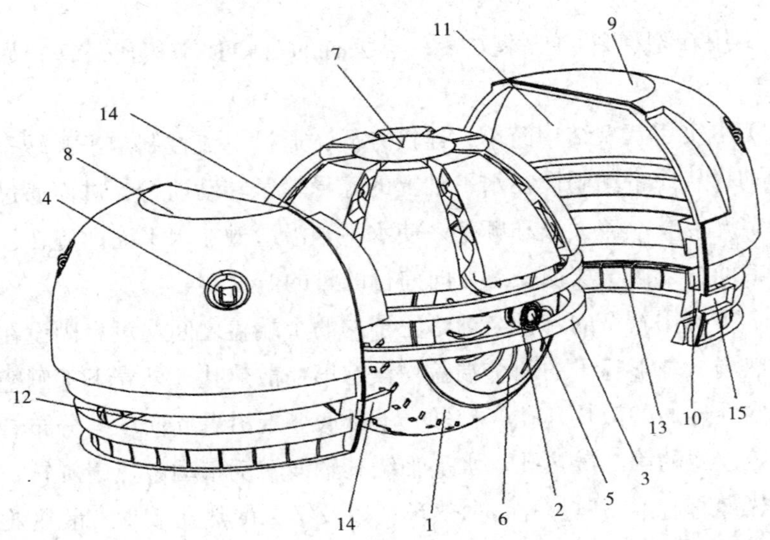

1—球形轮子；2—轴承；3—轮向环；4—安装座；5—水平轴；6—第一散热孔；7—定子；8—左瓣壳；9—右瓣壳；10—滑槽；11—定子安装腔；12—散热环孔；13—第二散热孔；14—卡块；15—卡槽

图 4-16　具有球形电动机的球形万向轮拆分外壳后的结构示意图

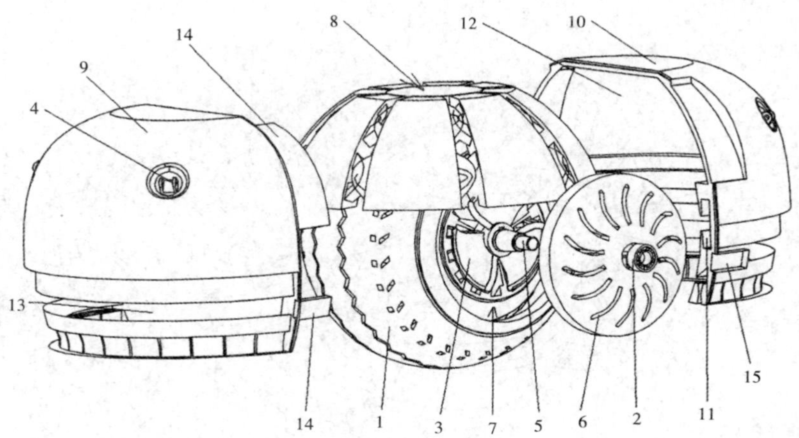

1—球形轮子；2—轴承；3—散热扇；4—安装座；5—水平轴；6—第一散热孔；7—转子；8—定子；9—左瓣壳；10—右瓣壳；11—骨槽；12—定子安装腔；13—散热环孔；14—卡块；15—卡槽

图 4-17　具有球形电动机的球形万向轮拆分外壳及球形轮子后的结构示意图

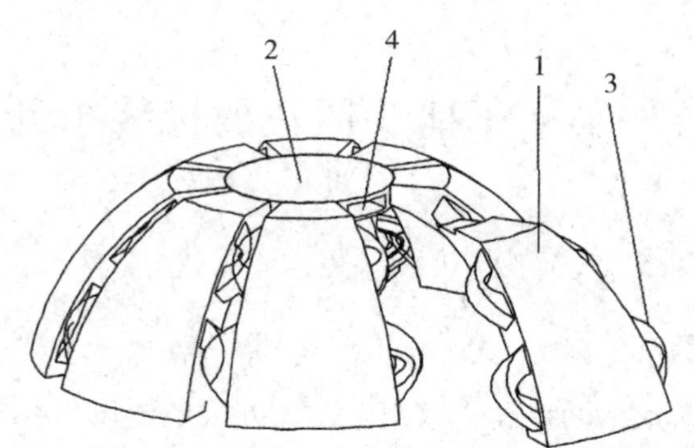

1—定子铁芯；2—固定盘；3—定子线圈；4—铁芯卡装槽

图 4-18　具有球形电动机的球形万向轮中定子的拆分图

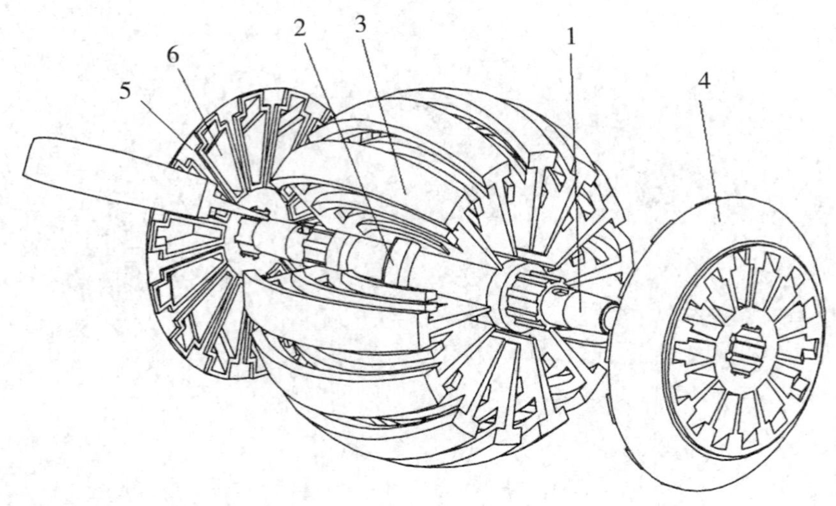

1—水平轴；2—圆环；3—衔铁；4—衔铁固定端盖；5—衔铁卡装槽；6—第三散热孔

图 4-19 具有球形电动机的球形万向轮中转子的拆分图

第六节 一种便于插头插拔的拖线板创新设计

一、背景技术

随着人民生活水平的提高，家用电器、办公电子设备在各个家庭、单位等地方的用量越来越多，这对电源插座提出了更高的要求。现有的拖线板很难实现使用一只手将插头拔出，如果强行用一只手去拔，插座的另一头没有反向作用力来稳定，受力不均，非常容易翘起，会使使用者的手指碰到插头或插座的导电金属片，极易导致触电事故。因此，对于残疾人（独臂或手残疾）来说，拔这种不固定的拖线板上的插头不能独立完成，必须依靠他人的帮助，给生活带来了一些麻烦。

二、发明内容

（一）实用新型要解决的技术问题

本实用新型的目的在于克服上述不足，提供一种便于插头插拔的拖线板。采用本实用新型的技术方案，结构简单，设计巧妙，只需控制按压弹跳结构即可实现插座与插头分离的目的，继而实现单手拔插头的目的，特别适合残疾人（独臂或手部残疾）使用。

（二）技术方案

本实用新型包括拖线板壳体，拖线板壳体的上表面上沿着其长度方向内凹形成多个圆柱形容置腔，每个容置腔内均固设有与插头相配合的圆柱形插座，且每个插座均配备一个便于插座与插头脱离的按压弹跳结构。

进一步，按压弹跳结构包括可相对容置腔旋转及上下运动的转筒、设置在转筒与容置腔底面之间的弹簧、仅可相对容置腔上下运动的弹跳筒、位于容置腔内侧壁上且等距环状排列的多个条状凸板和位于两块相邻条状凸板之间的轴向导槽。转筒套设在插座外并通过弹簧与容置腔底面相连，上端开口，下端侧壁有四块等距环状排列且可在轴向导槽内上下滑动的卡块，每块卡块的上端均有斜面；条状凸板的下端均有一个与上述卡块上端相配合来固定转筒的棘齿，棘齿的斜面与卡块上端的斜面相配合，以便卡块脱离轴向导槽后在棘齿的斜面与卡块上端斜面的作用下与棘齿卡合；条状凸板的下端与容置腔底面之间存在一定的活动距离，以保证弹簧压缩时卡块上端能够与棘齿完全脱离，确保转筒旋转；弹跳筒卡设于容置腔内并套设在转筒外，上端面有便于插头插入插座的插孔，下端有一圈与上述卡块上端啮合的齿牙，当卡块上端与棘齿卡固时，卡块上端与齿牙相啮合，且卡块上端与齿牙之间预留了为在卡块上端斜面与齿牙的共同作用下转筒旋转使得卡块上端斜面与条状凸板下端侧棱相接触提供活动空间的间隙；弹跳筒的外侧壁上有多个等距环状排列且在轴向导槽内上下滑动的滑块。

进一步，条状凸板上有与上述滑块滑动配合的第二轴向导槽。

进一步，拖线板壳体包括上壳和下盖，上壳和下盖可拆卸；容置腔位于上壳上。

更进一步，上壳上设有拖线板控制开关和指示灯，下盖的尾部设有挂孔。

（三）有益效果

本实用新型提供的技术方案与已有的公知技术相比，具有如下有益效果：

（1）本实用新型的每个插座均配备一个便于插座与插头脱离的按压弹跳结构，只需控制按压弹跳结构即可实现插座与插头分离，继而实现单手拔插头，特别适合残疾人（独臂或手部残疾）使用。

（2）本实用新型利用转筒上卡块上端与棘齿的卡合实现按压弹跳结构的初始状态设置。向下按弹跳筒使得弹簧压缩卡块上端与棘齿脱离，卡块上端斜面先与齿牙作用使得卡块上端斜面与条状凸板下端侧棱相接触，再与条状凸板下端侧棱作用使得卡块进入轴向导槽，再在弹簧的回弹作用下控制弹跳筒和转筒一并向上运动，实现插座与插头的分离。将已经弹跳起来的弹跳筒向下按，使得卡块脱离轴向导槽，并在卡块上端斜面与棘齿斜面的作用下与棘齿卡合，实现按压弹跳结构恢复初始状态，结构简单，操作方便。

（3）本实用新型的条状凸板上有与滑块滑动配合的第二轴向导槽，使得弹跳筒的运动更为稳妥。

图 4-20 为本实用新型的结构示意图，图 4-21 为本实用新型的拆分图，图 4-22 为本实用新型中弹跳筒的拆分图，图 4-23 为本实用新型中转筒的拆分图，图 4-24 为本实用新型中上壳的部分图，图 4-25 为本实用新型初始状态图，图 4-26 为本实用新型中下按后卡块与条状凸板侧棱刚接触时的示意图，图 4-27 为本实用新型中下按后转筒旋转卡块刚进入轴向导槽时的示意图，图 4-28 为本实用新型中下按后卡块与轴向导槽刚脱离时的示意图，图 4-29 为本实用新型中下按后卡块与轴向导槽刚脱离时卡块与棘齿作用的示意图。

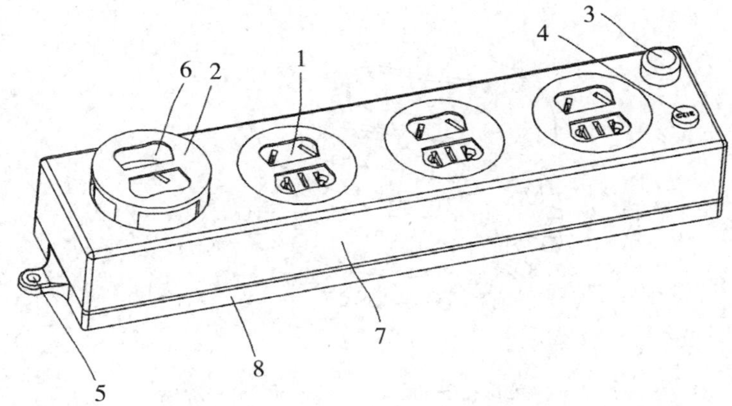

1—插座；2—弹跳筒；3—拖线板控制开关；4—指示灯；5—挂孔；6—插孔；
7—上壳；8—下盖

图 4-20　便于插头插拔的拖线板的结构示意图

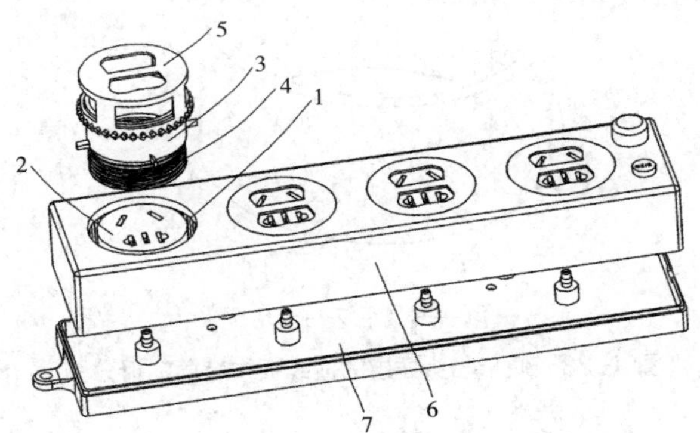

1—容置腔；2—插座；3—卡块；4—弹簧；5—弹跳筒；6—上壳；7—下盖

图 4-21　便于插头插拔的拖线板的拆分图

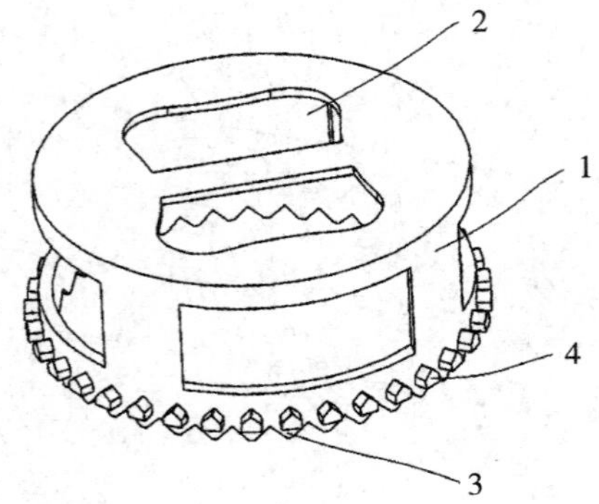

1—弹跳筒；2—插孔；3—齿牙；4—滑块

图 4-22　便于插头插拔的拖线板中弹跳筒的拆分图

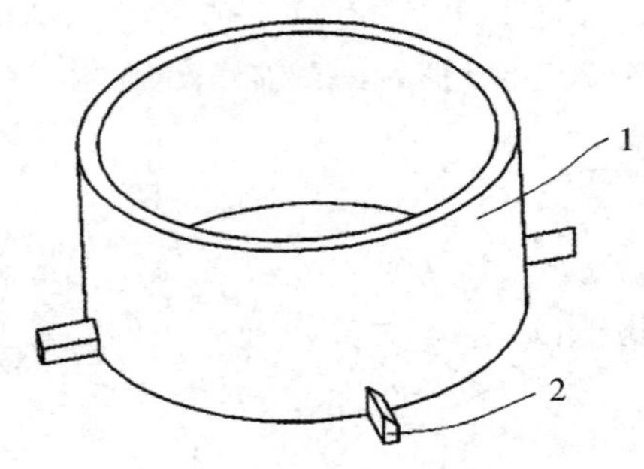

1—转筒；2—卡块

图 4-23　便于插头插拔的拖线板中转筒的拆分图

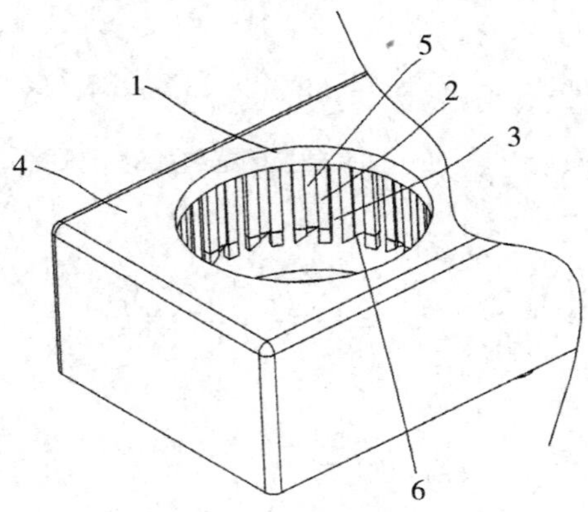

1—容置腔；2—条状凸板；3—轴向导槽；4—上壳；5—第二轴向导槽；6—棘齿

图 4-24　便于插头插拔的拖线板中上壳的部分图

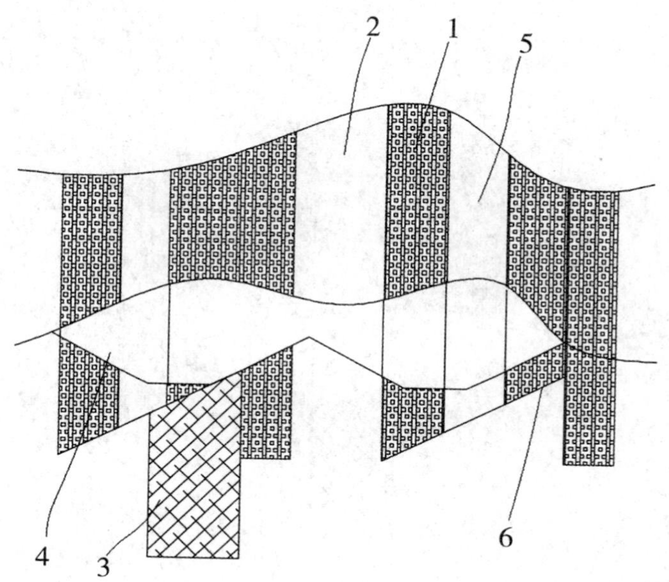

1—条状凸板；2—轴向导槽；3—卡块；4—齿牙；5—第二轴向导槽；6—棘齿

图 4-25　便于插头插拔的拖线板初始状态图

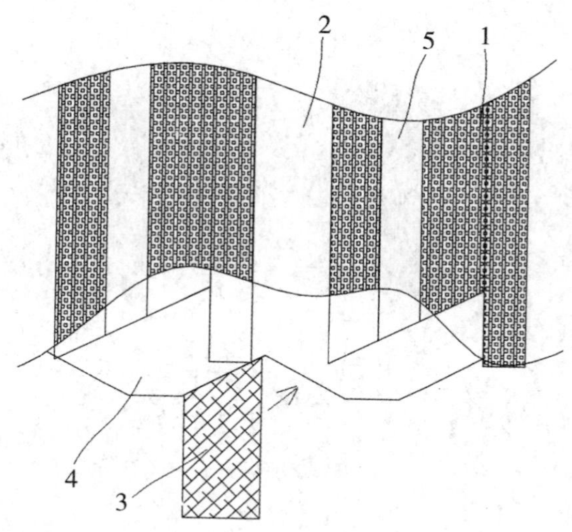

1—条状凸板；2—轴向导槽；3—卡块；4—齿牙；5—第二轴向导槽

图 4-26　便于插头插拔的拖线板中下按后卡块与条状凸板侧棱刚接触时的示意图

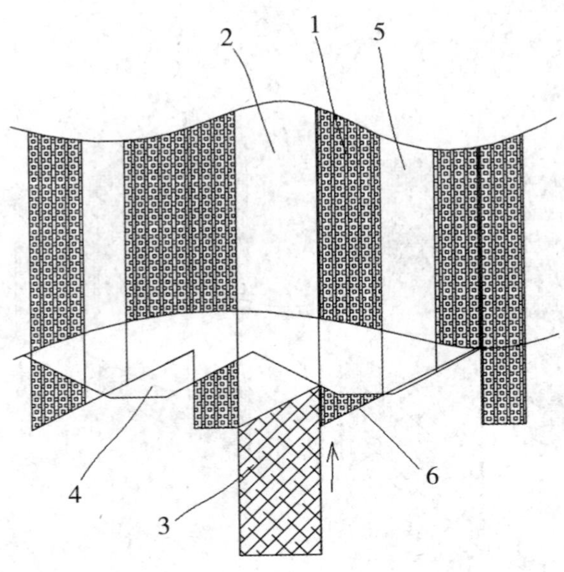

1—条状凸板；2—轴向导槽；3—卡块；4—齿牙；5—第二轴向导槽；6—棘齿

图 4-27　便于插头插拔的拖线板中下按后转筒旋转卡块刚进入轴向导槽时的示意图

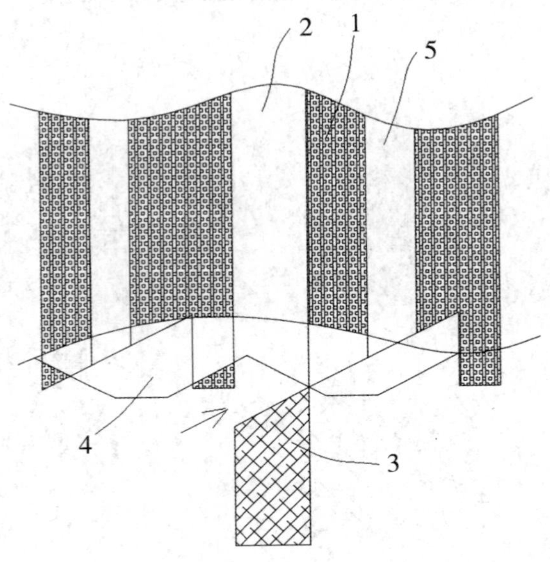

1—条状凸板；2—轴向导槽；3—卡块；4—齿牙；5—第二轴向导槽

图 4-28　便于插头插拔的拖线板中下按后卡块与轴向导槽刚脱离时的示意图

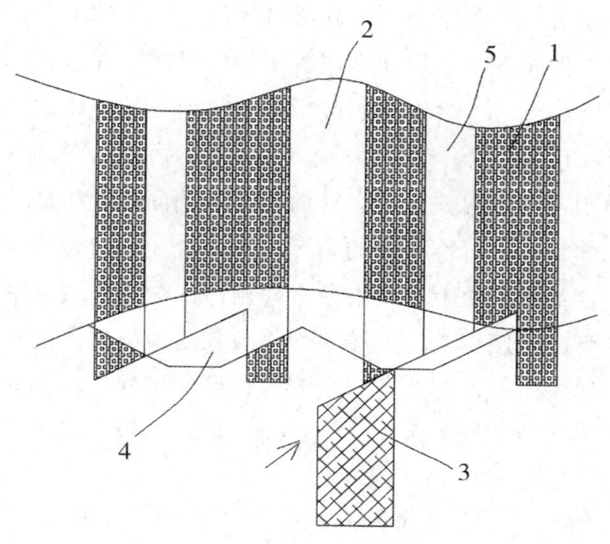

1—条状凸板；2—轴向导槽；3—卡块；4—齿牙；5—第二轴向导槽

图 4-29　便于插头插拔的拖线板中下按后卡块与轴向导槽刚脱离时卡块与棘齿作用的示意图

为进一步了解本实用新型的内容，结合附图和实施例对本实用新型做详细描述。

如图 4-20 所示，本实施例包括拖线板壳体，拖线板壳体包括上壳和下盖。上壳和下盖可拆卸，上壳上设有拖线板控制开关和指示灯，下盖的尾部设有挂孔。拖线板壳体的上表面沿其长度方向内凹形成多个圆柱形的容置腔，每个容置腔内均固设有与插头相配合的圆柱形插座，且每个插座均配备一个便于插座与插头脱离的按压弹跳结构，只需控制按压弹跳结构即可实现插座与插头分离的目的，继而实现单手拔插头，特别适合残疾人（独臂或手部残疾）使用。

结合图 4-21 ～图 4-24，按压弹跳结构包括可相对容置腔旋转及上下运动的转筒、仅可相对容置腔上下运动的弹跳筒、位于容置腔内侧壁上且等距环状排列的多个条状凸板和位于两块相邻条状凸板之间的轴向导槽。转筒套设在插座外，并通过弹簧与容置腔底面相连，上端开口，下端侧壁有四块等距环状排列且可在轴向导槽内上下滑动的卡块，每块卡块的上端均有斜面。

条状凸板的下端均有一个与卡块上端相配合来固定转筒的棘齿，该棘齿的斜面与卡块上端的斜面相配合，以便卡块脱离轴向导槽后在棘齿的斜面与卡块上端斜面的作用下与棘齿卡合。条状凸板的下端与容置腔底面之间存在一定的活动距离，以保证弹簧压缩时卡块上端能够与棘齿完全脱离，确保转筒旋转。弹跳筒卡设于容置腔内并套设在转筒外，上端面有便于插头插入插座的插孔，下端有一圈与卡块上端啮合的齿牙，当卡块上端与棘齿卡固时，卡块上端与齿牙相啮合，且卡块上端与齿牙之间预留了为在卡块上端斜面与齿牙的共同作用下转筒旋转使得卡块上端斜面与条状凸板下端侧棱相接触提供活动空间的间隙。弹跳筒的外侧壁上有多个等距环状排列且在轴向导槽内上下滑动的滑块。为了使弹跳筒的运动更为稳妥，条状凸板上有与上述滑块滑动配合的第二轴向导槽。

使用时，利用转筒上卡块上端与棘齿的卡合实现按压弹跳结构的初始状态设置（图 4-25）。向下按弹跳筒使弹簧压缩卡块上端与棘齿脱离，卡块上端斜面先与齿牙作用使得卡块上端斜面与条状凸板下端侧棱相接触（图 4-26），再与条状凸板下端侧棱作用使得卡块进入轴向导槽（图 4-27），再在弹簧的回弹作用下控制弹跳筒和转筒一并向上运动，实现插座与插头的分离。将已经弹跳起来的弹跳筒向下按，使得卡块脱离轴向导槽，并在卡块上端斜面与棘齿斜面的作用下与棘齿卡合（图 4-28、图 4-29），实现按压弹跳结构恢复初始状态，结构简单，操作方便。

本实用新型结构简单，设计巧妙，只需控制按压弹跳结构即可实现插座与插头的分离，继而实现单手拔插头，特别适合残疾人（独臂或手部残疾）使用。

以上内容示意性地对本实用新型及其实施方式进行了描述，该描述没有限制性，附图中所示的内容也只是本实用新型的实施方式之一，实际的结构并不局限于此。因此，如果本领域的普通技术人员受其启示，在不脱离本实用新型创造宗旨的情况下，不经创造地设计出与该技术方案相似的结构方式及实施例，均应属于本实用新型的保护范围。

第七节　一种一模多腔的带螺纹盖类塑件自动脱螺纹模具结构创新设计

一、背景技术

多年来，随着模具工业的不断发展，中国注塑模具的发展相当迅速，在整个模具行业中所占的比例越来越大。通常，当需要成型带有螺纹的塑件时，其相应的模具结构相对复杂一些。塑件上的螺纹分为内螺纹和外螺纹，一般情况下，内螺纹用螺纹型芯成型，外螺纹用螺纹型环成型。根据不同螺纹的具体生产要求，螺纹部分的模具结构设计也有所不同，其脱出模具的方式也各异。在结构允许的前提下，可将塑料件的内螺纹设计成分段内螺纹，采用斜推杆内抽芯来成型。若要求具有完整的内螺纹，则其脱模方法主要有如下三种：其一，强制脱模。当对产品精度等要求不高时可采用此方法，采用该种脱模方式需要使用弹性较好的塑料。其二，模外手动脱模，将螺纹型芯做成活动镶件，模外人工取出。此类模具结构简单，但效率低，劳动强度大，不能实现自动化。其三，旋转机构自动脱螺纹。该种模具生产效率高，劳动强度小，易实现自动化，适合批量生产。在工业生产中，大部分带有螺纹的塑件都是有精度要求的。例如，塑料瓶盖与瓶体配合后要求不漏水，这就对瓶盖自身尺寸以及螺纹精度提出了要求。同时，此类产品一般都是大批量生产，强制脱模和模外手动脱模的方法就不再适用了。对于尺寸和结构等有要求的螺纹塑件，生产商通常会采用旋转机构来进行脱模。

目前，市面上很多注塑模具内设有内螺纹的脱模机构，如专利申请号为 CN201310648147.7，申请公布日为 2014 年 4 月 9 日，发明名称为“塑料模具内螺纹浮动止转脱模机构”的申请案。该申请案涉及一种塑料模具内螺纹浮动止转脱模机构，包括上、下复板。上复板下安装定模板，下复板上安装模脚，模脚上安装动模底板、下齿轮固定板、上齿轮固定板、过渡齿轮固定板和动模座板，动模座板上安装动模板，动模板与定模板之间有模腔，模腔中有产品，产品内壁设置内螺纹。在动模底板上设有螺纹芯子，螺纹芯子的头部与内螺纹相配合，通过齿轮传动组件由动力带动旋转。模脚之间设有上、下顶板和顶针，顶针的头部与注塑后的料柄相接触。螺纹芯子外壁设有止转镶块，止转镶块上设有止转销子，止转销子嵌入产品壁体底部。动模座板中安装浮动弹簧，动模板中有限位槽，限位槽中设有限位螺钉，限位螺钉穿过浮动弹簧连接动模座板。该申请案的脱模机构能够方便地进行脱模，但是结构较为复杂，依靠多级齿轮进行传动，不仅生产成本高，而且传动距离受到很大限制。当螺纹芯子与液压马达的输出轴距离较远时，需设置较多数量的齿轮或者使用直径较大的齿轮，非常不便。同时，该脱模机构未设置限位装置对塑件轴向移动位置进行限制，在脱模时极易拉伤塑件的尾牙，造成不必要的损失。另外，该脱模机构依靠顶针顶在塑件料柄上，从而将塑件顶出模具，该种顶出方式不可靠，且顶出时易拉伤塑件螺纹。

二、发明内容

（一）实用新型要解决的技术问题

针对现有脱螺纹模具存在的上述不足，本实用新型提供一种一模多腔的带螺纹盖类塑件自动脱螺纹模具结构。采用本实用新型的技术方案，结构简单，制造成本低，且脱模机构运作可靠，能够避免拉伤螺纹尾牙，螺纹精度高。

（二）技术方案

本实用新型包括定模固定板和动模固定板。定模固定板下部安装有定模板，定模板内设有多个用于成型塑件的型腔。动模固定板上固连垫块，垫块上固设承板，承板上安装有与型腔数目相等的型芯。型芯头部设有螺纹，用以成型塑件的内螺纹，由旋转驱动机构带动进行同步旋转以实现脱模。承板上还固设有动模板，动模板上设有能够与产品同步轴向移动的推板，推板上设有用于限制塑件转动的止转机构。此外，承板上还设有用于限制推板移动距离的限位装置。

进一步，旋转驱动机构包括各个与型芯连接的从动齿轮、用于驱动从动齿轮转动的主动齿轮、用于驱动主动齿轮转动的链轮传动组件和用于驱动链轮传动组件的马达。从动齿轮和主动齿轮均设于承板内，且多个从动齿轮均与主动齿轮啮合以实现同步转动。马达通过马达固定块安装在承板的一侧。

进一步，垫块之间还设有面针板和底针板，面针板上安装有用于顶出塑件的顶针，顶针的头部穿过型芯内部与塑件相接触。

进一步，限位机构包括设于承板上的限位槽和行程块螺钉，行程块螺钉一端置于限位槽内，另一端穿过限位槽与推板固定连接。

进一步，动模板内设有用于推动推板的弹簧。

进一步，分型机构包括拉杆和拉杆限位块螺钉，拉杆一端与定模板固定连接，拉杆限位块螺钉安装于定模固定板内，且拉杆限位块螺钉一端与拉杆固定连接，用以带动拉杆移动。

进一步，主动齿轮中心插接传动轴，链轮传动组件包括主动链轮、链条和从动链轮。从动链轮安装在传动轴上，用于带动传动轴旋转，主动链轮安装在马达输出轴上。链轮连接主动链轮和从动链轮。

进一步，传动轴和多个型芯上均套设轴承，以便传动轴和型芯转动。

更进一步，脱料板设于定模固定板和定模板之间，以便进行分型，取出流道内的凝料。

（三）有益效果

本实用新型提供的技术方案与已有的公知技术相比，具有如下有益效果：

（1）本实用新型设有推板，推板上设有止转机构，能够限制塑件的转动，使得脱模顺利、稳定，生产效率高。同时，该模具的承板上还设有用于限制推板移动距离的限位装置，该限位装置能够对塑件轴向移动位置进行限制，避免拉伤尾牙，提高了螺纹精度。

（2）本实用新型的旋转驱动机构采用链传动和齿轮传动结合的方式进行脱模，传动更加平稳，工作更加可靠。同时，该旋转驱动机构传动距离大，结构紧凑，占用空间小。

（3）本实用新型采用顶针顶出塑件，顶针的头部穿过型芯内部与塑件底部相接触，顶出可靠，且顶针的痕迹留在塑件内侧，对塑件表面无伤害。

图 4-30 为本实用新型的整体结构剖视示意图，图 4-31 为本实用新型的侧面剖视图，图 4-32 为本实用新型的旋转驱动机构中的齿轮传动结构示意图。

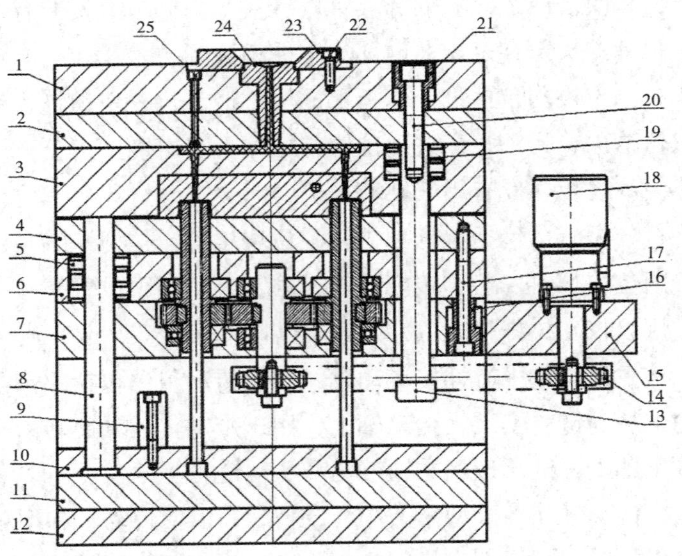

1—定模固定板；2—脱料板；3—定模板；4—推板；5—弹簧；6—动模板；7—承板；8—复位杆；9—限制块；10—面针板；11—底针板；12—动模固定板；13—拉杆；14—链轮传动组件；15—马达固定板；16—行程块；17—行程块螺钉；18—马达；19—拉杆弹簧；20—拉杆限位块螺钉；21—拉杆限位块；22—定位环螺钉；23—定位环；24—浇口套；25—拉料针

图 4-30　一模多腔的带螺纹盖类塑件自动脱螺纹模具结构的整体结构剖视示意图

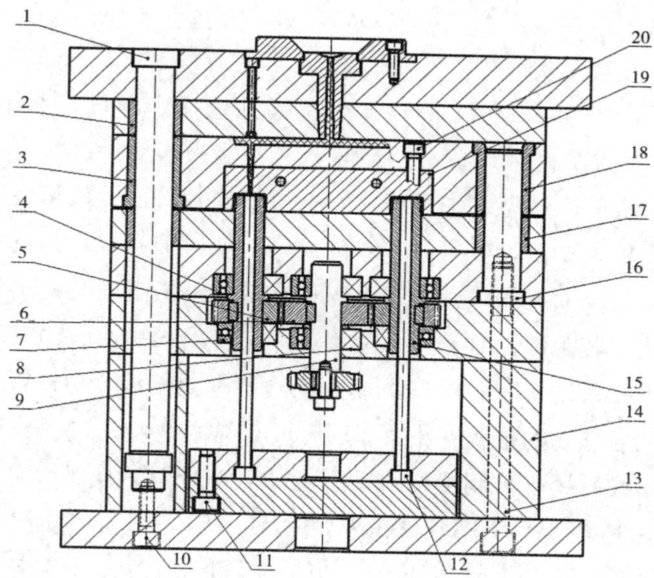

1—导柱一；2—直导套一；3—有托导套一；4—轴承二；5—从动齿轮；6—主动齿轮；7—轴承一；8—轴承三；9—传动轴；10—动模固定板螺钉；11—顶针板螺钉；12—顶针；13—方铁螺钉；14—垫块；15—型芯；16—导柱二；17—直导套二；18—有托导套二；19—型腔；20—型腔螺钉

图 4-31　一模多腔的带螺纹盖类塑件自动脱螺纹模具结构的侧面剖视图

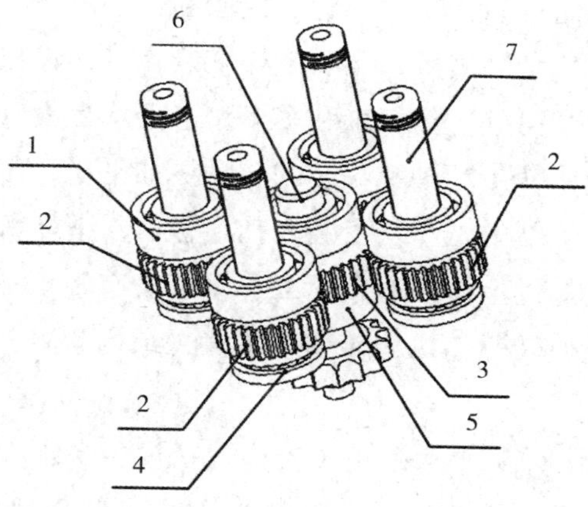

1—轴承二；2—从动齿轮；3—主动齿轮；4—轴承一；5—轴承三；6—传动轴；7—型芯

图 4-32　旋转驱动机构中的齿轮传动结构示意图

为进一步了解本实用新型的内容，结合附图和实施例对本实用新型做详细描述。

如图 4-30、图 4-31 和图 4-32，本实施例包括定模固定板和动模固定板。其中，定模固定板下部安装有定模板，且定模板内设有多个用于成型塑件的型腔。本实施例的型腔采用组合式，设置在镶块上，该镶块通过型腔螺钉固定在定模板内。该种设置方式较为灵活，能够节省材料，且便于更换镶块。动模固定板上固连垫块，垫块上固设承板，承板上安装有与型腔数目相等的型芯。此型芯头部设有螺纹，用以成型塑件的内螺纹，由旋转驱动机构带动进行同步旋转以实现脱模。承板上还固设有动模板，动模板上设有能够与产品同步轴向移动的推板，推板上设有用于限制塑件转动的止转机构。此外，承板上还设有用于限制推板移动距离的限位装置。具体地讲，上述的旋转驱动机构包括各个与型芯连接的从动齿轮、用于驱动从动齿轮转动的主动齿轮、用于驱动主动齿轮转动的链轮传动组件和用于驱动链轮传动组件的马达。从动齿轮和主动齿轮均设于承板内，且多个从动齿轮均与主动齿轮啮合以实现同步转动。如图 4-32 所示，多个从动齿轮排布均匀地与主动齿轮啮合，传动平稳，工作可靠。马达通过马达固定块安装在承板的一侧，马达固定块安装在承板的侧边，马达通过螺钉固定在马达固定块上，且马达固定块上开设有通孔，以供马达的输出轴传出。更具体地讲，主动齿轮中心插接传动轴，链轮传动组件包括主动链轮、链条和从动链轮。从动链轮安装在传动轴上，用于带动传动轴旋转，主动链轮安装在马达输出轴上。链轮连接主动链轮和从动链轮。另外，传动轴和多个型芯上均套设轴承，以便传动轴和型芯进行转动。为了使传动轴和型芯的转动更加平稳，传动轴和型芯的上下两端均设有轴承，上端的轴承均安装在动模板内，下端的轴承均安装在承板内。具体地讲，型芯的上端设有轴承二，下端设有轴承一，传动轴上下两端均设有轴承三。该旋转驱动机构传动距离大，结构紧凑，占用的空间小，实用性强。

如图 4-30 和图 4-31 所示，止转机构包括设于推板上的凸起，该凸起伸进型腔，注塑成型后，该凸起插入塑件的底部，很好地阻止了塑件转动。与此同时，动模板内设有用于推动推板的弹簧，开模前该弹簧处于被压缩的状态，开模后，在该弹簧的弹力作用下，推板与塑件同步向上进行轴向移动，使得推板上的凸起始终与塑件结合，从而保证该凸起始终起止转的作用，使得脱模顺利、稳定，提高了生产效率。为了避免拉伤尾牙，承板上设有限位装置，该限位装置包括设于承板上的限位槽和行程块螺钉。行程块螺钉一端置于限位槽内，另一端穿过限位槽与推板固定连接。当推板随塑件移动到一定位置后，行程块螺钉的头部被限制在限位槽内不能再向上移动，推板随即被行程块螺钉拉住，不再向上移动。该限位装置结构简单，易于加工制造，同时提高了塑件的螺纹精度。此外，还可在限位槽内设置行程块，行程块的设置方式如图 4-30 所示。行程块安装于限位槽内，行程块螺钉头部置于行程块内，另一端由行程块穿出。该行程块的尺寸由计算得出，当模具长期使用出现弹簧弹性下降等问题时，可更换行程块来修正推板等部件在模具中的位置，非常方便。

对于塑件的顶出机构，垫块之间还设有面针板和底针板。面针板上安装有用于顶出塑件的顶针，顶针头部穿过型芯内部与塑件相接触。如图 4-31 所示，顶出塑件时，由注塑机推动面针板和底针板向上移动，从而带动顶针向上移动顶出塑件。为了避免面针板和底针板上升距离过大撞击承板，面针板上还设有限位块，当限位块碰撞到面针板时即停止推动底针板。该顶出机构顶出可靠，且顶针的痕迹留在塑件内侧，对塑件表面无伤害，成型的塑件更加美观。

作为一种优选方案，本实施例的模具采用点浇口的形式，考虑到点浇口的成型方式，该模具还包括脱料板，脱料板设于定模固定板和定模板之间，以便分型取出流道内的凝料。如图 4-32 所示，定模固定板和脱料板内设有主流道，定模板内设有分流道，主流道部分设有浇口套，且浇口套通过定位环进行定位和固定，定位环通过定位环螺钉固定在定模固定板上。同时，定模固定板内设有拉料针，该拉料针的头部能够与分流道内的凝料接触，以拉出凝料。另外，该模具还包括用于带动定模板与推板分离的分型机构，该分型机构包括拉杆和拉杆限位块螺钉。其中，拉杆一端与定模板固定连接，拉杆限位块螺钉安装于定模固定板内，且拉杆限位块螺钉的一端与拉杆固定连接，用以带动拉杆移动，拉杆的头部还套设有拉杆弹簧，该拉杆弹簧设于定模板内。同样，可在定模固定板内设置拉杆限位块，其设置方式与行程块类似。

本实施例中的模具除了上述结构外，还设有导柱一和导柱二，且导柱外围还对应设有直导套一、有托导套一、直导套二、有托导套二。该处导柱导套的设置方式与现有技术类似，在此不再赘述。上述面针板和底针板通过顶针板螺钉进行连接，动模固定板和垫块通过动模固定板螺钉进行连接，动模固定板、垫块、承板和动模板通过方铁螺钉进行连接。此外，为使模具准确合模，本实施例中的模具还设有复位杆，该复位杆固定在面针板上。在合模过程中，当复位杆的端部接触到定模板时，动模部分即停止前进，完成合模动作。

模具闭合时，熔融的塑料经喷嘴注入模具型腔，经过充模、保压、补缩、冷却、定型等环节后注塑完毕。开模时，动模部分向后移动，拉杆弹簧的作用迫使定模板随动模一起向后移动，使模具首先在脱料板和定模板处分型，在拉料杆的作用下，凝料与塑件脱离，完成第一次分型。然后，动模部分继续向后移动，拉杆限位块螺钉拉动拉杆向上移动，而拉杆与定模板通过螺纹固定连接，所以拉杆限位块螺钉也带动定模板向上移动，使得定模板与推板分型。接着，用马达带动链轮，通过链条传动组件带动传动轴转动，从而带动相应的齿轮转动，齿轮带动型芯做旋转运动，旋转运动产生轴向推力，推板下的弹簧顶开推板，塑件相对型芯轴向移动，在止转机构的止转作用下，实现型芯边旋转塑件边轴向移动，从而脱出塑件内螺纹。在脱出内螺纹时，限位装置发挥作用，防止拉伤尾牙，保证螺纹精度。最后，由顶针顶出塑件，完成脱模。

本实用新型结构简单，制造成本低，且脱模机构运作可靠，成型的螺纹精度高，实用性强。

以上内容示意性地对本实用新型及其实施方式进行了描述，该描述没有限制性，附图中所示的内容也只是本实用新型的实施方式之一，实际的结构并不局限于此。因此，如果本领域的普通技术人员受其启示，在不脱离本实用新型创造宗旨的情况下，不经创造地设计出与该技术方案相似的结构方式及实施例，均应属于本实用新型的保护范围。

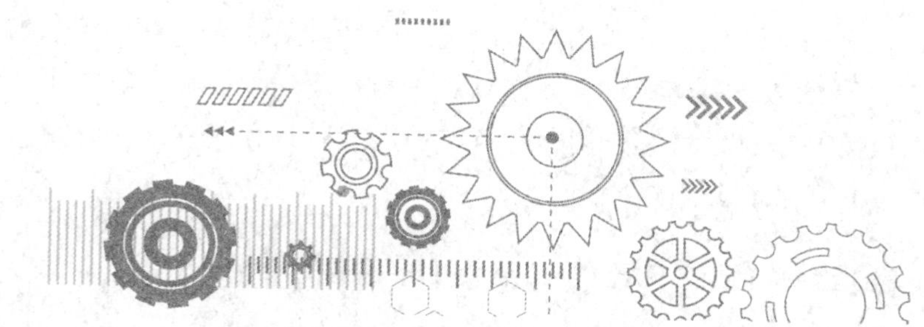

第五章　机电产品创新设计产生、固化、转化的思考

第一节　机电产品创新设计产生——校企合作

我国在向着经济高质量发展的目标不断前行的过程中提出了“中国制造2025”的战略。对于我国的高职教育来说，随着社会的进步，机电类专业教育的教学水平和规模早已今非昔比，但仍有着越来越大的社会缺口。为此，可以采用校企合作的形式，结合社会对技能型机电专业人才的需要，整合并共享优质的企业资源、建设实训基地、制定专门的人才培养计划等，以有效促进机电专业人才教育培养目标的实现。在产教相结合的培养模式下，如何将高职院校与社会企业的优势尽可能地发挥出来，以最高的效能为社会培养综合素质较高的机电专业人才，满足当前机电行业的发展需求，是校企双方都应着重思考的问题。

从中国经济的稳定发展和制造业人才缺口不断扩大的现状来看，机电专业对于当下的中国社会来说具有重要的意义，肩负着艰巨的时代责任。机电类专业不断地培养着优秀的制造业人才，为制造业的发展提供了强大的支撑。因此，职业院校应明确培养一线制造业人才的卓越办学目标，明确满足社会需求、填补行业缺口的基本办学导向，强化人才培养能力。职业院校应加强与企业之间的合作，实现优质资源的互通互助，建立合作实训基地，实现“双平台”的人才培养模式，帮助机电专业人才获得更高的职业适应能力。这不仅是一条科学可靠、切实可行的机电专业人才培养之路，更是改革和发展机电专业的必经之路。

一、通过校企合作培养机电专业人才的分析

（一）校企合作的内涵

校企合作通常指教育机构与产业界为了开展和发展技术服务、科学研究、人才培养等进行的全方位合作，为培养高职机电专业人才而创建的联合培养平台就是一种典型的校企合作方式。根据《中华人民共和国职业教育法》的相关规定，职业教育不仅在我国教育事业中发挥着重要作用，还能极大地促进社会经济的发展和提高劳动就业率。在“中国制造 2025”战略的开展与实施方面，机电专业也提供了重要的技术支持。只有坚持校企合作的培养模式，才能精准定向地为企业培养所需人才，学生才能不断接受各种教育培训，掌握各种知识技能，学以致用，快速适应制造业中各种就业岗位的具体要求，紧跟岗位发展变化，逐渐弥补我国社会的人才缺口。

（二）校企合作的现实需要

第一，贴合国家政策导向，满足高职教育内涵建设的迫切需求。国家相关部门就校企合作办学这一教育培训模式出台了相关的规划发展纲要，明确指出要构建以政府为主导、由行业提供专业指导、社会企业积极参与、完善可行的办学制度，形成校企合作的良好教育培训模式。政府相关职能部门需要为校企合作实训基地的建设提供及时的政策支持和恰当、科学的鼓励和指导。在各方的参与和配合下，校企合作有了新的发展机遇。

第二，解决校内培养专业人才乏力这一问题。资金有限这一问题是大部分高职院校在发展过程中面临的大问题，资金限制着高校教育相关设施的建设水平，导致院校投资分散。校企合作模式是对社会资源的全面整合，能够实现各方资源共享。共同建设起点高、水平高的校企联合实训基地是最好的发展思路和办法，然而校内实训基地与企业之间存在对接不足等问题，因而要促进校企对实训基地的共建，促进产学研一体化发展的实现，这一方法也

是职业院校实现改革发展专业人才培养体系的重要途径。

（三）校企共建机电专业实训基地的意义

第一，院校与企业共同建设机电专业实训基地，是对传统教学模式的突破，有助于实现校企双方共赢。从职业院校的角度来看，将企业资源引入校园，聘请企业中实操经验丰富的专业技术人员为校内受训学生提供专业的技术指导，有助于改善高职院校专业课程强理论弱实践的情况。学生在专业的指导下能够快速适应实践内容，结合实操与专业理论使自身能力得到迅速提升。这一培育模式不仅能够满足当下社会发展的需求，还能培养一批优秀的专业技术人员，已成为未来职业教育重要的发展方向。从企业的角度来看，这种模式是对学校人才资源的一种利用和更新，一方面可以优化企业内的员工，另一方面，与高职院校共同培养技术人才也为企业未来的发展储备了充分的人力资源，可以有效避免技术人才的短缺。

第二，高职机电专业的受训学生由于受到了校企制定的专项培养，在真正进入岗位前就已经积累了一定的实践经验，能够快速适应社会和行业的发展现状，快速融入企业文化和企业的生产发展模式。同时，其所具备的专业理论知识与丰富的实操经验也使其具有一定的竞争力。另外，机电专业的社会人员在经历了实训基地的培训后，可以及时了解和掌握机电行业发展趋势以及目前发展的新动态，了解企业用人需求，以便结合市场需求促进自身成长发展，为自身就业提供保障，进而促使就业对口率得到有效提升。

二、高职机电专业实训基地的建设条件

（一）实训基地建设的基本条件

对于人才储备，我国高职院校资源充沛、条件优良。首先，目前我国的高职院校已经超过了 1000 所，教师队伍壮大，其中大多数教师已取得了本科及以上的学历，且有一定的科研能力。其次，大部分职业院校为培养杰出技术型储备人才，为机电专业配置了相关科研仪器和专业的实训实验设备，并在全面了解社会人才缺口、市场需求，紧跟时代发展步伐的同时，加大了对学生的培育培训力度，尽可能地使机电专业学生的求知欲、学习欲和实验、实践需求得到更好的满足，这也为发展校企合作奠定了稳固的基础。最

后，随着高职院校机电专业科研教学规模的日趋扩大，校方提供了强有力的资金支持，保障了校企合作平台的稳定运行。校方还配置了适量的机电方面的资料，从纸质书籍到电子刊物，从线上到线下，为教育教学的持续、科研项目的开展以及校企合作的稳定运行提供了更大的便利。

（二）实训基地建设的基本定位

在建设校企合作实训基地时，高职院校可以充分借鉴其他已取得一定成效的本科、专科学校在这方面的经验，与自身实际发展情况相结合，对高职院校内外优质的人力资源进行整合重置，对校企合作的全部项目进行合理定位，使自身特色和优势得以充分发挥。高职院校可筛选出常用的教学设备来激发学生的学习兴趣，开启校企合作中的研发、改良、优化设备的项目活动，进而使学生的市场竞争力和综合素质得以提升。另外，校企合作可将研制小型项目以及协助机电类企业实现技术的改良作为重要发展方向，凭借科研项目横向申领资金支持，最终创造价值，实现收益。在培训内容的选取方面，高职院校与企业都应坚持教学为源、科学为流的原则，切忌本末倒置，应全力推进科研项目的进行。高职院校方面应注重对师资力量的筛选，提高全体教师的综合素质水平，为教学质量提供保障。

（三）实训基地建设的基本方向

校企双方在技术型人才培养方面的共同追求和使命是高职院校机电专业联合社会企业共同建设实训基地的根本出发点，最终目的是提高人才质量、提高经济效益、实现校企双方共赢。一方面，校企双方应形成完善可靠的供应机制，推动彼此的发展与合作。在合作过程中，双方应积极寻求与对方的利益交叉点，并维护双方的利益需求。双方应协商建立科学可行的合作培育机制、资源共享机制和利益共享机制，以实现高职院校教育资源和企业技术资源的全方位共享，促进校企双方紧抓人才培育，使校企双方获得更高的收益。另一方面，高职院校在校园内部也应积极构建动力机制，将合作建设实训基地的动力全面激发出来。高职院校应做好协调工作，充分调动主观能动性和积极性，将人人有责的思想贯彻到每个个体。同时，结合实训基地的需要重新规划、创建、组织团队，并规定好其职能，分派专项负责人与合作企业相关责任部门或责任人对接，为学生提供定向培养服务。

三、高职机电专业实训基地建设的策略分析

（一）把好起点，选择优质的合作企业

在“产教融合”这一概念中，“产”是一切活动开展与发展的基础，因而学生只有对产品的真实生产流程有一定的了解，才能真正掌握一门技术，教师也才能帮助学生真正成长成才。为此，学校应联合企业，积极开展专业的教学实践活动，将实际生产与理论教学紧密结合，帮助学生深入了解和扎实掌握机电专业的知识和技能。企业的筛选对于高职院校来说十分重要，具备先进技术水平和丰富管理经验并且有与高职院校合作的意向的企业为首选目标。高职院校在选择合作企业时，可以组织校内领导与相关负责人联系对方企业互相考察，考察要点为：①企业方面主要有运营状况、设备管理情况以及产品生产情况；②高职院校方面主要是教研水平、人才素质、办学条件等。考察通过后，校企双方共同确定合作目标，商榷合作事项。由学校提供设备、场地，由企业提供专业技术人员、产品，二者将优势相结合，共同完成培养学生这一目标。

（二）突破重点，建立一体化培养模式

目前，高职院校在与社会企业联合建设实训基地时，可能面临的矛盾有以下几种：①高职院校开展实训的时间与企业正常生产活动的时间难以匹配，而实训课程需要高职院校与企业共同参与；②实训人数太多而实验设备数量不足，导致学生没有足够的实操机会，难以获得技能上的提升；③生产任务的达成和人才素质的提升难以权衡，很难在不影响企业常规生产活动的前提下安排高职院校的实训实践课程和提升学生的综合素质。要解决以上矛盾，还需要高职院校与企业换位思考，实现思想的进一步解放，保持长久沟通，共同摸索出一种一体化、科学可行的专业技术人才培养模式，构建校企在实训基地“双主体”，赋予学生“双身份”。企业可以向实训基地渗透适当的企业文化，帮助学生了解企业的运作模式，让学生提前适应企业生产模式，进而使学生更熟练地掌握所学知识和技能，提升技能的实际应用能力。

（三）关注难点，构建合适的课程体系

高职院校与企业都应该以高效完成生产任务为最终目标，围绕学生技能培养和素质提升建立起科学可行的实训教学体系。这样的生产类实训与企业的实际生产密切相关，具有一定的“双重性”，要求在不影响企业常规运营和生产的情况下，完成对学生的课余实训，帮助学生掌握生产技能。因此，校企双方应就如何使实训任务与实际生产的价值趋于一致进行沟通。双方可以围绕企业的实际生产任务，构建满足生产需求且具有实训实践特性的教学课程体系，同时设计一套对应课程教学的评价体系，使其与高职院校教学和企业生产的双重需要相适应。高职院校还应将课程标准制定在企业实际岗位需求和生产技术特点的基础上，将实际生产任务和活动作为核心来开展对应的技能教学，同时放开来自校内师生与企业人员这三方的客观评价。

校企互聘，以合作的形式组织、创建教学团队，可以为实训的顺利开展与高质量教学的进行提供可靠保障。对于院校与企业双方来说，要开展全方位合作，在生产性实训师资队伍的聘任上相互交流、互聘互选，共同聘任。在实训过程中，企业提供经验丰富的专业技术指导人员来担任教师一职，带领学生深入探讨行业现状，进行技能训练，科学指导学生掌握专业技能，为其解决生产中的各种技术问题。校企双方还可以在实训过程中联合开展教学成果转换、技能研究以及生产项目孵化等活动，一方面，可以帮助企业有效解决与专业技术相关的问题；另一方面，高校教师可以积累更多、更扎实的实训教学经验，可以掌握更多的理论知识和技术技能。校企双方应结合实际设计出配套的实训监督管理制度，做到统筹兼顾，同时挑起实训教学和生产服务两面大旗。只有建立健全科学的管理机制，才能促使双方发挥最大效能。在带教过程中，由实训基地管理部门来严格监管授课讲师与专业教师，从而在提升学生知识技能水平的同时促进企业的发展。校企双方在面对共通问题时，应秉承共商、共建、共赢的基本原则，互相协调沟通，共同寻求可行的解决办法。对于一些具体的规章制度，如学生的实习管理制度、考核制度、请假制度等，学校应参考企业的合理意见制定，以确保实训实操教学基地正常运行。

综上，校企双方开启合作时最可靠的切入点就是现代化的高职教育。同时，加大对校企合作实训基地的建设力度，实现高职教育事业的深入改革

现已得到国家相关制度和政策的大力支持。在这一背景下，高职院校与社会企业之间更应该强化沟通交流，进一步探索更科学合理的一体化人才培养模式，共享资源优势，共同培养高素质的专业技术型人才。

第二节　机电产品创新设计成果固化——创新作品专利申请

一、专利申请书的撰写

（一）什么是专利

《中华人民共和国专利法》（以下简称《专利法》）中提到的专利是“专利权”的简称，指国家依法在一定时期内授予发明创造者或其权利继受者独占使用其发明创造的权利。专利有两层含义：一是指专利发明，指取得专利权的发明创造。例如，某项产品包含两项专利，指的是这项产品使用了两项受到专利权保护的发明创造（专利技术或外观技术）。二是指专利文献，指记载发明创造内容的专利文献。通常所说的查专利，是指查专利文献。我国《专利法》规定了三种专利类型：发明专利、实用新型专利及外观设计专利。

（二）发明专利和实用新型专利申请书的撰写

发明专利是指针对产品、方法或者其改进提出的新的技术方案。实用新型专利是指针对产品的形状、构造或其结合提出的实用的新的技术方案。申请发明专利和实用新型专利要求提交的文件基本相同，均包括以下文件：专利请求书、权利要求书、说明书、说明书附图（必要时）、说明书摘要、摘要附图（必要时），所有文件一式两份。

1. 专利请求书的撰写

专利请求书的撰写需使用专利局的统一表格，撰写的内容主要包括产品名称、申请人、发明人、代理机构、优先权、签章、分案申请的类型和项目说明。申请人在填写时需要明确是申请发明专利、实用新型专利还是外观设计专利。

2. 权利要求书的撰写

（1）权利要求书是专利申请文件中的核心内容，它关系到专利申请能否获得授权及专利保护。申请人一旦提交材料，文件是不允许更改的，以免扩大保护范围。文件在获得批准以后，即具有法律效力。因此，为了保护申请人自身的利益，撰写一份优质的权利要求书是非常必要的。

（2）权利要求书的权利要求一般分为独立权利要求和从属权利要求。独立权利要求是指从整体上反映发明或者实用新型的技术方案，记载解决技术问题的必要技术特征的权利要求。从属权利要求是引用独立权利要求后，用附加的技术特征对引用的权利要求做进一步限定的权利要求。在法律上，从属权利要求没有独立的意义，附属于独立权利要求，而独立权利要求则具有独立的意义。这就意味着一项专利的权利要求书必须包含独立权利要求。因此，从属权利要求须写在独立权利要求后或者不写。一般而言，一个独立权利要求后写一个从属权利要求，若有两个以上的独立权利要求，则从属权利要求分别写在相应的独立权利要求之后。

（3）权利要求书的撰写要求：

①权利要求类型要清晰。每一项权利要求的类型都应当清晰，其中主题名称应当能清晰地反映该权利要求的类型是产品还是方法，不允许出现混合的主题名称。

②用词要严谨。权利要求书中使用的技术名词术语应严谨，与说明书中保持一致。同时，避免使用含糊不清的词语，如与“大约”“将近”“等”类似的词语，因为这类词容易造成权利要求保护的范围不清晰。

③保护范围要清楚。权利要求书应当以说明书为依据，说明请求专利的保护范围。也就是说，权利要求应当受说明书的支持，其提出的保护范围应当与说明书中公开的内容相同或相近。一般可以先起草权利要求，然后复制到说明书中，以达到这个要求。此外，权利要求应当说明发明或实用新型的必要技术特征。这个特征是用来解决技术问题的，而不是功能或效果特征，以便能够清楚、简要地表达请求保护的范围。

④引用关系要明确。引用从属权利要求或独立权利要求时，权利要求之间的引用关系要明确。从属权利要求可以引用排列在前面的任意一项权利要求，其中引用的权利要求有两项以上的称为多项从属权利要求，此时的多项从属权利要求不能作为另一项从属权利要求的引用对象。

3. 说明书的撰写

说明书是专利申请中的重要文件，具有公开发明技术内容、支持权利要求保护范围的作用。《专利法》规定，说明书应当对发明或者实用新型做出清晰、完整的说明，以所属技术领域的技术人员能够实现为准。

（1）确定名称。发明或实用新型的名称应清楚、简要，与请求书中的名称完全一致，并且能够全面反映发明或实用新型专利中要求保护的主题名称和类型；应当使用该技术领域通用的名词，不得使用非技术名词；名称的字数一般不得超过 25 个字，个别领域，如化学领域，允许到 40 个字；不得使用人名、地名、商标、型号、商品名称以及商业性宣传用语。

（2）说明书的正文部分：

①技术领域。发明或实用新型的技术领域应当是其要求保护的技术方案所属或直接应用的具体技术领域，而不应写成上位或相邻的技术领域，或发明及实用新型本身。例如，一项关于把手上有防滑结构的茶杯的发明，其改进之处是将现有技术中光滑的把手改成带有凹槽的把手。其所属技术领域可以写成“本发明涉及一种茶杯，特别是涉及一种把手上带有防滑结构的茶杯”（具体的技术领域），而不宜写成“本发明涉及一种日常生活用品”（上位的技术领域），也不宜写成“本发明涉及一种把手上带有凹槽的茶杯”（发明本身）。

②背景技术。应当写明对现有相关技术的理解、检索，同时审查并引证与本发明创造有关的技术方案。引证的专利或非专利文件应当是公开出版物，并且要注明文件的出处和详细信息。同时，需要指出本发明所要解决的问题或不足。

③发明内容。应当写清楚所要解决的技术问题、所采用的技术方案和有益效果。

④附图说明。说明书有附图的，应当给出所有的附图说明，写清楚附图

名称，并针对附图内容做简要说明；超过一幅附图的，应当对所有的附图做出图面说明；零部件较多时，可以通过列表的方式说明各零部件的名称。

⑤具体实施方式。应当详细记载申请人实现本发明的具体实施方案，尤其是区别于其他发明的技术方案的部分，应重点讲述。这也是判断说明书是否充分公开，能否支持权利要求保护范围的重要依据。

4. 说明书摘要的撰写

（1）说明书摘要是对专利说明书内容的概述，是为了方便科技人员对专利文献进行检索和查阅。它只是一种技术情报，不具有法律效力，因而它既不能作为修改专利说明书或权利要求书的依据，也不能用来解释专利权的保护范围。

（2）说明书摘要的写法：

①应写清楚发明或实用新型专利的名称、所属技术领域、需要解决的技术问题、针对该技术问题提出的技术方案及主要用途。

②发明或实用新型有附图的，应当指定并提交一幅最能说明该项技术方案的附图作为摘要附图，并且画在专门的摘要附图纸上。其中，实用新型说明书必须有附图，发明专利说明书可根据内容决定是否需要附图。

（三）外观设计专利申请书的撰写

外观设计专利是指对产品的形状、图案或其结合，以及色彩与形状、图案的结合所作出的富有美感并适合工业应用的新设计。需要注意的是，它是一项设计，并不是技术方案。外观设计专利申请书的内容包括专利请求书、外观设计图片或照片以及外观设计的简要说明，其中要求保护色彩的应提交彩色和黑白的图片或照片各两份。

1. 专利请求书的内容

专利请求书的内容主要包括产品名称、申请人、发明人、代理机构、优先权、签章、分案申请的类型和项目说明。

2. 外观设计图片或照片

若产品的外观设计涉及六个面，应当提交六个面的正投影视图，即前视图、后视图、俯视图、仰视图、左视图以及右视图；若涉及一个或几个面，应当提供所涉及面的正投影视图和立体图；若只涉及一个面，则仅需提交该面的正投影视图。各个视图的名称应标注在相应视图的正下方，图片或照片不得混用。对于要求保护色彩的彩色或黑白的外观设计，图片或照片的颜色应着色牢固、不容易褪色。

3. 外观设计的简要说明

外观设计的简要说明是申请专利的必要文件，主要用来解释图片或照片所代表的该产品的外观设计，但不能使用商业性宣传用语，也不能用来说明产品的内部结构和性能。简要说明包括外观设计产品的名称、产品的用途以及设计要点，并指定一幅最能表明设计要点的图片或照片（用于出版专利公报）。

出现以下情形时需要在简要说明中写明：

（1）省略视图或者请求保护色彩的情况，如“请求保护的外观设计包含色彩”，并附彩色图片。

（2）有多项相似的外观设计，需要指定其中一项作为基本设计。

（3）成套产品必要时应写明各套件所对应的产品名称。

（4）细长物品必要时应写明长度，采用省略画法，如“要求保护的产品为细长物品，且无限延伸，省略中间部分”。

（5）产品的外观设计由透明材料或具有特殊视觉效果的新材料制成的情况。

二、专利申请的程序和手续

专利申请程序是指从申请人提出专利申请开始，到专利申请被授予专利权或者专利申请被驳回为止的全部程序。

专利申请手续是指申请人向专利局提出专利申请，以及在专利审批过程中办理其他专利事务的统称。

（一）与专利申请有关的基本概念

1. 专利申请的类型

在准备提交一份专利申请之前，首先需要确定专利申请的类型。

《专利法》第二条规定：本法所称的发明创造是指发明、实用新型和外观设计。发明，是指对产品、方法或者其改进所提出的新的技术方案。实用新型，是指对产品的形状、构造或者其结合所提出的适于实用的新的技术方案。外观设计，是指对产品的形状、图案或者其结合以及色彩与形状、图案的结合所作出的富有美感并适于工业应用的新设计。

从定义来看，实用新型专利申请和发明专利申请之间既有区别又有联系。例如，两者都应当是一种技术方案，不同之处在于实用新型只限于保护产品，不保护方法。需要说明的是，并非属于发明专利保护客体的所有产品都能够作为实用新型专利申请的保护客体。由《专利法》第二条第三款的规定可知，能够获得实用新型专利保护的客体是对产品形状、构造或者其结合所提出的技术方案。《专利审查指南》对其中的“形状”“构造”做了定义：产品的形状是指产品所具有的、可以从外部观察到的确定的空间形状。无确定形状的产品，如气态、液态、粉末状、颗粒状的物质或者材料，不能申请获得实用新型专利。该限定仅仅是对申请获得实用新型专利的产品的形状和构造的限定。申请获得发明专利的产品也会涉及产品的形状和构造，但不受上述规定的限制。

2. 申请日

符合受理条件的新申请，应当确定申请日。

《专利法》第二十八条规定，国务院专利行政部门收到专利申请文件之日为申请日。

如果申请文件是面交的，以收到日为申请日；如果是邮寄的，以寄出的邮戳日为申请日，邮戳日不清晰的，除当事人能够提供证明外，以国务院专利行政部门收到日为申请日。

申请日有以下三方面的作用：

（1）申请日是判断专利申请先后的客观标准。《专利法》第九条规定，两个以上的申请人分别就同样的发明创造申请专利的，专利权授予最先申请的人。《中华人民共和国专利法实施细则》第四十一条第二款规定了同样的发明创造只能被授予一项专利。

（2）申请日是判断专利申请是否具有新颖性和创造性的时间界限。

（3）申请日是许多法定期限的起始日，主要包括以下几种期限：专利权期限的计算起始日，要求外国优先权或本国优先权的请求期限的计算起始日，不丧失新颖性的宽限期的计算起始日，缴纳年费期限的计算起始日，发明专利申请满 18 个月公布期限的计算起始日，发明专利申请 3 年内应当提出实质审查请求的期限计算起始日。

（三）优先权与优先权日

要求优先权，是指申请人根据《专利法》第二十九条的规定向专利局要求以其先提出的专利申请为基础享有优先权。

申请人就相同主题的发明或者实用新型在外国第一次提出专利申请之日起 12 个月内，或者就相同主题的外观设计在外国第一次提出专利申请之日起 6 个月内，又在中国提出申请的，依照该国同中国签订的协议或者共同参加的国际条约，或者依照相互承认优先权的原则，可以享有优先权。这种优先权称为外国优先权。

申请人就相同主题的发明或者实用新型在中国第一次提出专利申请之日起 12 个月内，又以该发明专利申请为基础向专利局提出发明专利申请或者实用新型专利申请的，或者又以该实用新型专利申请为基础向专利局提出实用新型专利申请或者发明专利申请的，可以享有优先权。这种优先权称为本国优先权。

优先权的效力表现为：

（1）申请人在首次申请后，在优先权期限内提出的相同主题的专利申请，都看作在该首次申请的申请日提出，不会因为在优先权期间，即首次申请日与在后申请的申请日之间其他人提出了相同主题的申请，或者公布、利用这种发明创造而失去效力。

（2）在优先权期间其他的申请人可能就相同主题的发明创造提出专利申请，但由于优先权的效力，其他人提出的相同主题的发明创造的专利申请不能被授予专利权。

优先权日是指首次申请的申请日，即为在后申请的优先权日。

（四）申请号

专利申请号是专利局受理一件专利申请时给予该专利申请的一个标识号码。

专利申请号用 12 位阿拉伯数字表示，包括申请年号、申请种类号和申请流水号三个部分。

按照由左向右的次序，专利申请号中的第 1 ～ 4 位数字表示受理专利申请的年号；第 5 位数字表示专利申请的种类，其中 1 表示发明专利申请，2 表示实用新型专利申请，3 表示外观设计专利申请，8 表示进入中国国家阶段的 PCT（专利合作条约）发明专利申请，9 表示进入中国国家阶段的 PCT 实用新型专利申请；第 6 ～ 12 位数字（共 7 位）为申请流水号，表示受理专利申请的相对顺序；小数点后的一位表示校验位，是以专利申请号中使用的数字组合作为源数据，经过计算得出的一位阿拉伯数字（0 ～ 9）或大写英文字母 X。

在专利局办理各种手续时，或在各种法定程序中发出或接收的文件和（或）表格中，专利申请号应当与其校验位联合使用，如 200710006491.0、200810003491.X。

（五）期限

1. 期限的种类

期限包括法定期限和指定期限。

法定期限是指《专利法》及其实施细则规定的期限。例如，《专利法实施细则》规定前置审查的期限为 1 个月。

指定期限是指专利局依据《专利法》及其实施细则做出各种通知、决定时，指定申请人及其他利害关系人答复或完成某种行为的期限。例如，《专利审查指南》规定，在发明专利申请的实质审查过程中，申请人答复第一次审查意见的通知书的期限为 4 个月。

2. 期限的计算

期限的起算日确定方式：

（1）以申请日、优先权日、授权公告日等固定日期起算。

大部分法定期限是从申请日、优先权日、授权公告日等固定日期起算的。

（2）以通知和决定的推定收到日起算。

全部指定期限和部分法定期限以通知和决定的推定收到日起算。

如果是邮寄发文，期限的起算日为自发文之日起满 15 日。如果是直接送交，则交付日为送达日，即期限的起算日。如果地址不想进行公告，则公告日起满 1 个月视为送达，即视为期限的起算日。《专利法实施细则》第五条规定，《专利法》及其实施细则规定的各种期限的第一日不计算在期限内。

期限的届满日确定方式：

如果期限以年或者月计算，则以其最后一月的相应日为期限届满日，该月无相应日的，以该月最后一日为期限届满日。如果期限届满日是法定节假日，以节假日后的第一个工作日为期限届满日。

3. 期限的延长

《专利法实施细则》第六条第四款规定，当事人请求延长专利局指定的期限的，应当在期限届满前，向专利局说明理由并办理有关手续。

允许延长的期限仅限于指定期限，法定期限不允许延长。在无效宣告请求审查程序中，复审和无效审理部（原专利复审委员会）指定的期限不得延长。

延长请求应当在期限届满日之前书面提出，并说明理由，缴纳延长期限请求费。延长期限不足 1 个月的，以 1 个月计算。延长期限一般不超过 2 个月，对同一通知或者决定中指定的期限一般只允许延长一次。

4. 耽误期限的处分

申请人或者专利权人耽误期限的后果是丧失各种相应的权利，这些权利主要有专利申请权、专利权和优先权等。

对耽误期限做出的处分决定主要有视为撤回、视为放弃取得专利权的权利、专利权终止、不予受理、视为未提出请求和视为未要求优先权等。

《专利法实施细则》第六条第一款和第二款规定了当事人因耽误期限而丧失权利之后，可以请求恢复。但是要注意，《专利法实施细则》第六条第四款规定，第一款和第二款的规定不适用不丧失新颖性的宽限期（《专利法》第二十四条）、优先权期限（《专利法》第二十九条）、专利权期限（《专利法》第四十二条）和侵权诉讼时效（《专利法》第六十八条）。

（六）费用

申请人在办理与专利申请相关的手续时，需要缴纳相应的费用。

1.费用的类别

《专利法实施细则》第九十三条对费用的类别进行了规定，即向专利局申请专利和办理其他手续时，应当缴纳下列费用：①申请费、申请附加费、公布印刷费、优先权要求费；②发明专利申请实质审查费、复审费；③专利登记费、公告印刷费、申请维持费、年费；④恢复权利请求费、延长期限请求费；⑤著录事项变更费、优先权要求费、无效宣告请求费。上述各种费用的缴纳标准由国务院价格管理部门、财政部门会同专利局规定。

2.费用的减缓

《专利法实施细则》第一百条对费用的减缴和缓缴进行了规定，即申请人或者专利权人缴纳本细则规定的各种费用有困难的，可以按照规定向专利局提出减缴或者缓缴的请求。减缴或者缓缴的办法由国务院财政部门会同国务院价格管理部门、专利局规定。

3.费用的缴纳期限

《专利法实施细则》第九十五条规定，申请人应当自申请日起 2 个月内或者在收到受理通知书之日起 15 日内缴纳申请费、公布印刷费和必要的申请附加费；期满未缴纳或者未缴足的，其申请视为撤回。

申请人要求优先权的，应当在缴纳申请费的同时缴纳优先权要求费；期满未缴纳或者未缴足的，视为未要求优先权。

《专利法实施细则》第九十六条规定，当事人请求实质审查或者复审的，应当在《专利法》及本细则规定的相关期限内缴纳费用；期满未缴纳或者未缴足的，视为未提出请求。

《专利法实施细则》第九十七条规定，申请人办理登记手续时，应当缴纳专利登记费、公告印刷费和授予专利权当年的年费；期满未缴纳或者未缴足的，视为未办理登记手续。

《专利法实施细则》第九十八条规定，授予专利权当年以后的年费应当在上一年度期满前缴纳。专利权人未缴纳或者未缴足的，专利局应当通知专利权人自应当缴纳年费期满之日起 6 个月内补缴，同时缴纳滞纳金。滞纳金的金额按照每超过规定的缴费时间 1 个月，加收当年全额年费的 5% 计算；期满未缴纳的，专利权自应当缴纳年费期满之日起终止。

《专利法实施细则》第九十九条规定，恢复权利请求费应当在本细则规定的相关期限内缴纳；期满未缴纳或者未缴足的，视为未提出请求。

延长期限请求费应当在相应期限届满之日前缴纳；期满未缴纳或者未缴足的，视为未提出请求。

著录事项变更费、专利权评价报告请求费、无效宣告请求费应当自提出请求之日起 1 个月内缴纳；期满未缴纳或者未缴足的，视为未提出请求。

4. 费用的缴纳方式

《专利法实施细则》第九十四条规定，《专利法》和本细则规定的各种费用，可以直接向专利局缴纳，也可以通过邮局或者银行汇付，或者以专利局规定的其他方式缴纳。

通过邮局或者银行汇付的，应当在送交专利局的汇单上写明正确的申请号或者专利号以及缴纳的费用名称。不符合本款规定的，视为未办理缴费手续。

直接向专利局缴纳费用的，以缴纳当日为缴费日；以邮局汇付方式缴纳费用的，以邮局汇出的邮戳日为缴费日；以银行汇付方式缴纳费用的，以银行实际汇出日为缴费日。

多缴、重缴、错缴专利费用的，当事人可以自缴费日起 3 年内，向专利局提出退款请求，专利局应当予以退还。

（七）审查的顺序

1. 一般原则

对于发明、实用新型和外观设计专利申请，一般应当按照申请提交的先后顺序启动初步审查；对于发明专利申请，在符合启动实审程序的其他条件的前提下，一般应当按照提交实质审查请求书并缴纳实质审查费的先后顺序启动实质审查；另有规定的除外。

2. 优先审查

对涉及国家、地方政府重点发展或鼓励的产业，对国家利益或者公共利益具有重大意义的申请，或者在市场活动中具有一定需求的申请等，由申请人提出请求，经批准后，可以优先审查，并在随后的审查过程中予以优先处理。按照规定由其他相关主体提出优先审查请求的，依照规定处理。适用优先审查的具体情形由《专利优先审查管理办法》规定。

3. 延迟审查

申请人可以对发明和外观设计专利申请提出延迟审查请求。发明专利延迟审查请求，应当由申请人在提出实质审查请求的同时提出，但发明专利申请延迟审查请求自实质审查请求生效之日起生效；外观设计延迟审查请求，应当由申请人在提交外观设计申请的同时提出。延迟期限为自提出延迟审查请求生效之日起 1 年、2 年或 3 年。延迟期限届满后，该申请将按顺序待审。必要时，专利局可以自行启动审查程序并通知申请人，此时申请人请求的延迟审查期限终止。

4. 专利局自行启动

对于专利局自行启动实质审查的专利申请，可以优先处理。

三、专利申请初步审查程序概述

《专利法》第三十四条规定，专利局收到发明专利申请后，经初步审查认为符合本法要求的，自申请日起满 18 个月，即行公布。专利局可以根据申请人的请求早日公布其申请。

《专利法》第四十条规定，实用新型和外观设计专利申请经初步审查没有发现驳回理由的，由专利局做出授予实用新型专利权或者外观设计专利权的决定，发给相应的专利证书，同时予以登记和公告。实用新型专利权和外观设计专利权自公告之日起生效。

（一）发明专利申请初步审查程序中的主要环节

1. 初步审查合格

按照《专利法》对申请文件进行初步审查，如果该申请与其中的相关规定和实施细则相符，且该专利申请没有筛查出明显的实质性缺陷，包括含补正在内的专利申请，只要符合初步审查的各项要求，就视为通过了初步审查。审查员应向申办单位或个人发出合格通知书，并公布其申请文本以及相关依据，即开始公布程序。

2. 申请文件的补正

在参与审查的专利申请文件中，如果某申请文件通过补正可以填补瑕疵，审查员必须对其进行全面审查，及时将补正通知书发向申请单位或个人，并将该专利申请中的瑕疵、缺陷在补正通知书中指明，同时说明理由，并告知其答复期限。在答复期限内，申请人将申请文件补正后，如果仍存在缺陷，则由审查员继续向相关责任人发出补正通知书。

3. 明显实质性缺陷的处理

在初步审查阶段，如果申请文件明显存在的实质性缺陷无法以补正的方式弥补，则由审查员向相关责任人发送该专利申请的审查意见通知书，并在其中标明申领专利产品的实质性缺陷，同时说明理由和告知答复期限。

对于申请文件中存在的实质性缺陷，只有其明显存在并影响公布时，才需指出和处理。

4. 通知书的答复

申请人在收到补正通知书或者审查意见通知书后，应当在指定的期限内补正或者陈述意见。申请人期满未答复的，审查员应当根据情况发出视为撤回通知书或者其他通知书。

5. 申请的驳回

申请文件存在明显实质性缺陷，在审查员发出审查意见通知书后，经申请人陈述意见或者修改后仍然没有消除的，或者申请文件存在形式缺陷，审查员针对该缺陷已发出过两次补正通知书，经申请人陈述意见或者补正后仍然没有消除的，审查员可以做出驳回决定。

6. 前置审查和复审后的处理

申请人对驳回决定不服的，可以在规定的期限内向复审和无效审理部提出复审请求。

（二）实用新型和外观设计专利申请初步审查程序中的主要环节

1. 授予专利权通知

实用新型和外观设计专利申请经初步审查没有发现驳回理由的，审查员应当做出授予专利权通知。

2. 申请文件的补正

初步审查中，对于可以通过补正克服缺陷的申请文件，审查员应当进行全面审查，并发出补正通知书。经申请人补正后，申请文件仍然存在缺陷的，审查员应当再次发出补正通知书。

3. 明显实质性缺陷的处理

初步审查中，如果审查员认为申请文件存在不可能通过补正方式克服的明显实质性缺陷，应当发出审查意见通知书。

4. 通知书的答复

申请人在收到补正通知书或者审查意见通知书后，应当在指定的期限内补正或者陈述意见。申请人期满未答复的，审查员应当根据情况发出视为撤回通知书或者其他通知书。

5. 申请的驳回

申请文件存在审查员认为不可能通过补正方式克服的明显实质性缺陷，审查员发出审查意见通知书后，在指定的期限内申请人未提出有说服力的意见陈述和（或）证据，也未针对通知书指出的缺陷进行修改的，审查员可以做出驳回决定。如果针对通知书指出的缺陷进行了修改，即使所指出的缺陷仍然存在，也应当给申请人再次进行意见陈述和（或）修改文件的机会。对于此后再次修改涉及同类缺陷的，如果修改后的申请文件仍然存在已通知过申请人的缺陷，则审查员可以做出驳回决定。

申请文件存在可以通过补正方式克服的缺陷，审查员针对该缺陷已发出过两次补正通知书，并且在指定的期限内经申请人陈述意见或者补正后仍然没有消除的，审查员可以做出驳回决定。

6. 前置审查和复审后的处理

因不符合《专利法》及其实施细则的规定，专利申请被驳回，申请人对驳回决定不服的，可以在规定的期限内向复审和无效审理部提出复审请求。

四、发明专利申请实质审查程序概述

实质审查程序是对发明专利申请做出审查结论（授予专利权、驳回专利申请）之前必经的法律程序，是按照一定的顺序、方式和步骤做出审查结论的过程，是发明专利审查赖以合法进行的重要保证。只有建立、健全并且严格遵守规范的审查程序，才能客观、公正、准确和及时地完成专利审查。

（一）实质审查的目的

实质审查的目的在于确定发明专利申请是否应当被授予专利权，即是否满足授权的条件。根据《专利法》第三十七条至第三十九条的相关规定，通过实质审查，使一件发明专利申请的法律状态得以明确，即被授予专利权、被驳回或被视为撤回。因此，从另一个意义上说，实质审查的目的在于对发明专利申请给出一个明确的法律状态，即授权、驳回或视为撤回。

（二）实质审查程序的启动

根据《专利法》第三十五条第一款的规定，实质审查程序通常在申请人提出请求后启动。根据该条第二款的规定，在一定条件下，实质审查程序也可以由专利局自行启动。

（三）实质审查程序中的主要环节

1. 发出审查意见通知书

根据《专利法》第三十七条的规定，在对发明专利申请进行实质审查后，审查员认为该申请不符合《专利法》及其实施细则的有关规定的，应当发出通知书（审查意见通知书、分案通知书等），要求申请人在指定的答复期限内陈述意见，或者对其申请进行修改；申请人无正当理由逾期不答复的，该申请即被视为撤回。应当注意的是，申请人答复可能反复进行多次，直到申请被授予专利权、被驳回、被撤回或者被视为撤回。

2. 发出驳回决定

根据《专利法》第三十八条的规定，发明专利申请经申请人陈述意见或者进行修改后，仍然存在《专利法实施细则》第五十三条所列缺陷的，审查员应当做出驳回决定。

3. 发出授予专利权的通知书

根据《专利法》第三十九条的规定，发明专利申请经实质审查没有发现驳回理由，或者经申请人陈述意见或修改后克服了专利申请中存在的缺陷的，审查员应当发出授予发明专利权的通知书。

4. 视为撤回（初审部门对期限进行监控并发出视为撤回通知书）

申请人无正当理由对审查意见通知书、分案通知书等逾期不答复的，专利局应当发出申请被视为撤回通知书。此外，根据需要，审查员还可以按照《专利审查指南》的规定在实质审查程序中采用会晤、电话讨论和现场调查等辅助手段进行审查。

第三节　机电产品创新设计成果转化——众创空间

从区域创新体系视角出发，我们从常州市众创空间发展现状入手，采用调查法、文献研究法、案例分析法和对比分析法，对其存在的问题进行剖析和思考，并揭示其主要原因，在此基础上提出适合常州众创空间的迭代升级策略，希望能为政府部门制定相关决策提供参考。

本项目研究数据、案例及资料力求多主体、多途径获取，主要来源包括：实地调研采集，科技部发布的《中国火炬统计年鉴》，发表在中国知网上的相关文献，政府官方网站上的相关通知、公告，腾讯、搜狐、网易、财经等新闻门户网站上有关众创空间的报道。

一、我国众创空间发展现状

2015 年 3 月 5 日，“大众创业、万众创新”被首次写进政府工作报告，标志着我国正式开启双创计划。2015 年 3 月 11 日，国务院办公厅印发《关于发展众创空间推进大众创新创业的指导意见》，指出加快发展众创空间等新型创业服务平台，支持大众创新创业。至此，众创空间开始备受关注。国家和各地政府大力支持发展众创空间，其数量出现“井喷”。科技部发布的 2019 年《中国火炬统计年鉴》中的数据显示，中国众创空间由 2015 年的 500 余家发展到 2019 年年底的 6959 家。

我国对众创空间建设及推进工作高度重视，相继出台了系列国家政策文件，按照时间顺序，见表 5-1。

表5-1　国家政策文件

时间	印发单位	文件名称
2015 年 9 月 14 日	科技部	《发展众创空间工作指引》
2016 年 2 月 18 日	国务院办公厅	《关于加快众创空间发展服务实体经济转型升级的指导意见》
2016 年 7 月 28 日	科技部	《专业化众创空间建设工作指引》
2018 年 9 月 26 日	国务院	《关于推动创新创业高质量发展打造“双创”升级版的意见》

这一系列文件清晰指明了众创空间将来的升级方向：专业化、精细化、特色化。各级政府也相应出台相关配套政策，在其指引下，各地因地制宜地建设众创空间，在服务区域创新、创业带动就业等方面取得了重要成果。

目前，我国众创空间呈现出以北上广深等一线城市为龙头，以长三角和珠三角发达地区为重点分布，其他地区局部集聚的特征。众创空间呈现高度集中态势的有上海与北京；依据自身实际因地制宜，呈现相对集中和迅速发展特征的有江苏的苏州、南京，浙江的杭州等。

我国众创空间典型模式可分为七大类型，见表 5-2。

表5-2 众创空间典型模式

序号	类型	组建形式、服务内容、运营模式	典型代表
1	活动聚合型	举办项目的发布等活动，为创业者和创业公司提供专业技术服务咨询服务	北京创客空间
2	培训辅导型	以高校和科研院所为策源地，充分利用高校和科研院所的科研教育等资源组建	清华 x-lab
3	媒体延伸型	以媒体为主体开办，通过媒体在宣传方面的特有优势为初创型企业提供创业服务	36 氪
4	投资促进型	通过各种对初创企业进行投资的基金、天使投资人等来凝聚和构建	车库咖啡
5	地产思维型	由各种地产商开办，通过提供相关的投资服务、政策优惠等条件形成	优客工场
6	产业链服务型	提供专业的产业链服务，包括产品技术提升、产业链融合、基金合投等	创客总部
7	综合生态型	提供综合型的创业生态体系，包括金融、日常运营、法律支持等一系列综合服务	融创空间

随着国家和地方系列政策的出台，众创空间建设驶入了快车道。2019 年科技部发布的《中国火炬统计年鉴》中的数据显示，中国众创空间总收入为 182.92 亿元，提供工位 129.47 万个，当年服务的创业团队有 23.89 万个，服务的初创企业有 16.95 万个。总体而言，国内众创空间的发展呈现欣欣向荣的局面，但繁荣景象背后也出现了一些明星众创空间，如孔雀机构、地库咖啡等的倒闭潮，需引起警惕。当前，我国众创空间发展存在的问题主要表现在以下几个方面：第一，政绩指标化。把众创空间数量当作指标，导致简

单、粗暴式地“拉郎配”。第二，分布“散”和“薄”。各自为政，点状分布，除少数联盟外，缺乏共享。第三，专业化程度不高。模式同质化、空心化，缺乏专业的产业对接，盈利模式单一，难以实现“造血功能”的良性运转。第四，众创空间多维要素的创新创业生态系统有待完善。2015 年 3 月，国务院办公厅出台《关于发展众创空间推进大众创新创业的指导意见》，明确提出要建设一批有效满足大众创新创业需求的众创空间。2018 年 9 月，国务院下发《关于推动创新创业高质量发展打造“双创”升级版的意见》，清晰地指明要引导众创空间向专业化、精细化方向升级。经过 3 年多的建设，众创空间的发展指向已发生改变。

二、常州本土化众创空间发展现状

关于建设众创空间，各级政府出台相关文件与国家政策呼应，江苏省以及常州市出台的文件见表 5-3。

表5-3　地方政府配套政策文件

时间	印发单位	文件名称
2015 年	江苏省委办公厅、江苏省政府办公厅	《关于发展众创空间推进大众创新创业的实施方案（2015—2020 年）》
2015 年	常州市科技局	《常州市 2015 年到 2020 年关于发展众创空间推进大众创新创业的实施方案》
2016 年	科技部	《专业化众创空间建设工作指引》

常州市作为苏南国家自主创新示范区建设的“排头兵”，近年来在众创空间建设方面取得了一定的成绩。在 2020 年 3 月科技部火炬中心公布的拟备案省级众创空间名单中，常州有 5 家入选，新增数全省第 4。常州市全市经认定的众创空间有 100 余家，其中省级 50 家，国家级 14 家，国家级众创空间数量低于全省平均值，与“苏锡常都市圈”中苏州、无锡的差距较大。

为全面了解常州市众创空间建设及发展现状，课题组对20家众创空间进行了调研，具体名单见表5-4。

表5-4　调研名单

序号	调研对象	级别	合计数
1	西太湖创客公寓、慧创空间（常州）、嘉壹度青年创新工场、阿里巴巴创新中心（常州武进）基地、创业邦常州人工智能及机器人众创空间	国家级	5家
2	常州星火众创空间、百度（常州）创新中心、云部落常州众创空间、化龙网络纷智众创空间、拨云众创空间、常州孟河汽车零部件众创空间、中科产业园创客孵化营、常州五星创客邦、牛客空间、“新观点”众创空间、江理工育英众创空间	省级	11家
3	河海大学常州校区梦飞扬众创空间、新农大众创空间、诺威兰众创空间、聚客邦、极客车间	市级	5家

经过调研发现，常州市众创空间数量增长迅速，但水平参差不齐，主要存在以下问题：第一，缺乏专业化、特色化众创空间。众创空间发展模式有雷同，未能体现优势和特色，缺乏面向地方主导产业垂直化细分领域的专业化众创空间，不利于差异化发展和良性竞争。第二，众创空间与产业结合不足，不利于推动产业资源的集聚。第三，众创空间评价机制不健全，供需错位，发展后劲不足，导致存在低质量的众创空间。有些众创空间过度依赖政府的支持和补助，自身盈利模式较为单一，利润来源或增值空间有限，生存和发展具有很大的不确定性。第四，农业众创空间未得到很好的推动，不利于创新创业生态系统形成。

三、区域创新体系与众创空间之间的关系

习近平总书记在党的十九大上重点强调创新驱动发展战略，指出区域创新是国家创新体系的重要分支，可以为众创空间发展提供新动力、新途径。

所谓的区域创新体系是由该区域经济合作相关要素（企业、中介、科研机构、政府等）组成的某一地域空间内的运营系统，为该区域的知识创新及经济生成提供支撑，主要构成及要素见表5-5。好的区域创新体系可以整合要素进行再投入，从而提高资源配置能力，为区域的创新进步、经济发展奠定基础。

表5-5　区域创新体系主要构成及要素

体系	主要构成	要素
区域创新	创新主体	区域内的政府部门、企业、中介、大学、研究机构
	创新功能	制度、管理、技术、服务的创新
	创新环境	社会、制度、劳动市场环境

众创空间作为一种新型的孵化创新企业的服务创新平台，其本身就是为实现创新创业提供基础支撑和公共环境的。众创空间与区域创新体系的关联较为密切：第一，从所需的创新要素来看，都需要政府或政策支持、高校或科研机构的创新孵化、创新的企业、提供风投引导或是融资途径的中介；第二，从组成要素所属范畴来看，都属于经济领域；第三，从相互作用来看，通过众创空间培育、壮大的创新企业，输出创新技术、渗透创新文化、扩张创新产业，不断影响整个区域的经济发展。反过来，区域创新体系对众创空间的运营机制、组织创新网络、营建创新环境都有较为权威的指导作用。两者之间相辅相成，形成一种良性互动。

四、适配常州的众创空间迭代升级策略

表5-6列举了《中国火炬统计年鉴2019》中江苏、北京、上海的数据进行小范围对比。

表5-6　部分数据对比

地区	众创空间数量（个）	众创空间收入（千元）	提供工位数（个）	财政资金支持额（千元）
江苏	699	1845001	101203	471841
北京	147	2590078	143450	155595
上海	152	736808	51057	227338

由以上数据可直观看出，江苏众创空间仅在数量上大，投入与产出比低于上海，远远低于北京。而常州的众创空间发展在江苏省13个城市中处于中等水平，对其众创空间进行迭代升级迫在眉睫。经实地调研、理论研究，初步拟定了适配常州的众创空间迭代升级策略，主要包括以下五个方面。

（一）积极引导众创空间向专、特发展

俗话说，“世界上没有完全相同的两片叶子”。各地区资源条件各异、产业特色不同，众创空间同样要坚持专业化发展，力求与当地特色产业、特色资源相结合，形成众创空间的特色化与差异化发展。

1.以龙头骨干企业为建设主体发展专业化众创空间

常州市在智能装备制造、新材料、新医药等领域均拥有一批研发投入大、创新能力强的龙头骨干企业，具体见表5-7。要鼓励支持龙头骨干企业发挥优势、细分专业领域，建设专业化众创空间。

表5-7　常州市相关领域的龙头企业

领域	龙头企业
智能制造装备产业	江苏金昇实业股份有限公司、江苏常发农业装备股份有限公司、江苏恒立液压股份有限公司等

续　表

领域	龙头企业
智能电网产业	江苏上上电缆集团有限公司、江苏华鹏变压器有限公司、江苏安靠智能输电工程科技股份有限公司、常州博瑞电力自动化设备有限公司等
轨道交通产业	新一集团有限公司、中车戚墅堰机车车辆工艺研究所有限公司、中车戚墅堰机车有限公司等
新材料产业	中简科技股份有限公司、新纶科技（常州）有限公司、江苏武进不锈钢股份有限公司、常州天晟新材料股份有限公司、江苏长海复合材料股份有限公司等
新能源产业	天合光能有限公司、常州亿晶光电科技有限公司、江苏顺风光电科技有限公司、常州亚玛顿股份有限公司等
新一代信息技术产业	瑞声光电科技（常州）有限公司、同方威视科技江苏有限公司、常州太平通讯科技有限公司、江苏国光信息产业股份有限公司等
新能源汽车及汽车产业	北汽新能源汽车常州有限公司、江苏万帮德和新能源科技有限公司、常州腾龙汽车零部件股份有限公司等
新医药及生物技术产业	常州千红生化制药股份有限公司、江苏久信医疗科技有限公司、常州四药制药有限公司、常州制药厂有限公司、福隆集团等
石墨烯产业	常州二维碳素科技股份有限公司、常州第六元素材料科技股份有限公司、碳元科技股份有限公司等

常州固高智能装备协同创新中心入选2020年省级专业化众创空间，专注为装备制造类企业提供差异化的控制系统整体解决方案，在人才引进、载体建设、企业孵化、创投服务的基础上整合资源，形成了各类创业要素集聚的良性创新创业生态圈。

创业邦常州人工智能及机器人众创空间入选2020年国家备案众创空间，除了提供办公场地、工商注册、法务、人事等基本服务外，还为企业提供本地产业资源的对接，带来了整个供应链的支持。常州一粟水下机器人科技有限公司早期的水下机器人是从创业邦走出来的。水下机器人的应用范围特别广泛，包括水利、养殖、科学考察以及相关的场景。该公司自主研发，不依赖国外供应商，因而能够把成本降下来，扩大了产品的使用前景。创业邦常州人工智能及机器人众创空间可凭借其在人工智能及机器人方面的优势细分专业化众创空间。

2. 以科研机构、高校为建设主体发展专业化众创空间

（1）鼓励科教城科研机构发展专业化众创空间。

常州科教城是苏南国家自主创新示范区的核心创新园区，园区连续 5 年荣膺“中国最佳创业园区”第 2 名。目前，园区入驻的创新型科技企业有近 3000 家。园区共有省级众创空间 8 家，市级众创空间 3 家。

（2）充分发挥在常高校专业优势，建立专业化众创空间。

可借助常州大学科技园在化工与材料方面的优势，打造专业化众创空间。

南京航空航天大学与常州市政府、溧阳市政府共建南京航空航天大学溧阳校区。南京航空航天大学 2017 年进入国家“双一流”建设序列，该校在飞行器设计与制造领域有着长期的积淀和先发优势，依托天目湖通用机场建设，借助南京航空航天大学大学生创业孵化中心，以及在飞行器方面的专业优势，积极构建专业化众创空间。

河海大学常州校区、常州工学院等在常高校都可积极探索发挥专业优势，与地方协同，构建专业化众创空间。

3. 打造众创空间的地方特色，与区域产业资源融合

众创空间应实现差异化，避免同质化，这样才能获得长久的发展。常州特色化众创空间典型案例见表 5-8。

表5-8　常州特色化众创空间典型案例

<table>
<tr><th>企业</th><th>众创空间</th><th>优势</th></tr>
<tr><td>常州医疗器械产业研究院有限公司</td><td>CMD 星工场</td><td rowspan="2">入驻企业取得的专利数量明显高于其他众创空间</td></tr>
<tr><td>江南石墨烯研究院</td><td>烯望无限众创空间</td></tr>
<tr><td>常州融商智投文化科技股份有限公司</td><td>融商智投跨境电商众创空间</td><td>竞争中进行创新</td></tr>
</table>

常州国家高新区（新北区）创意产业园区成立于 2008 年，是全市、全区创意产业发展集聚区和引领示范区，拥有国家二维无纸动漫技术公共服务平台、CNITO 国际服务外包承接中心、人工智能公共技术服务平台、星空无人机研究院等国家级、省级重点平台。经过 10 多年的培育和积淀，该园区形成了以常州创意园为核心的“楼宇经济”产业生态圈，构筑起融合发展的“创业共同体”，涵盖了软件与信息服务、互联网 +、数字创意、人工智能等新兴产业门类，形成了“数字经济 + 实体经济”互融共促，高端现代服务业蓬勃发展，新产业、新业态、新模式不断涌现的发展格局。

基于以上条件，常州国家高新区（新北区）创意产业园区可以依托数字创意、电子服务平台等方面的优势，打造常州“创意”类特色众创空间。

2019 年 1 月，常州轨道交通产业园被省商务厅评为第一批江苏省特色创新（产业）示范园区，具备打造“轨道交通”类特色众创空间的条件。

特色众创空间的打造覆盖面应更广、更全，涉及第一、第二、第三产业。特色小镇为特色众创空间的建设提供了新的途径，常州进一步培育和打造的特色众创空间的特色小镇有邹区灯具小镇、天目湖休闲度假小镇、雪堰乡村旅游小镇等。

（二）有序推动科教城高职院校众创空间建设

常州科教城是常州市十大名片之一，是全国第一个以高等职业教育为特色的教育园区，现有五所省属高职院校，信息见表5-9。园区整合校、所、企优质资源，形成了“政府主导、产教融合、协同育人”高职教育模式，高职教育实力雄厚。

表5-9 科教城高职院校信息表

序号	学校名称	级别
1	常州信息职业技术学院	中国特色高水平高职学校建设单位（中华人民共和国教育部）
2	常州机电职业技术学院	中国特色高水平高职学校建设单位（中华人民共和国教育部）
3	常州工程职业技术学院	中国特色高水平高职专业群建设单位（中华人民共和国教育部）
4	常州工业职业技术学院	江苏省示范性高职院校（江苏省教育厅）
5	常州纺织服装职业技术学院	江苏省示范性高职院校（江苏省教育厅）

相关研究表明，高职学生在创新创业意愿、人数、成功率方面高于本科院校学生。目前，科教城五所高职院校存在没有实质性的众创空间、在校学生的创新创业潜能没有得到全面触发等亟待解决的问题。

高职院校属于高校，高等职业教育属于高等教育。高校众创空间是发展创新创业的核心驱动力，在创新创业教育中发挥着重要作用。相关学者通过理论研究得出，GIS（Group Innovation Space）简称“集思”，即群体创新空间，其从群体视角探讨创新活动及内在需求，使之成为具有社交功能的物理空间，与高校众创空间在空间属性、价值取向、涉及对象及工作空间等方面有很高的契合性。

基于此，针对高校众创空间发展面临的众创精神不足、资源要素不全、产业联动不强等问题，可利用 GIS 与高校众创空间的理论契合点优化高校众创空间，促使其良性发展。基于 GIS 理论，可构建出“一个引导、两种代谢、三方支撑和全面围绕的核心空间区”的高校众创空间，如图 5-1。

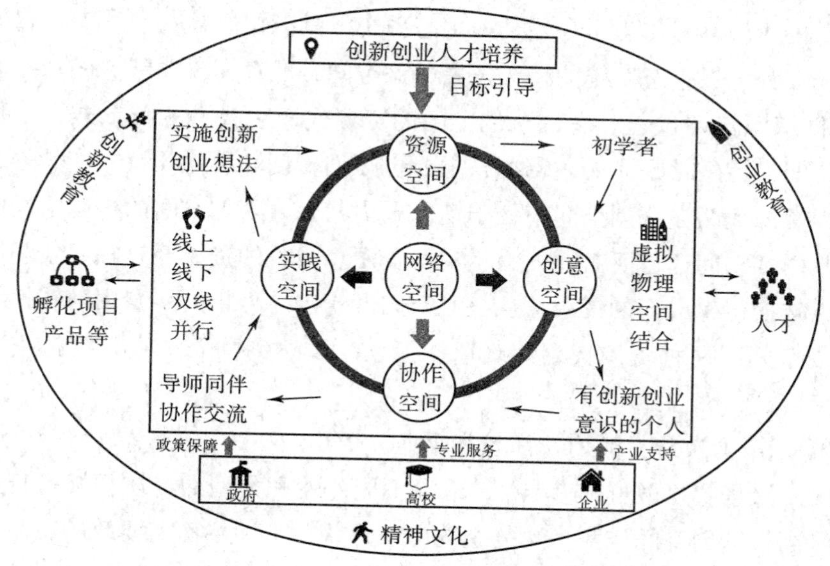

图 5-1　基于 GIS 的高校众创空间模型

一个引导是指人才培养目标引导众创空间的发展；两种代谢是指人才资源和非人才资源两种资源代谢双向流动，动态平衡，维持稳定；三方支撑指政府、高校和企业三方参与，以保障众创空间的顺利运行；核心空间区主要指资源空间、创意空间、协作空间、实践空间和网络空间，遵循虚拟物理空间结合、线上线下双线并行的运行宗旨。

第一，一个引导：人才培养目标。

人才培养目标是相关部门、机构依据国家教育目的及社会需求，针对不同活动的性质提出的人才培养要求。高校众创空间的人才培养目标为：激发学生的创新潜能，鼓励创新想法到创新实体的转换，促使学生素质达到社会人才需求的标准，从而快速融入社会。简言之，高校众创空间的人才培养目标就是培养创新创业人才。高校众创空间的人才培养目标符合当前我国学生发展核心素养提出的“实践创新”新要求，且迎合“大众创业、万众创新”

背景下的社会需求。该人才培养目标的定位在宏观层面上能够把握高校众创空间的发展方向，在一定程度上引导众创空间的发展，为众创空间的建设指明了方向。

第二，两种代谢：人才资源与非人才资源。

高校众创空间作为一个复杂的生态系统，具有优胜劣汰、适者生存的本能选择，为确保生态系统的持久发展，该空间必然存在物质能量的转换与更新，即资源代谢过程。高校众创空间的资源代谢主要有两种形式：一种是人才资源，另一种是非人才资源，主要包括创新创业孵化项目、产品等物力资源。资源代谢在众创空间中处于动态平衡状态，众创空间的核心空间区不断吸收内部空间运行所需的人力、物力资源。吸收的资源经过核心空间区的利用、转换，生成新的资源，从核心空间区排出，可供再次利用与转换。高校众创空间中两种资源代谢始终双向流动，以达到动态平衡，维持空间的稳定。

第三，三方支撑：政府、高校和企业。

GIS 聚焦“松散群体参与”，倡导不同专业和类型的群体积极投身众创空间。高校众创空间作为一个复杂的生态系统，外围层面需要政府、高校和企业三方的支撑与参与，以保障众创空间的顺利运行。美国学者亨利·埃兹科维茨在三螺旋理论中强调，政府、大学和产业相互紧密联系，能够共同推动创新创业活动向前发展。政府、高校和企业三方的支撑符合相关科学理论，能给予众创空间科学的保障。其中，政府主要发挥政策保障作用。高校众创空间作为社会生态系统的一个微小子系统，其建立与发展离不开制度、资金等方面的政策保障，其在成长过程中需要政府的协助。高校主要提供专业化的服务，即切实把握社会需求，关注高校发展，结合自身特色，提供因时、因事、因地、因人的专业化服务。企业主要拉动产业支持，高校加强与企业的合作，有效解决技术研发等难题，加速空间成果的转化。

第四，核心空间区。

核心空间区是高校众创空间的心脏，能够有效控制众创空间的运行节奏。依据 GIS 为创新空间设计的三项原则，将核心空间区设计成无起点、无终点的非线性空间活动区块。核心空间区遵循虚拟物理空间结合、线上线下双线并行的运行宗旨，主要包括资源空间、创意空间、协作空间、实践空间和网络空间。

（1）资源空间。

资源空间是高校众创空间的参与主体进行创新创业活动所需资源的基本来源，主要由专业人才、设施设备、孵化项目、设计工具、媒体素材、图书文献、知识技能、资金场地等资源组成。资源空间应紧密联系创新创业活动的需求，全面整合创新创业活动所需的各类优质资源，并合理分配相关资源，促进优质资源的共享。为更好地丰富资源空间的内容，管理者可拓宽建设思维，不囿于自身建设，加强多方合作，积极引进相关资源，建立标准的众创空间资源体系。

（2）创意空间。

创意是创新创业教育的萌芽期，在高校众创空间中发挥着关键作用。创意空间主要由组织型和非组织型活动构成。组织型活动是学习者针对正式的课程、研究内容进行的有明确目的的学习活动；非组织型活动是学习者在非正式的交流谈话、竞赛挑战中进行的无意识的学习活动。创意空间主要培养学习者的创新创业兴趣，激发学习者的创意潜能，帮助学习者提出可行的创新创业想法。此外，该空间鼓励人人参与，汇聚经商、从业、研究等不同的社会群体，通过空间活动实现跨学科交叉创新。

（3）协作空间。

联通主义强调当前社会结构中学习不再是一个人的活动，更加关注人与社会要素的沟通和联结。个人力量往往是有限的，高校众创空间的建设应充分发挥团队协作力量，打造“1+1>2”的众创效果。协作空间的关键要素是“人”，主要由专业化的管理人员、健全的师资队伍和有共同志向的社群组成。协作空间在宏观层面协调各组织之间的关系及资源，为实现共同目标而努力；在微观层面通过交流、展示等活动发现并纠正个人或团队的创新创业问题，使其更加成熟。

（4）实践空间。

实践空间是高校众创空间的主要资源转换站，是众创空间参与主体的成果转换区。该空间主要通过实验室、科技园等创新创业工作实践场所实现创新创业理论成果与创新创业实践成果的转换。实践空间关注学习者动手实践能力的培养，鼓励学习者在实践中实施创新创业想法，在实践试误中学习和提升。另外，实践空间在一定程度上应加强高校众创空间的内外联动，使孵化项目、产品等与社会企业密切联系，在外驱力的作用下有效催生创新成果的生成与转换，促进高校众创空间的持续发展。

（5）网络空间。

在移动互联网时代，网络成为人们工作和生活中的重要因素之一。同样，网络也覆盖了高校众创空间的方方面面，是高校众创空间运行必不可少的润滑剂。网络空间主要利用互联网、云计算等信息技术为高校众创空间的参与主体提供各类线上虚拟平台，如社交平台、交易平台、管理平台、信息平台等。该空间将信息化引入高校众创空间，打造了线上平行空间。一方面，可在空间运行模式上满足参与主体的个性化需求；另一方面，可利用信息技术提高空间的运转效率。

在常高校中的高职院校可建设“基于 GIS 高校众创空间模型”的众创空间，做到从“无”到“有”。江理工育英众创空间、河海大学常州校区梦飞扬众创空间可以借鉴“基于 GIS 的高校众创空间模型”，做到从“有”到“优”。

（三）鼓励高校图书馆参与众创空间建设

目前，社会众创空间的建设与发展很少有高校图书馆的参与，绝大多数高校也没有将自己的图书馆资源注入众创空间，只是与团委、教务处等部门协同，主要解决占地、经营权限等问题。

从高校图书馆的职能来看，高校图书馆服务与众创空间服务具有很多共同之处，见表 5-10。

表5-10　众创空间服务与高校图书馆服务

服务内容	众创空间服务	高校图书馆服务
空间载体	众创空间内部设计要颇具特色，规划要求科学合理，环境氛围要人性化，使创客能够在一个舒适的环境中进行交流。众创空间主要包括公共接待区、项目展示区、会议室、休闲活动区、专业设备区等配套服务场地	高校图书馆从外部空间环境构建到内部空间氛围营造等方面为读者提供舒适的环境、便捷的服务以及清新雅致的学习空间
基础设施	创客群体具有“草根性”，创新主体大多是普通人，需要以低成本来提供实现创意的设备	智能楼宇设施和 office 云服务功能为学习者提供新兴的数字制作工具，如 3D 打印机、投影仪等
知识资源	为创客提供与创新项目相关的纸质文献、电子资源等，每年开展的创业沙龙、路演、创业大赛、创业教育培训等活动不少于 10 场次	拥有丰富的馆藏，为用户提供大量的数字化资源、文献资源、科技信息服务，进行科学教育，举办创客教育与培训讲座，组织创客作品展览、创客竞赛等
团队资源	科技部规定职业孵化服务队伍至少要有 3 名具备专业服务能力的专职人员，聘请至少 3 名专兼职导师	服务团队由具备不同专业知识的馆员协同组建，工作人员提供科技查新、情报分析等知识服务
创意转化	为创意转化为成果提供一系列服务，创新成果要尽可能满足市场需求	拥有知识产权、科技成果转化等方面的专业工作人员，与相关企业建立合作关系

（1）高校图书馆能够为众创空间建设提供可靠条件。高校图书馆具有参与众创空间建设的优势：第一，场地优势。目前很多图书馆拥有报告厅、展示厅、共享空间等，能为创新创业相关活动，如头脑风暴、经验分享、技能培训、举办大赛、路演等提供场所。第二，资源优势，如书籍、电子资源、先进的设备等。

（2）图书馆参与众创空间建设是图书馆转型的机会。第一，拓展图书馆的新作用。古代的“藏书楼”演变成了今天的图书馆，图书馆是存书的重要场所，也是人们获取信息的重要场所，这种观念在人们脑海中根深蒂固。但随着云、物、移、大、智时代的到来，人们获取信息更加方便，获取信息的渠道更加多样化，如网站、搜索引擎、电子资源库、网上书店等，从而削弱了图书馆文献信息中心的地位。图书馆参与建设众创空间，拓展了图书馆的使用价值，使它不仅是收藏书、提供文献的场所，还给创客活动提供了实体空间，使得图书馆与创新创业紧密结合，与时代同步。第二，重塑图书馆服务方式。图书馆服务方式经历着一个循环过程，即“引进来—走出去—引进来”。具体来讲，最初的“引进来”是指“开馆坐等读者上门”，“走出去”是指“向相关群体推送信息资源”，第二个“引进来”是指“开拓、改变、吸引不同群体”。图书馆要与时俱进，改变服务，充分利用场地、设备、社会资本等有限资源，从而创造更多价值。第三，扩大图书馆利益相关群体。在传统图书馆中，读者是最主要的受益群体。图书馆参与建设众创空间，改变了与图书馆有关的群体，不仅是读者，还涉及各级政府部门、金融服务机构、创新创业服务平台打造方及导师团队等主体，所以用“利益相关者”这个词表示有关联的群体比较合适。第四，重塑图书馆育人模式。图书馆参与建设众创空间，可以为学习者提供空间和平台，有利于发挥学习者的主观能动性，使其主动思考问题、解决问题。这有利于学习者营造合作环境，组合团队，从而互相促进。这种模式有利于学习者踏入社会后更好地适应生活和工作。

目前，一般的高校图书馆都是学校的标志性建筑，空间大，多数有闲置区域，馆藏文献资源丰富且专业性强。例如，常州工程职业技术学院的图书馆是学院的标志性建筑，现有馆舍面积近 3 万平方米，阅览座位近 2500 席，无线网络全馆覆盖。图书馆资源种类丰富，截至 2019 年年底，拥有中外文数据库和多媒体书库 20 多个，形成了以工科为主，兼及人文社科、管理和艺术等学科的馆藏特色。馆内重点建设数字化学习共享空间，内设研讨区、多媒体视听区、活力 fun 电区、图形创意区、语言诊断区等空间，提供超大屏苹果电脑、大尺寸双屏电脑、Kindle 阅读机等多种专业设备，以满足读者学习、研讨与体验的多样化需求。同时，加强信息智能化建设，配备图书检索、自助借还设备，开通了图书馆空间预约系统，实现了研讨室、多媒体视听室等空间的线上预约、扫描使用的自主一站式服务，并长期为读者提供图书借阅、电子阅览、参考咨询、信息素养教育、阅读推广、自助打印复印、科技查新等服务。

又如，常州大学图书馆现以万兆光纤与校园网连接，馆内为读者提供网络连接端口和用于查询的计算机终端，同时实现了多种 WiFi 无线网络的全覆盖。图书馆网站和各类电子资源 24 小时提供服务，读者可以方便快捷地检索馆藏文献资源。

以上高校图书馆条件完全符合参与建设众创空间的要求，其他高校图书馆的整体情况与之类似。

高校图书馆参与众创空间培育的基本策略主要有三个方面：第一，积极参与社会众创空间建设，为社会创客提供文献借阅及查询、信息咨询、科技查新服务。第二，积极参与高校内部众创空间建设，为高校学生创客提供服务。此处的服务主要指知识服务，包括静态及动态知识服务。第三，打造与市场接轨的运营模式，实现政校企协同创新。高校图书馆要充分发挥自身的优势，协同政府、大学、企业共同培育众创空间，提高我国众创空间的质量，同时促进高校图书馆的转型发展。

（四）构建多角度众创空间运行效率评价体系

由于经济发展水平、产业集聚情况、科技创新能力、交通及城市更新建设等存在差异，各地区的众创空间政策在实施过程中暴露出来的问题不尽相同，所以关键绩效指标构建也应因情况而异。许多省市将众创空间数量作为考评政绩的关键绩效指标，通过政策优惠强行推出一些成长性差、功效低的众创空间，一味地追求完成数量上的指标，将不属于创业的项目放入众创空间，导致了“有店无客”“表面繁荣”的现象。还有的地区不实地考察本地区企业的创新创业情况，生搬硬套其他地区的众创空间政策，照搬照抄众创空间绩效考评的指标。这种不适用的绩效考核指标不仅不能促进众创空间政策的贯彻实施，反而会造成资源的浪费，拉低众创空间的专业度和整体水平。

2020 年 7 月，常州市开展了众创空间绩效评价工作，主要的依据文件见表 5-11。

表5-11　众创空间绩效评价依据文件

文件名称	文件号
《关于加快推进产业技术创新中心和创新型城市建设的若干政策措施》	常发〔2017〕15号
《常州市政府办公室关于加快科技服务业发展的实施意见》	常政办发〔2017〕63号
《常州市科技服务机构备案办法（试行）》	常科发〔2018〕48号
《常州市备案科技服务机构绩效评价管理办法（试行）》	常科发〔2018〕128号
《关于疫情防控期间进一步为科技企业提供便利化服务的通知》	常科发〔2020〕8号

总结分析文件并进行归纳得出，众创空间的绩效评价指标分为两大类：第一类，定量指标，内容见表5-12；第二类，定性指标，包括众创空间的体制机制及运营模式、众创空间信息化管理水平、众创空间运营管理团队水平、众创空间在孵化链条（对接孵化器和加速器）建设方面的工作、众创空间自建“一平台三中心”的投入及服务企业情况、众创空间开展的创业导师及创业投融资等特色工作。

表5-12　定量指标

序号	指标	具体内容
1	众创空间收入来源	众创空间总收入，其中包括综合服务收入、房租及物业收入、投资收入、其他收入、净利润、获得的各级财政资助额

续 表

<table>
<tr><th>序号</th><th>指标</th><th colspan="2">具体内容</th></tr>
<tr><td>2</td><td>众创空间使用面积</td><td colspan="2">众创空间使用的总面积，其中包括办公用房面积、在孵企业用房面积、公共服务用房面积、其他面积</td></tr>
<tr><td>3</td><td>众创空间管理人员概况</td><td colspan="2">管理机构从业人员，其中包括大专以上人员、接受专业培训人员</td></tr>
<tr><td>4</td><td>众创空间开展创业辅导情况</td><td colspan="2">开展创新创业活动的场次、签约并实际服务的创业导师数量、创业导师对接企业的数量</td></tr>
<tr><td>5</td><td>众创空间运行管理</td><td colspan="2">众创空间签约中介机构数量、众创空间对公共技术服务平台的投资额、公共技术服务平台的总收入、公共技术服务平台服务企业的数量</td></tr>
<tr><td rowspan="4">6</td><td rowspan="4">在孵企业（项目）情况</td><td>在孵企业（项目）数量情况</td><td>在孵企业（项目）总数，其中包括项目团队、当年新引进的项目团队、企业、当年入驻项目团队注册企业、当年新引进企业、当年新认定的高新技术企业</td></tr>
<tr><td>在孵企业（项目）人员情况</td><td>在孵企业（项目）从业人员，其中包括大专以上人员、留学人员、新增从业人员、应届大学毕业生</td></tr>
<tr><td>在孵企业（项目）获知识产权情况</td><td>当年知识产权申请数、当年知识产权授权数（发明专利）、当年申请知识产权企业（项目）数、当年授权知识产权企业（项目）数</td></tr>
<tr><td>在孵企业（项目）科技活动情况</td><td>当年参加各级创新创业大赛的项目数，众创空间内在孵企业（项目）与国内外高校、科研院所开展合作的次数</td></tr>
</table>

续　表

序号	指标	具体内容	
6	在孵企业（项目）情况	在孵企业投融资概况	众创空间孵化基金总额（累计已投入在孵企业金额）、当年获得投融资的在孵企业数量
7	毕业企业概况	当年向外输出的入驻企业数	
8	当年机动情况	例如，2020 年疫情期间减免租金概况：享受减免租金的在孵企业（项目）数、减免租金总额	

众创空间运行效率评价体系的构建涉及多个政府部门，需要综合考虑。本研究在选取评价指标时遵循科学性、有效性、适用性等原则，紧扣区域创新和众创空间发展实际，充分考虑数据的可比性、可理解性与可收集性。

基于部分地区对区域创新资源投入反应不敏感，导致投入冗余的情况，可将区域创新引入众创空间评价体系，充分利用地方区域创新发展投入资源，借力发展众创空间。因此，评价指标可从投入和产出两个角度考虑，可将投入分为内部众创空间资源投入（人力、物力、财力）、外部区域创新发展资源投入（创新要素、创新主体、创新集群）、众创空间运行效率产出（社会效益、经济效益、创新效益、服务能力 ）。具体评价指标见表 5-13。在综合评价中，权重具有举足轻重的作用，本研究采用德尔菲法来确定权重。

表5-13　众创空间运行效率评价指标体系

类别	一级指标	二级指标
众创空间投入	人力	创业人数 / 人
		创业导师数量 / 人
	物力	工位数量 / 个
	财力	财政补贴 / 千元
区域创新投入	创新要素	研究与开发支出 / 亿元
	创新主体	高校在校学生人数 / 千人
	创新集群	高新技术企业数量 / 个
众创空间产出	社会效益	吸纳就业人数 / 人
		吸纳应届大学生人数 / 人
	经济效益	众创空间总收入 / 千元
		创业团队及企业当年获得投资总额 / 千元

续 表

类别	一级指标	二级指标
众创空间产出	创新效率	入驻团队和企业拥有的有效知识产权数量 / 个
	服务能力	服务的创业团队和初创企业数量 / 个

（五）大力推进众创空间集群形成

有效汇聚创新资源的创新型产业集群能够充分激发人才、技术、资本等创新要素的活力，并实现深度合作，形成协同创新优势，推动经济的转型升级。

然而，对于绝大多数地区来说，创新资源的集聚并不容易。在此背景下，中央提出将“大众创业、万众创新”作为提升国家整体以及区域竞争力的重要途径。众创空间作为一种介于企业和市场之间的新型社会经济组织，有利于打破区域各主体的固有关系链条，进一步整合、高效利用创新要素资源，推进产业链、创新链的深度融合和区域创新网络的演化。

1. 加强众创空间积聚区建设

随着众创空间的不断发展，有些城市形成了众创空间集聚区，树立了自己的品牌和特色，见表 5-14。

表5-14　众创空间集聚区典型案例

定位和功能	典型案例	特点
1. 枢纽作用：连接外部资源和内部各众创空间、众多创客； 2. 交界位置：外部区域创业生态系统和集聚区内部创业生态系统的交界处	1. 北京中关村创业大街； 2. 杭州梦想小镇； 3. 苏州金鸡湖创业长廊； 4. 武汉光谷创客街区； 5. 成都太升创客大街； 6. 深圳湾创业广场	1. 区域性； 2. 多样性； 3. 网络性； 4. 共生性； 5. 自我维持性； 6. 资源汇聚； 7. 价值交换； 8. 平衡调节

下面选择位于不同区域和具有不同运行主体的两个代表性众创空间集聚区进行介绍。

选择北京中关村创业大街和苏州金鸡湖创业长廊展开研究，可为其他区域建立众创空间集聚区提供参考。

对标苏州金鸡湖创业长廊，常州西太湖科技产业园可打造产城融合发展示范区，实现研发科创主导型发展模式。西太湖园区位于常州的几何中心，近年来，秉持“科技驱动、金融创新、开放包容、产城融合”的发展理念，西太湖科技新城建设有序推进，产业链、创新链、价值链加快融合。2019年的数据显示，作为江苏省的创投集聚区，西太湖园区聚集了多而全的机构和平台，见表5-15。

表5-15　机构和平台信息

类型	投资机构	投资管理企业	上市企业	新三板挂牌企业	上市后备企业	两站三中心	孵化器、加速器、众创空间	孵化科技项目
数量	150多家	30多家	7家	10家	10家	39个	19家	160多个

对标杭州梦想小镇，江苏常州石墨烯小镇构建了“创业苗圃—众创空间—孵化器—加速器—产业园”集成化的企业培育生态链。2020年6月26日，江苏常州石墨烯小镇入选“第二轮全国特色小镇”。

常州市未来将围绕高新技术产业开发区、经济技术开发区、高新技术产业基地等重大创新载体引领众创空间抱团发展。

2. 建立众创空间联盟

合作、共赢、发展是当今时代的主题，众创空间也应走向合作，成立联盟。这样做有三个方面的优点：第一，可以使各类资源得以共享，提高资源使用效率，产生协同效应；第二，可以优势互补，共同发展；第三，可以消除众创空间之间的恶性竞争，有利于规范化发展。

2016年9月，常州首家众创空间联盟成立，由52家重点众创空间、高校、创客组织以及创业服务机构共同组成（部分名单：新动力创业中心、ASK 创业部落、N 多维众创空间、常州大学常青藤、创业帮、恒创空间、慧创空间、湖塘创业坊、双桂坊众创空间、极客车间、金坛金西众创空间、溧阳创客联盟、南大街创业联盟、青武创客空间、天乾创客空间、嘉壹度青年创业工坊、好机会众创空间、创客 +、常州黑马会、双创云城、东风口企业联盟、拨云、和创汇等）。同时，建设了常州众创云服务平台。

2019 年 11 月，常州市众创空间联盟进行了第二届理事会换届选举。会上进行了工作总结、章程颁布，选举产生了第二届理事会成员、理事单位、会员单位等。

常州众创空间联盟的成立及后续各项工作的良性开展促进了常州市众创空间的“内联”，但这样还不够，还要进行“外引”。因为常州作为地级城市，众创空间水平还达不到北京、上海、深圳、杭州的水平，常州政府、企业及创客应保持开放心态，根据自身实际和特色，引进外部优质资源和先进模式。地域空间上的距离会给引进外部实体落户造成一定的困难，但互联网的高速发展为线上引进加盟提供了可能。

3. 推进众创社区建设

推进众创社区建设要紧密结合本地现状、特点和优势，立足本地产业特色，与区域创新体系建设紧密结合，优先推荐创新资源富集、创业服务完善、产业特色鲜明、人居环境适宜、管理体制科学的地区，重点推荐苏南国家自主创新示范区内地区、省级以上高新区以及省级众创集聚区试点单位。

常州新北区龙虎塘街道众创社区是比较成功的案例，属于政府、企业共同打造的众创社区。将众创社区视为一个生态体系，其代谢机制能够完成区内众创空间与创业资源的迭代优化。

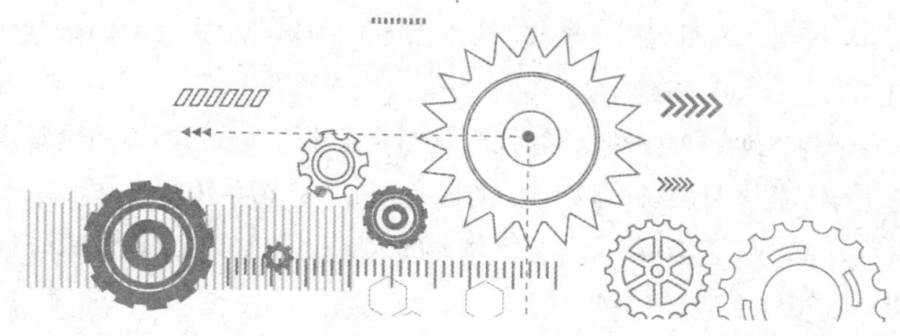

参考文献

[1] 刘宏新 . 机电一体化技术 [M]. 北京：机械工业出版社，2015.

[2] 中国机械工程学会机械设计分会，芮延年 . 机电一体化系统设计 [M]. 北京：机械工业出版社，2014.

[3] 钟志华 . 创新创业教育研究 [M]. 上海：同济大学出版社，2018.

[4] 李贺，王畅 . 大学生创新创业基础 [M]. 北京：北京理工大学出版社，2019.

[5] 杨忠习，赵超 . 大学生创新创业教育实践研究 [J]. 工业和信息化教育，2021（7）：24–28.

[6] 刘珂，崔岩，付铁岩，等 . 大学生创新创业项目二手教材交易平台的可行性探讨 [J]. 营销界，2021（31）：38–39.

[7] 李晓霜 . 基于大数据时代高校大学生创新创业能力思考 [J]. 科技风，2021（20）：64–65.

[8] 方晓婷 . 创新创业教学与校企合作模式分析 [J]. 电子技术，2021，50（7）：230–231.

[9] 郝辑 . 探究基于要素体系重构大学生创新创业教育评价体系 [J]. 文化产业，2021（20）：87–88.

[10] 袁新梅，黄天成，华剑 . 智能制造背景下地方高校机械专业大学生创新创业教育研究 [J]. 中国现代教育装备，2021（13）：134–136.

[11] 周扬 . 坚持科技自立自强 全力打造“数智杭州 宜居天堂”[J]. 今日科技，2021（7）：37.

[12] 鲁俊蓉 . 以科研项目为引导的高职学生创新能力培养分析 [J]. 现代职业教育，2021（30）：200–201.

[13] 任国臣，陈晓英，孙丽颖，等 . 国际化专业人才培养改革措施的研究 [J]. 辽宁工业大学学报（社会科学版），2021，23（4）：104–107.

[14] 李美满，刘小飞，李可 . 创新能力培养的人工智能人才模式改革探讨 [J]. 计算机时代，2021（7）：71–74.

[15] 赵晓娟，赵钦 . 基于校企联合的实验室云教学平台建设方案 [J]. 现代企业，2021（7）：154，180.

[16] 朱潇娜，龚蛟腾 . 新文科视域下图书馆学研究生教育探析 [J]. 图书馆，2021（7）：39–45.

[17] 岳振欢，高峰 . 国内先进省市新经济产业发展综述及经验启示 [J]. 科技中国，2021（7）：70–73.

[18] 顿小红，蔡磊 . 基于“互联网 +”大赛的大学生创新创业教育模式探索 [J]. 科技视界，2021（20）：128–129.

[19] 杨培 . 提高机电工程施工质量的创新方法 [J]. 四川水泥，2021（7）：171–172.

[20] 李莎 . 基于机电类“技术技能人才”培养的自主创新综合实训装置的开发与研究 [J]. 河北农机，2021（6）：94–95.

[21] 鲁显涛，郭强，付卓然，等 . 科研创新驱动下机电专业应用型人才培养模式探索 [J]. 轻工科技，2021，37（6）：175–176，182.

[22] 孙德宁，刘汝平 . 基于智能矿山的煤矿机电设备管理创新 [J]. 现代工业经济和信息化，2021，11（5）：82–84.

[23] 薛志荣 . 职业学校机电专业创业教育工作创新实践 [J]. 农业技术与装备，2021（5）：115–116.

[24] 蒋军 .“人工智能 +”背景下五年制高职机电一体化技术专业改造与创新研究 [J]. 现代职业教育，2021（21）：54–55.

[25] 莫炎华 . 研究机电安装工程施工管理及创新 [J]. 低碳世界，2021，11（4）：335–336.

[26] 潘作胜 . 煤矿现代化机电技术管理创新 [J]. 矿业装备，2021（2）：150–151.

[27] 李双峰 . 高速公路机电系统设备管理的创新措施研究 [J]. 建筑技术开发，

2021，48（5）：129-130.

[28] 邹倩，刘惠超，罗福祎 . 高职机电学生创新创业教学应用 [J]. 中国新通信，2021，23（5）：181-182.

[29] 范佳乐 . 走实用之路 听创新凯歌：记哈尔滨工业大学机电工程学院教授潘昀路 [J]. 科学中国人，2021（6）：22-23.

[30] 张明位 . 机电自动化技术的创新应用研究 [J]. 现代制造技术与装备，2021，57（2）：201-202.

[31] 张玉姗 . 高职院校创新创业教育课程体系建设研究：以机电类专业为例 [J]. 科技与创新，2021（2）：136-137，140.

[32] 赵亮 . 煤矿现代化机电技术质量管理创新 [J]. 中国石油和化工标准与质量，2021，41（2）：107-109.

[33] 廖应学，杨娟 . 新工科背景下机电一体化专业“三位一体”创新人才培养方案改革探析 [J]. 科技经济导刊，2021，29（2）：149-150.

[34] 杜鹃 . 人工智能融入创新创业实践体系构建：以机电专业为例 [J]. 大众标准化，2021（1）：63-65.

[35] 王康 . 机电安装工程施工管理及创新研究 [J]. 大众标准化，2020（24）：235-236.

[36] 骆雪汇 . 基于“人工智能”的机电产品创新设计课程探索研究 [J]. 现代职业教育，2020（51）：61-63.

[37] 吴迎春，陆新，白永明 . 智能制造背景下高职机电类专业创新教育研究与实践 [J]. 机械职业教育，2020（12）：30-34.

[38] 刘卫军 .“互联网 +”背景下高速公路机电系统的创新分析 [J]. 山西科技，2020，35（6）：120-121，124.

[39] 邹伟琦 .“现代学徒制”背景下高职机电专业英语教学模式创新实践：以柳州城市职业学院机电系英才班为例 [J]. 装备制造技术，2020（11）：163-165.

[40] 王国强 . 机电一体化专业创新创业教育改革研究 [J]. 科学咨询（教育科研），2020（11）：41.

[41] 乔海林 . 基于智能矿山的煤矿机电技术管理创新 [J]. 石化技术，2020，27（9）：292-293.

[42] 任明，姜锐，周晨，等 . 机电类专业创新创业人才培养的探索和实践 [J]. 教育

教学论坛，2020（40）：209-211.
[43] 盛松梅 . 产教深度融合机制下高职机电专业人才培养模式创新研究 [J]. 中国新通信，2020，22（18）：183-184.
[44] 李俊 . 煤矿现代化机电技术管理创新 [J]. 当代化工研究，2020（17）：70-71.
[45] 曹政 . 安全供电和机电设备维护管理与创新实践 [J]. 中国设备工程，2020（17）：12-13.
[46] 蒋帆 . 提升高职机电类专业创新创业能力的途径探究 [J]. 江西电力职业技术学院学报，2020，33（8）：58-59.
[47] 袁桂萍 . 高职院校机电专业教育与创新创业教育融合发展探讨 [J]. 发明与创新（职业教育），2020（8）：85-86.
[48] 丁黎 . 大型机电安装工程安全管理问题和创新举措 [J]. 建筑安全，2020，35（8）：72-74.
[49] 王登峰 . 基于混合式教学创新机电一体化教学的思考 [J]. 湖北农机化，2020（12）：107-109.
[50] 经玉虎 . 机电自动化技术的创新应用研究 [J]. 农机使用与维修，2020（6）：44.